U0387768

大学物理学科教学知识的 108个"大问题"

朱铉雄 王向晖 朱广天 尹亚玲 编著

清华大学出版社

北京

内 容 简 介

本书是《大学物理概念简明教程》(主编：朱鋐雄、王向晖、朱广天 ,清华大学出版社,2019 年 1 月版)的配套教学参考书。本书汇集了力学、热学、电磁学、光学、相对论和量子论等大学物理各个分支有关学科教学知识的 108 个"大问题"。与以往大学物理教材中专门提及的思考题和练习题这样的"小问题"相比,这些"大问题"不仅涉及大学物理学科具体内容和知识,而且更多地涉及对与大学物理教学内容有关的物理学的历史发展、物理学概念的来龙去脉、物理学思想方法的体现、物理学科知识体系的构建,以及大学物理与中学物理之间既衔接又提升的相关"学科教学知识"。

本书为在大学物理课程开展讨论式、启发式教学从新的层次上提供了更深入的思考和探讨。可供从事大学物理教学的教师在备课或教研活动中使用,也可供课堂教学讨论或作为学生课后写作小论文时使用。本书也适合中学物理教师在教师专业发展道路上进修提高时作为学习大学物理的教学参考书使用。

图书在版编目(CIP)数据

大学物理学科教学知识的 108 个"大问题"/朱鋐雄等编著.—北京：清华大学出版社,2020.12

ISBN 978-7-302-56040-1

Ⅰ. ①大…　Ⅱ. ①朱…　Ⅲ. ①物理学－高等学校－教学参考资料　Ⅳ. ①O4

中国版本图书馆 CIP 数据核字(2020)第 130544 号

责任编辑：鲁永芳
封面设计：常雪影
责任校对：刘玉霞
责任印制：吴佳雯

出版发行：清华大学出版社
　　　　　网　　　址：http://www.tup.com.cn, http://www.wqbook.com
　　　　　地　　　址：北京清华大学学研大厦 A 座　　　邮　　编：100084
　　　　　社 总 机：010-62770175　　　　　　　　　　邮　　购：010-62786544
　　　　　投稿与读者服务：010-62776969, c-service@tup.tsinghua.edu.cn
　　　　　质量反馈：010-62772015, zhiliang@tup.tsinghua.edu.cn
印 装 者：三河市吉祥印务有限公司
经　　销：全国新华书店
开　　本：170mm×240mm　　印　张：16.25　　字　　数：323 千字
版　　次：2020 年 12 月第 1 版　　　　　　　印　　次：2020 年 12 月第 1 次印刷
定　　价：49.00 元

产品编号：079931-01

  理工科大学生在学习大学物理课程时,首先需要学习和掌握物理学的基本概念、基本原理和基本方法,这是毫无疑义的。大学物理教材一般都会在每一章后面列出学生必须完成的习题和问题。其中,习题一般是给出一定的情景条件,要求学生利用物理定律和公式通过分析计算来完成的,而问题往往是从"是什么"或"为什么"两个方面提出,要求学生通过思考或讨论以后完成。通过习题和问题的训练有助于学生自己检验和加深对物理基本概念、基本定理和基本定律等的理解,从而提高运用物理知识分析问题和解决问题的能力,这类知识被称为学科知识(subject matter knowledge,SMK)。上述习题和问题统称为物理学科知识的问题。

  从知识层面上看,担任大学物理课程教学的教师,首先应该系统、全面、深入地掌握大学物理的物理学科知识,必须在物理学科知识上比学生"站得更高,看得更远",从而能够在课堂上熟练地把握并讲解每一个物理基本概念、基本定理或基本定律的基本含义及其来龙去脉。

  除了掌握大学物理的物理学科知识外,作为一名大学物理教师,既然从事的是教学工作,就必须具备一定教学知识,这是教师从事教学活动的基本功。一般教学知识是关于教学本质、教学过程、教学方法等基本问题的知识,如关于究竟什么是教,什么是学,什么是启发式教学,什么是知识建构,什么是有效教学,什么是深度学习,怎样开展课堂讨论等。这些问题都是包括大学物理教师在内的从事所有学科教学的教师在教学过程中面临的基本问题,而回答这些问题就需要从事所有学科教学的教师具备一般的教学知识。

  除了物理学科知识和一般教学知识以外,一个大学物理教师还必须具备物理学科教学知识。在20世纪80年代早期,曾任美国教育研究会主席的斯坦福大学教授舒尔曼(L. Shulman)就提出了学科教学知识(pedagogical content knowledge,PCK)这个概念。他指出,学科教学知识是"一种特殊形式的内容知识,包括学科内容如何达到最可教的水平……和使用最有效的表征方式……如何使用最有力的类比、说明、解释和示例。总而言之,学科教学知识就是把学科知识转化为易于他人理解的知识。这种知识,在教学中至关重要,代表了对学科知识深层次的理解"①。他还指出,学科教学知识"是最能够将学科专家对学科知识的理解同教师对学科内容的理解区分开来的一类知识"②。

对于大学物理教学而言,物理学科教学知识是指教师在把物理学科知识和一般教学知识努力相结合的基础上,深刻理解大学物理课程作为基础课程的作用和地位,以及大学物理学科知识的特点和物理学科的知识体系,努力把握物理学史、物理学思想和物理学方法,能把物理特定主题内容的教学和物理学科的思想方法融合在一起呈现给学生的教学策略和教学方法等多方面的知识。

在物理学科教学知识领域中,首先涉及的是如何看待大学物理作为基础课程的作用和地位的问题。在大学物理教学中经常会听到下列说法:一种说法认为,大学物理无非就是比中学物理有更多的公式、定理和定律,因此"记住概念和定律,会应用公式多解题",这就是学习大学物理的有效方法。学习大学物理就是比中学学习更多的物理定理和公式吗?大学物理除了学习许多知识和公式外,究竟还应该学习什么?还有一种说法认为,有些理工科专业课程中并不需要大学物理知识作为基础,学习大学物理课程对这些专业的学习是没有什么用的,因此,这些专业的学生不必学习大学物理。学习大学物理仅仅是为以后专业学习打下基础吗?除了理工科专业外,现在有些大学在文科专业也已经开设了文科大学物理,物理知识看起来似乎与文科专业更加"风马牛不相及",那么,应该如何看待开设文科物理的必要性呢?作为一门基础课,大学物理的基础地位和作用究竟是什么?

大学物理的内容如何能够既与中学物理知识相衔接,又在中学物理基础上深化和提高,也是大学物理学科教学知识的一个重要课题。对于物理学科的具体知识而言,在大学物理教学中经常遇到的问题是,在力学中,学生在中学已经学习了牛顿定律,对牛顿定律的理解主要停留在理解具体知识点和提高解题技巧上。那么,进了大学以后,对于牛顿定律而言,教师应该教什么?学生应该从牛顿定律中学什么?除了引导学生更深刻地理解牛顿定律的物理含义外,大学物理还应该从哪些方面加以提升?怎样更好地引导学生理解牛顿给人们展示的自然界统一的图像?怎样使学生初步建立这样的物理图像?为什么说牛顿定律不是通过观察和实验归纳得出的结论,而是一个完整的公理体系?牛顿的巨著《自然哲学的数学原理》自1687年问世以来已有三百多年,如今牛顿力学除了依然成为中学生和大学生必修学习的基础课程外,在科学思想和方法论上还为我们提供了哪些启示?在热学中,学生在中学初步接触了气体的温度、压强及气体三个实验定律,大学物理的热学应该怎样使学生理解温度的定义及温度、压强的统计意义?怎样使学生更好地理解热力学定律的重要作用?为什么说熵在热力学中具有比内能更重要的地

---

① SHULMAN L S. 实践智慧:论教学、学习与学会教学[M]. 王艳玲,王凯,毛齐明,等译. 上海:华东师范大学出版社,2014:13.
② SHULMAN L S. 实践智慧:论教学、学习与学会教学[M]. 王艳玲,王凯,毛齐明,等译. 上海:华东师范大学出版社,2014:155.

位和作用？热力学定律特定的否定性表述为人们揭示了什么？在电磁学中，学生在中学期间已经学习了点电荷的库仑定律，大学物理的静电学应该怎样指引学生进一步认识静电力和静电场的特点？如何从中学物理计算点电荷产生电场的电场强度和电势提升到计算连续带电体产生电场的电场强度和电势？这样的计算体现了哪些物理学思想和方法？为什么爱因斯坦认为对电磁学的研究必须"从头开始"？作为电磁学开头的静电学在哪些方面体现了"从头开始"的思想？与经典物理相比，近代物理中相对论和量子理论显得比较抽象，应该从哪些方面指导学生了解它们的形成过程、基本思想、基本内容、基本方法，以及在物理学发展史上的重要地位和作用？等等。

如何在大学物理教学中引导学生在掌握具体物理知识的基础上把握物理学科知识的结构体系，也是关于大学物理学科教学知识的一个重要课题。物理学科知识不仅包括物理学科"事实性的知识"（"是什么"）和"原理性的知识"（"为什么"），如具体的物理概念、定理和定律等，还包括物理学科结构体系的知识，这是物理学科教学知识的重要组成部分。如果把物理学科知识中的每一个概念、定理和定律比喻为"树木"，物理学科知识结构体系就如同"森林"。学生在中学期间初步学习了力、热、电、光等物理知识，留下的最深印象大概就是一大堆物理定律、定理和公式。在大学物理教学中，教师不仅需要引导学生深入认识"树木"，在掌握物理知识的广度和深度上有所提高，还需要引导学生理解和把握"森林"，引导学生从学科知识结构体系的整体上，从学科知识的相互联系的"森林"上，更深入地认识"树木"的物理意义及其在"森林"中的地位和作用，更好地认识理解和掌握渗透在物理学科知识体系中的物理学史和物理学的思想方法。对于"树木"和"森林"的地位和作用而言，对后者的学习要求比对前者更重要。那么，什么是物理学科的知识结构体系？它对于学生提高科学核心素养有什么重要意义？

如何在大学物理教学中渗透物理学思想和物理学方法教育也是关于大学物理学科教学知识的一个重要课题。大学物理教师都会同意这样的说法，即教物理，不仅要教物理知识，还要教物理学思想方法。但也有些说法认为，大学物理课程主要是传授知识，至于物理学的思想方法，有时间就讲，没有时间可以不提。物理学思想方法是独立于物理知识之外的附加品吗？怎样在大学物理的教学过程中渗透对学生的物理学思想方法的教育？

与上述这类问题相关的知识都可以归结为物理学科教学知识，以上这类问题统称为物理学科教学知识的问题，这些问题是大学物理教师在教学过程中面临的基本问题，而回答这些问题就需要从事大学物理教学的教师必须具备物理学科教学知识。

在教师专业发展的前进道路上，一个大学物理教师除了努力掌握物理学科知识和一般教学知识以外，还必须掌握物理学科教学知识，把自己的教学过程植根于物理学科知识（SMK）、一般教学知识和物理学科教学知识（PCK）三者有机融合的基础上,这是大学物理教师专业发展的必由之路。

设置和讨论物理学科教学知识的问题,除了涉及对大学物理学科具体内容和知识的深入理解外,透过内容和知识还能更多地涉及对物理学概念的来龙去脉、物理学的思想方法、物理学的学科知识体系及大学物理与中学物理衔接有关的知识等的理解。设置和讨论物理学科教学知识的问题有助于教师在教学过程中遵循学生认知规律,指导学生更好地理解和掌握与物理概念、物理定律和物理定理相关的知识点及物理学科知识的结构体系;有助于教师从不断改进教学方法、注重传授知识以提高教学水平的认识上升到在传授物理知识的同时,注重掌握物理学思想方法,进一步提高物理教育水平的高度,更好地体现大学物理作为基础课程对课程育人的意义。

物理学科教学知识的问题所包含的内涵和外延远大于物理学科知识问题的内涵和外延。对物理学科教学知识问题的解答有些是确定性的,而更多的是探究性的,这样的探究性不仅来自对物理学史和物理学思想方法从不同层次上的解读和理解及多方位和多角度的探究和分析,还来自对学生学习现状和认知规律的探究和分析,因此,在不同的条件下根据不同的探究,对物理学科教学问题可以得出不同的解答。

为了方便讨论问题,我们将涉及物理学科知识的问题称为物理教学的"小问题",将涉及物理学科教学知识的问题称为物理教学的"大问题"。在大学物理教学过程中,我们需要"小问题",通过思考和回答"小问题",有助于引导学生加深对物理学科知识的理解;但我们更需要"大问题",通过探究和回答"大问题",有助于教师加深对物理学科教学知识的理解,把握大学物理知识结构体系,感悟物理学的思想方法;通过探究和回答"大问题",在教学过程中有助于指导学生在学习掌握大学物理知识的同时提升基本的科学核心素养,增强学生敢于提问和善于提问的批判性思维能力,激发学生创造性思维的思想火花,为以后的发展奠定一个良好的基础。

多年来,我们在大学物理教学中积累了一些物理学科教学知识的问题,我们在编写出版《大学物理概念简明教程》教材(已于2019年1月由清华大学出版社出版)的同时汇总和整理这些问题,并着手编写本书以作为该教材的配套教学参考资料。

教学的实践表明,教师对学科教学的"问题意识"达到什么程度,在教学中对学生的"问题意识"的激励和影响也就达到什么程度。我们曾把以上提到的有些问题作为教研活动的内容开展讨论,也尝试在课堂教学中启发学生进行讨论或作为课外作业,引起了教师和学生的很大兴趣。我们期望,这本教学参考书能为理工科类院校相关专业大学物理课程教师的教研活动以及在课堂教学中开展"讨论式""启发式"教学提供一些更深入的、可供思考和讨论的问题。

本书分为总论(5问)、力学(25问)、热学(23问)、电磁学(14问)、振动和波(9

问)、光学(6 问)、相对论(14 问)和量子论(12 问)共八大部分(108 问)。由于每一个问题都来自教学中的归纳和积累,问题的提出都有着教学的背景。为了更好地把握大问题的来龙去脉,我们对每一个问题的提出都有一段导入说明。在这些大问题中,有些与学生的学习状况有关,有些与物理学史和物理学思想方法有关,有些与物理学科知识体系有关,对这些问题我们都给出了参考解答。

虽然本书只列了 108 个"大问题",但是我们相信,随着大学物理教学研究的开展,担任大学物理教学的教师一定还能提出更多的"大问题"。我们也期望通过教学研究实践,逐年有所积累,能够建立起关于"大学物理学科教学知识"问题的有特色的教学题库(不同于通常的思考题库),丰富大学物理的教学资源,并在教学中得到有效的使用,把我们的大学物理教育教学研究提高到一个新的更高的水平。

本书由朱鋐雄、王向晖、朱广天、尹亚玲分工编写,最后由朱鋐雄整理统稿。在本书编写和出版过程中,我们得到了清华大学出版社领导的关心和支持,特别是鲁永芳编辑对书稿从内容到文字、符号规范等方面投入了大量精力,并提出了很多有益的修改建议,在此表示由衷的感谢。李欣、周晓东等也为本书的编著提供了来自课堂教学和教研活动的很有价值的问题和意见,对他们的支持在此表示诚挚的感谢。

由于编写者水平有限,对大学物理学科教学知识问题的收集、归纳还不够广泛,本书中提出的 108 个"大问题"及其"参考解答"仅仅是我们自己的初步认识,对大学物理学科教学知识的理解上还存在很多不足之处,敬请专家、同行和读者批评指正。

作　者

2019 年 7 月

于华东师范大学

CONTENTS 目录

第1章

1 大学物理课程对理工科专业学生究竟具有怎样的价值？

问题阐述：

　　大学物理是大学理工科相关专业的一门重要的基础课程。有人认为,开设大学物理课程主要是为学习以后的专业课程打下扎实的知识基础,我们专业的后继课程涉及的知识与物理无关,学习大学物理没有什么用;也有人认为,学习大学物理课程就是为以后应聘工作提供条件,自己今天的专业学习及将来的工作性质都与物理知识无关,学习大学物理没有什么意义。于是在大学物理教学中首先需要思考的问题是,现代物理学对人类文化和社会进步带来怎样的深刻影响?大学物理课程对理工科专业学生的学习和今后的成长发展究竟具有怎样的价值?

参考解答：

　　在很多场合,理工科的大学生经常会提出这样的问题:"我在中学已经学习过物理,以后学习的专业课程与物理无关,将来也不会从事与物理学有关的研究工作,学习大学物理课程究竟有什么意义?"对这样的问题,人们给予的回答往往是这样的,学习大学物理可以为学生今后学习其他专业课程打下扎实的基础,有助于学生提高分析问题和解决问题的能力,等等。这样"老生常谈"的回答有说服力吗?除了加强基础和提高这些能力外,作为一门课程,大学物理教学的功能和价值究竟何在? 多年来,我国在理工科大学实施的物理教育改革和物理课程改革一方面取得了可喜的长足进步,另一方面在改革发展的进程中遇到的困难和呈现的问题又引发了人们对物理学的价值和大学课程的作用及大学物理教学改革的更深层次的思考。

　　物理学在人类文明史上写下了精彩篇章,现代物理学已经成为当代人类文化的一个重要组成部分。物理学的发展表明,物理学的思想和方法深刻地影响着人们社会生活的方方面面。尤其是在现代物理学中体现的科学思想和科学方法论的新突破与传统物理学思想方法之间的"撞击"已渗透到了人们社会生活的各个领域。无论是经典物理学还是现代物理学，它们都已经为人们展现了一幅大自然的美妙画卷。这幅画卷正在深刻地影响着人类的科学思维方式，成为人类发展对自己生存目标的认识——如道德、精神和美学价值——的有力手段。

20世纪30年代，爱因斯坦（A. Einstein，1879—1955）就明确指出："科学对于人类事务的影响有两种方式。第一种方式是大家都熟悉的：科学直接地，并且在更大程度上间接地生产出完全改变人类生活的工具；第二种方式是教育性质的——它作用于心灵，尽管草率看来，这种方式好像效果不大明显，但至少同第一种方式一样锐利。"①这里爱因斯坦明确提出了科学影响人类事务的两种方式：第一种方式是人类利用科学制造了生产工具，改变了人类的生活，这是科学对人类的物质生产带来的巨大作用，第一种方式是"直接的"、为人们所熟悉的；第二种方式是科学作用于人类心灵，给人类以教育，这是科学对人们的思想带来的巨大作用，第二种方式"不大明显"，尚未为人们所熟悉。值得注意的是，爱因斯坦强调了这两种方式的地位是并列的，科学对人类心灵产生的"不明显的"教育作用与科学的"明显的"的物质生产的作用具有同样深刻的影响。

20世纪60年代，丹麦物理学家玻尔（N. H. D. Bohr，1885—1962）在《人类知识的统一性》中指出："在本世纪（20世纪）中，各门科学的巨大进步不但大大推动了技术和医学的前进，而且同时也在关于我们作为自然观察者的地位问题上给了我们以出人意料的教益。"②这里玻尔也同样指出了科学进步不仅带来技术的进步（物质的），还给人们认识自己的地位带来出人意料的教益（精神的）。

容易看出，虽然爱因斯坦和玻尔讲的是科学，但这两段话对物理学也是完全适合的。物理学发展史告诉人们，一个重要的物理学定律或定理的产生往往是一代人甚至几代人的努力成果，而物理学的每一项成果的背后总是有新的物理学思想和方法论作为它的世界观的支撑点。因此，随着物理学成果不断转化为技术和生产力，生产的发展达到一个新水平，人类对自然界的认识和相应的世界观也达到了一个前所未有的新高度。

如今的物理教育已汇入当代先进文化的发展方向，比以往更多地体现出物理学发展对人类社会进步带来的深刻影响，由此形成的科学精神、科学思想和科学方法已成为人类文化发展史上的宝贵财富。在这样的价值观念中包括人的尊严、对他人的爱及同大自然的和谐等，在人类文化发展史上，这些价值观在任何时代都充满着活力，并能够在原有的价值基础上不断地自我更新，产生新的价值观。

正是由于现代物理学对人类文化和社会发展带来的深刻影响及物理教育对学生成长具有的科学和人文价值，理工科高等学校都把大学物理课程作为学生必修

① EINSTEIN A. 爱因斯坦文集：第三卷[M]. 许良英，李宝恒，赵中立，等编译. 北京：商务印书馆，1976：135-137.

② BOHR N. 原子物理学和人类知识论文续编[M]. 郁韬，译. 北京：商务印书馆，1978：11.

的基础课程开设,并根据不同专业的课程价值目标设置了相应的层次和开设的课时。在各层次上学生以各自的学习价值来决定自己的学习行为,例如,有一部分学生感到学习大学物理根本没有用,不如学习专业课程有价值,于是对学习不感兴趣;还有一部分学生感到学习大学物理虽然有点用,但学习大学物理很困难,即使有价值也难于实现,于是学习勉强应付;另一部分学生则感到大学物理在内容上和学习方式上与中学物理没有多大区别,只是多了微积分的数学工具而已,没有多大价值,于是学习方式仍然沿袭"记公式,背定理,解习题,对答案"的方法,只求多解题,不求多思考。由此引发的问题是,学习大学物理究竟有着怎样的重要地位?学习大学物理是不是比学习中学物理更有用?

在深入推进大学物理课程改革的进程中,教育部高等学校物理学与天文学教学指导委员会编制了《理工科类大学物理课程教学基本要求》和《理工科类大学物理实验课程教学基本要求》(2010 年版)两个文件(以下统称为"两个《基本要求》")。基于目前大学物理课程实施和教学改革现状,两个《基本要求》从大学物理课程在人才的素质培养和发展社会文明的高度,明确地提出了大学物理的重要地位和基本要求,具有明显的针对性;两个《基本要求》从注重实现大学物理课程价值观的高度,为大学物理课程改革架起了一个学科建设和教学改革的"多维价值坐标系",这个"价值坐标系"的原点就是"发展有利于学生的课堂教学",架构起这个"坐标系"的"坐标分量"就是大学物理课程的三维价值(图 1-1):一是大学物理课程的知识和能力价值;二是大学物理课程的思想和方法价值;三是大学物理课程的情感和文化价值。这三个价值逐级提升,并构成了大学物理从教学到课程再到育人的完整价值体系。

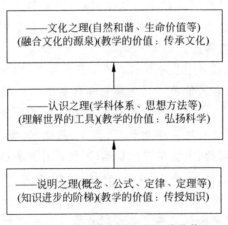

图 1-1 大学物理课程的三维价值

作为知识进步的阶梯——"万物之理"的"说明之理",物理学用文字和公式的形式描述了物质结构和物质运动,形成了众多的基本概念、基本定理和定律,集中反映了人类对自然界不断深化的认识。"原天地之美,达万物之理",人类正是运用了对"天地之美"的认识,在自己的生活和生产实践中把握自然现象的发展和变化,把物理知识转化为应用技术,从而减少盲目性,增加主动性。这就决定了大学物理课程第一个维度上的价值——知识和能力价值。

作为理解世界的观念——"万物之理"的"认识之理",物理学把众多的定律和定理构建成学科知识体系,渗透了关于对物质世界的基本观念和理解,集中反映了人类对自然界和人的关系认识的描绘方式和领悟,而在每一种描绘和领悟背后体现了物理学家对自然界认识的基本科学观念和科学思想方法论。正是在感悟和理解这样的科学观念和思想方法的基础上,人们不断提高了自身的科学素养。这就决定了大学物理课程第二个维度上的价值——思想和方法价值。

作为融合文化的源泉——"万物之理"的"文化之理",物理学借助于数学公式和物理定律描述了物理世界的和谐关系和复杂图像,使人们对物理世界的认识表述得更一般、更确切;使人们能透过纷繁复杂的物理现象发现更多的科学和自然界的和谐美,构筑起一幅关于自然界的整体的、既和谐又复杂的美妙图像,从而不断丰富人类的思想文化宝库和生命价值。这就决定了大学物理课程在第三个维度上的价值——情感和文化价值。

大学物理具有的三维价值相应决定了大学物理教师肩负的三重责任,即科学系统地传授物理学知识,大力弘扬科学思想和倡导科学方法,传承和创新物理学思想文化。

一个价值坐标系是一个不可分割的整体。我们之所以将其称为"多维价值坐标系",就是强调这些价值的多元性和整体性。这些价值的实现是互相渗透和互相依赖的整体效应。知识教学是教学的核心问题,但是知识未必带来人的发展;只有通过发挥知识的理性力量和人格的培养功能,学生才能从学习知识的过程中受到智慧的启迪和人格的熏陶。

总之,大学物理课程对学生不仅仅只有知识的价值,它对学生发展还具有独特的、有别于其他学科的育人价值。把大学物理课程基础作用的价值认同简单放在物理知识的价值基础上,这是一种对课程的简单性的思维方式。从更深的复杂性层次看,大学物理课程还可以为学生认识、阐述、感受、体悟、改变这个自己生活在其中并与其不断互动着的、丰富多彩的世界(不仅是自然界的物质世界,更有社会、生活、职业、家庭、自我、他人、群体,实践、交往、反思、学习、探究、创造等精神世界)和形成、实现自己的意愿,提供科学的路径和独特的视角、科学发现的方法和科学思维的策略、物理学特有的运算符号和逻辑;提供只有在物理学科的学习中才可能获得的经历和体验;提升独特的对物理学科美的发现、欣赏和表达能力。学生通过学习大学物理课程在发展对外部世界的感受、体验、认识、欣赏、改变、创造能力的同时,也不断丰富和完善自己的生命世界,体验丰富的学习人生,满足生命的成长需要。

❷ 为什么在学习大学物理的过程中要重视构建知识结构体系？

问题阐述：

大学生在中学期间初步学习了基本的物理知识，他们留下的最深刻印象大概就是一些物理定律和公式，这些定律和公式往往以碎片化知识的形式留在学生的记忆中。进入大学后，从提高学生的科学核心素养看，大学物理课程不仅需要使学生在物理知识的广度和深度上有所提高，更重要的是要让学生从接受碎片化知识转变为更多地学习和构建物理学科的知识结构体系，而且要把对后者的学习摆在比对前者的学习更重要的位置上。为什么要在学习大学物理的过程中构建物理学科的知识结构体系？构建物理学科的知识结构体系对于学生提高科学核心素养究竟有什么重要意义？

参考解答：

学科知识结构的思想是美国著名心理学家布鲁纳（J. S. Bruner，1915—2016）在 20 世纪 60 年代提出的，他强调学科是"活"的实体，是不断地生长和改变的知识体。他指出，学生学习一门学科，必须对该学科的"动态历程"和某种"心智地图"有所感悟，必须了解学科知识的主张从何而来，以及它们之间如何关联和得到何种评价。他指出："掌握事物的结构，就是以允许很多别的东西与它有意义地联系起来的方式去理解它。简单地说，学习的结构就是学习事物是怎样互关联的。""不论我们选教什么学科，都务必使学生理解学科的基本结构。"[①]

大学物理教学一般总会使用优秀的大学物理教材，而每一本大学物理教材都是编写者根据学习者的认知规律对物理学科知识体系和物理学科文化的一种重组，大学物理教学的过程是教师结合教学要求和学生的认知水平体现和传播物理知识和物理学科文化的过程。大学物理教学过程中构建的学科结构知识体系始终体现着教材编写者和教师的学科文化的理念——以符合学习者认知规律的方式把物理学的内容、思想方法和内在的科学精神，以及价值、信念、情感和动力赋予学生。

构建学科结构体系有利于学生对学科内容的深入理解和整体上的把握。布鲁

---

① BRUNER J S. 教育过程［M］. 上海师范大学外国教育研究室，译. 上海：上海人民出版社，1973：31.

纳指出,学科结构对整个学科内容具有统帅作用,即"一门学科的课程应该取决于对能够达到的,给那门学科以结构的根本原理的最基本的理解"①。

大学物理教学常常讨论"教什么"和"怎样教"这两个主要问题,实际上与这两个问题相联系的还有第三个问题,那就是"为什么教",即"教"的价值问题。与此相联系的是学生从大学物理课程中"学什么""怎样学"及"为什么学",即"学"的价值问题。如果学生对所学习的大学物理课程只停留在理解具体的碎片化的知识点和解题技巧上,缺少了对大学物理学科结构知识体系的把握,就难以理解大学物理这门课程的学科文化价值,而不理解大学物理的学科文化价值,就难以达到这门课程育人的价值目标。

构建学科结构体系有利于学生对学科基本观念在记忆中得到巩固。布鲁纳指出:"学习普遍的或基本原理的目的,就在于记忆的丧失不是全部丧失,而遗留下来的东西将使我们在需要的时候得以把一件件事情重新构思起来。高明的理论不仅是现在用以理解现象的工具,还是明天用以回忆那个现象的工具。"

构建学科知识体系有利于学生产生学习和知识的迁移。布鲁纳指出:"任何学习行为的首要目的,在于它将来能为我们服务,而不在于它可能带来的兴趣。学习不但应该把我们带往某处,而且应该让我们日后再继续前进时更为容易。"②今天的学习应该对今后的学习发挥作用,只有把握学科结构的知识体系才能发挥学习行为的迁移作用。

把握学科知识结构体系与学习具体的知识内容的关系可以用"看图"与"走路"的关系进行类比。人们走路时为了避免盲目性少走弯路,常常采取以下三种方式:"先看图,后走路""边走路,边看图"及"走完路,再看图"。不管采取哪一种方式,"看图"的目的都是及时发现"迷途",找出下一步走向目的地的最佳途径。对于学科而言,这个"图"就是它的学科结构体系,"走"的每一步都是一种迁移。布鲁纳把迁移划分为两种:一种是特殊迁移,属于知识、技能的迁移。这种迁移依赖于迁移情景和学习情景的相互性,把大学物理的具体知识应用于后继课程专业知识的学习和相关技能的实践就是这样的特殊迁移。另一种是非特殊迁移,属于原理和态度的迁移,这种迁移具有广泛的适用性,不限于学习情境的影响。以大学物理课程中的基本原理和基本概念及渗透的物理学思想方法这样的一般观念作为认识后继问题的基础,并应用于解决看来与物理学知识无关的问题就是这样的非特殊迁移。我们通常讲的"掌握了基本概念或原理,就可以据此去举一反三,触类旁通"就是这两种迁移的生动概括。布鲁纳指出:"非特殊迁移应该是教育过程的核心——用基本的和一般的观念来不断扩大和加深知识"。

学科结构体系与具体的知识内容的关系还可以用"房屋"与"砖瓦"的关系进行

---

① BRUNER J S. 教育过程[M]. 上海师范大学外国教育研究室,译. 上海:上海人民出版社,1973:47.
② BRUNER J S. 教育过程[M]. 上海师范大学外国教育研究室,译. 上海:上海人民出版社,1973:31.

类比。如果一个建造者有许多"砖瓦",但是他没有对"房屋"的整体结构的构思,就不能绘制出"房屋"的设计图纸,也就无法盖成"房屋"。只有通过对"房屋"整体结构的把握,建造者才能在众多"砖瓦"中找到需要的"砖瓦",从而把它们放置在恰当的位置上,否则再多的"砖瓦"看起来也不过是"一堆乱石"。具体的物理定理和定律就如同是构成物理学科结构体系的"砖瓦",学科结构就如同由这些"砖瓦"构成的"房屋"。只有对整个大学物理课程的知识从学科结构体系上加以把握,才能真正理解和掌握具体的物理知识、物理定律及物理定理的内容、作用和意义,并进而对大学物理中蕴含的物理思想和方法产生感悟。

从哲学上看,从整体(学科结构体系)认识个体(具体知识内容)正是中国哲学的思维特点。西方哲学强调个体,从个体认识整体;中国哲学强调整体,从整体把握个体。这是两种不同但又互补的思维方式。一门学科的知识体系就是一个整体,有了学科知识结构体系就能把握学科整体。这里,先认识个体是必要的第一步,有了个体,再上升到整体,通过梳理和把握整体,从整体上去理解个体的来龙去脉,从而有助于更好地理解个体。我国古代思想家老子说:"道生一,一生二,二生三,三生万物"就是一种整体思维的集中表现。"道"是无所不在的整体,由它才产生了万事万物的个体。研究学科知识结构体系就是整体思维理念的一种表现,教师只有把握了学科结构体系,才能高屋建瓴地把握知识的形成和联系;学生只有理解了学科知识结构体系,才能理解知识的本质,应用具体知识,实现知识和方法的"迁移"。

3 什么是大学物理学思想方法教育的内涵和意义?

问题阐述:

大学物理教师都同意这样的说法:教物理,不仅要教物理知识,还要教物理学思想方法。但是在实际操作中,其常常受到学时的限制。有一种看法就认为,大学物理课程主要就是传授知识,关于物理学的思想方法有时间就讲,没有时间则可以不提。于是,在大学物理教学上需要思考的问题是,物理学思想方法是物理课程知识之外的可有可无的附加品吗?什么是大学物理学思想方法教育的内涵和意义?

参考解答:

两个《基本要求》在第一页上都写下了相同的一段话:"在人类追求真理、探索未知世界的过程中,物理学展现了一系列科学的世界观和方法论,深刻影响着人类对物质世界的基本认识,人类的思维方式和社会生活是人类文明发展的基石,在人才的科学素质培养中具有重要的地位。"两个《基本要求》开宗明义地列出这样的论述，并把它们放在总纲的位置上显然有着深刻的意义：它是基于当前大学物理课程实施和教学改革现状而提出的，具有现实的课程指导性；它提出了大学物理和大学物理实验课程必须达到的总目标，具有明确的课程目的性；它把物理学影响人们对自然界的基本认识和思维方式的价值凸显出来，并作为一条价值主线鲜明地贯串于基本要求的始终，具有鲜明的课程价值性。

物理学思想方法教育是大学物理课程的题中之意，它不是大学物理课程额外的、可有可无的附加品，它的地位和作用是由大学物理课程的本质所决定的。

什么是大学物理课程的本质？从根本上说，一门课程就是一种文化，大学物理课程就是进入教育领域的一种科学文化，它的特殊本质是人的学习生命的存在及其活动。大学物理课程具有科学的品格，更具有一种教育意义上的文化品格。它既是一项掌握知识和技能的活动，又是一种价值活动或文化活动，因此，学生学习大学物理的知识和技能，掌握物理学的方法本质上都是在特定的物理情景中发生的文化行为与文化活动。在这种文化活动中，学生学习大学物理的过程就是生命存在的一种方式，是学生把自己作为主体与学习内容的客体融为一体的过程，它的价值目标最根本的取向是使学生在物理世界中发展人的主体精神和展现人的生命价值。因此，从文化的意义上看，物理课程作为文化主体的存在，承担着文化建构的使命。大学物理课程以它特有的科学内容、科学思想方法、内在的科学精神及情感动力赋予个体生命以价值、尊严、自由和创造力。

大学物理课程具有工具价值。学习大学物理可以为学习理工科各类专业知识和学习各类应用技术提供坚实的知识基础，大学物理与其他学科的交叉融合也已经形成了许多新的学科。

大学物理课程更具有理性价值。大学物理课程既重视物理课程对于提高学生科学素养(包括科学思想、科学精神、科学方法和科学态度)功能的价值，又重视物理课程对于提高学生人文素养(包括认识人与社会、人与自然的关系和体会人的尊严、人的价值、人的认识局限性)功能的价值。学生学习大学物理课程的过程是学生在物理世界里获得生命体验的过程，这种生命体验的过程也就是人与自然界和谐发展的过程。这些价值的实现需要师生以课程实施主体的地位不断对大学课程的实施进行反思，不断推进大学物理课程的创新，以创新的实践激发学生的创新意识，提高学生的创新能力。

物理学思想方法不是条条框框式的教条，而是人类在探索物理世界奥秘的过程中所产生的思想和文化宝库中的宝贵结晶。物理学思想和方法是随同物理学的发展而发展起来的，一部物理学发展史也是一部物理学思想和方法论史。英国科学哲学家查尔默斯指出："一门科学在其发展的任何阶段上，都是由以下这些部分组成的：为获得某种特别知识的特定目的，为达到这些目的所需的方法和判断那些目的在什么程度上得以实现的标准，以及呈现相关目的在目前实现的状况的特定事实和理论"①。物理学的发生和发展同样也离不开特定的目的、需要的方法、实现的标准及特定的事实和理论等四部分。学生在大学物理课程中学习物理学知识不仅可以掌握更多的物理学知识,了解物理学许多成就的产生和发展,还可以感悟到科学思想和科学方法的启迪。作为一门研究物质基本运动形式和物质结构的基础学科——物理学发展显示的方法比其他学科更具有普遍性和代表性。

在很多物理学家的演讲或著作中,我们都可以找到他们关于物理学思想和方法教育重要性的论述。物理学家玻恩(M. Born,1882—1970)指出:"每一个现代科学家,特别是理论物理学家都深刻地意识到自己的工作是同哲学思维错综地交织在一起的,要是对哲学文献没有充分的认识,他的工作就会是无效的。在我自己的一生中,这是一个最重要的思想。"爱因斯坦曾经明确指出:"在建立一个物理学理论时,基本观念起了最主要的作用。物理书上充满了复杂的数学公式,但是所有的物理学理论都是起源于思维与观念,而不是公式。"这里,玻恩和爱因斯坦明确地提出了物理思想观念在物理理论中的重要地位。在谈到学校教育时,笛卡儿(R. Descartes,1596—1650)认为:"最有价值的知识是关于方法的知识。"爱因斯坦认为:"被放在首要位置的永远应该是独立思考和判断的总体能力的培养,而不是获取特定的知识。如果一个人掌握了他的学科的基本原理,并学会了如何独立地思考和工作,他将肯定会找到属于他的道路。"学习物理学的具体知识有助于学生提高解决具体问题的能力,掌握物理学的基本原理,有助于学生获得对自然界运动变化的普遍规律的认识,其中物理学思想和物理学方法论是普遍规律认识中最有价值的知识。

从根本上说,物理学思想方法是哲学范畴的问题。爱因斯坦说:"整个科学不过是日常思维的一种提炼。正因为如此,物理学家的批判性的思考就不可能只限于检查他自己特殊领域里的概念。如果他不去批判地考查一个更加困难得多的问题,即分析日常思维的本性问题,他就不能前进一步。"②海森伯说:"一部物理学发展的历史,不只是一本单纯的实验发现的流水账,它同时还伴随着概念的发展,或者概念的引进……正是概念的不确定性才迫使物理学家着手研究哲学问题。"③

因此,物理学思想和方法作为科学方法及其认识论的一部分始终渗透在物理教学的全过程中。这里提及的物理学思想方法是指物理学家发现问题、提出问题和解决问题的思想方法,也是物理学家的哲学思维方法。它体现了物理学家对客观世界的认识方式,也是物理学家克服困难取得成功之道。它不是凭空产生的,而是通过对具体问题的解决过程而逐渐形成的。这里既有科学家本人的条件,也有

---

① CHALMERS A F. 科学究竟是什么? [M]. 3版. 鲁旭东,译. 北京:商务印书馆,2007:202.

② EINSTEIN A. 爱因斯坦文集:第一卷[M]. 许良英,李宝恒,赵中立,等编译. 北京:商务印书馆,1976:477-478.

③ HEISENBERG W. 严密自然科学基础近年来的变化[M]. 《海森堡论文选》翻译组,译. 北京:商务印书馆,1978:185.

社会的、经济的和政治的条件。任何科学思想方法的形成都与社会经济的发展密切相关,不能孤立、简单地只归结为某个人的智慧;物理学思想方法不是历史上某个时期在物理学某个成就出现前形成的,它是后人研究物理学发展过程而总结得到的,每个人总结的角度不一样,对方法的理解和阐述也可能不一样;物理学思想方法始终与物理学的内容和物理学的发展史紧密联系,并随着物理学的发展而发展起来。不同的物理学内容和发展过程与不同的思想方法相对应,同样的思想方法在不同的物理学发展时期会有不同的特征。某一个历史时期并不是只有一种思想方法,而可能是多种思想方法的交叉和组合。因此,结合物理学发展史,对物理学的思想方法进行一番历史的考察,有助于我们认识科学方法的来龙去脉,有助于我们在今天的物理教育中正确地应用科学的思想方法,提高自己的科学素养。

在大学物理教学过程中,进行物理学思想方法的学习和教育可以有"显性"的方式,即教师在教学过程中结合知识的讲解,巧妙地结合物理学史用恰当的语言阐述物理学思想方法的要点和启示,言教善诱,这里重在教师的"点拨";也可以有"隐性"的方式,即教师在引入物理概念、得出物理定律、指导学生开展讨论等一系列的教学过程中,有意识地在语言的表述和教学行为中遵循科学的、认识论的思想方法,给学生以潜移默化的感染,身教示范,这里重在学生的感悟。

由此可以得出,大学物理学思想方法教育的内涵和意义应该是,在传授物理学知识的过程中揭示物理学发生、发展和演化及其相应的认识论和方法论变革的历史规律,并对物理学发展的基本趋势及它在科学技术中的地位和作用提出科学的说明,从而使学生在接受物理知识的同时了解人类对自然界的认识、发生、发展的基本规律,了解物理学家认识和发现物理定理、定律的基本方法,以物理学家认识世界本来面目的方式去认识世界,从而使个人的智力、智慧和创造力的发展与科学知识、科学体系的形成过程之间达到基本平行和同步。

4 什么是大学物理教材共同的内在本质属性?

问题阐述:

大学物理教材是大学物理课程重要的教学资源(从教学论角度看,教材包括教科书和其他教学辅助材料,本书专指大学物理教科书,下同),多年来已经出版的各种优秀的大学物理教材一直受到大家的关注和使用。它们虽然外在的表现形式不同,但一定具有某些共同的内在本质属性。由此在大学物理教学使用教材时需要思考的问题是,什么是大学物理教材共同的内在本质属性?

参考解答：

什么是教材的内在本质属性？《百科全书 教育卷》中指出，教材是"一定范围和深度的知识和技能的体系"，是学科基本结构的外观，是一切人类文化"基本文化要素的集合体"，教材应忠实地服务于人类文化的传承。

这里的两个关键词是"学科基本结构的外观"和"基本文化要素的集合体"。从外观表现方式上看，大学物理教材是传授物理知识和传承人类文化的教学文本材料。为此，大学物理教材应具有逻辑条理清晰、知识结构严谨、文字表述易懂、公式推导严密、插图生动有趣等基本特征，这是大学物理教材在外观上的"共性"；通观一些国内外优秀的大学物理教材，它们在外观表现方式上还具有各自的特色，这就是每一本教材在外观上的"个性"。无论大学物理教材在外观表现方式上具有什么"共性"和"个性"特色，它们都是大学物理教材内部本质属性的体现。认识和理解大学物理教材内部的本质属性对于我们更好地使用和发挥优秀的大学物理教材在教学中的作用是很重要的。

1）大学物理教材的教学性

大学物理教材的基本社会功能是物理知识的记载、优选和传承，并保证物理知识的有效传递。由于大学物理教材是在教学中使用的，把教材放在学科知识形成的逻辑结构及重构学生的认知结构的链环中思考，教材在知识记载和传承方式上就体现了它的教学性，这是教材众多本质属性中最为根本的一个。

大学物理教材学科知识体系的构建具有较强的逻辑性和系统性。教材内容的背后蕴藏着学科知识的内在结构，它体现了陈述性知识、程序性知识和策略性知识的融合和发展。布鲁纳指出："不论我们选教什么学科，都务必使学生了解该学科的基本结构。"在大学物理教学过程中，教师引导学生掌握学科知识的内在逻辑结构就是教学的根本所在，而大学物理教材呈现的内在结构就是学习和掌握学科知识逻辑结构的前提和基础。

目前在大学物理课程中使用的教材都是按照一定的知识体系编写的，体现了较强的逻辑性和系统性。它们一般表现为：

（1）内容以从经典力学开始到现代物理学的发展为主线按"从经典到近代"的历史次序展开。

（2）对力学、热学、电磁学和原子物理学等不同的物理学分支的内容是遵循"从宏观到微观"的认知次序编排的。

（3）每一个物理学分支中，有的物理题材是从公理系统出发通过演绎推理的方法形成的，有的物理题材是以大量实验事实和观察结果为基础应用归纳推理基于"从现象到定理"的逻辑实证方法得出的。

（4）物理学家提出的定理、定律和原理都是以文字形式和数学符号按照"从文字到公式"的方式严密而简洁地加以表述的。

大学物理教材内容的编排遵循学生的认知规律，有助于学生自主学习和理解教材。教材挑选的内容和教材设置的思考题、讨论题等联系生活生产实际,适合于教师在课堂教学中启发引导、展开讨论,有助于学生自主学习和理解教材等。

从知识论的角度看,教材生存在知识生产与再生产的链条上,链条上的每一个环节需要依次地"扭结",又需要逐级地"翻新"。大学物理教材的内容相比于中学物理教材上了一个"台阶",大学物理教材的内容既需要与中学物理教材在内容上衔接,衔接是在已有知识基础上必要的重复;更需要在已有知识基础上加以提升,提升是学习和接受新知识的延伸和拓展。这样的提升既在知识维度上从定性走向定量(如从中学物理对光的干涉和衍射体现的波动性的定性描述到大学物理对干涉和衍射条纹位置的定量计算),从特殊扩展到一般(如从中学物理限于利用代数方法讨论匀加速运动的运动学公式到利用微积分方法演绎推理出一般变速运动的路程、速度和加速度的表示式),从局部整合为整体(如从只讨论一根长直导线在磁场中作切割磁力线运动而产生感应电动势到讨论任意闭合线圈在变化的磁场中产生的感应电动势),又在过程和方法维度上从隐性走向显性,从学科具体方法走向科学思维方法(如从演示牛顿第二定律的控制变量法到牛顿(I. Newton,1642—1727)提出三大定律的公理化方法及其演绎推理而形成的完整的力学系统),从而更系统地使学生掌握相关的知识和受到科学思想方法的启迪。

从学习论的角度看,教材就是学生学习的材料,因此,教材的学习化(符合学生的认知水平和认知规律)和心理化(符合学生的兴趣爱好和求知愿望)就是教材建设的科学要求。教材的功能就在于为学生提供学习的基本素材、实验的现象结果、发现的创意材料和认知的有效媒介等。教材内容的设计和表述必须有助于学生进行探究,提出观察、实验、操作和讨论的建议,学会提出问题和解决问题,在探究过程中提高创新意识和创新能力。

与同样承接着知识的记载、优选和传承等相似社会功能的物理学专著相比,教学性是大学物理教材与物理学专著的最大区别。

大学物理教材呈现的学科知识是人们已经求得共识的知识,需要按照学科知识的逻辑组织教材的内容;教材是站在学生的角度呈现知识的,必须考虑学生的心理状态和知识基础,需要按照学生认知的逻辑组织教材内容。学科知识的逻辑和学生认知的逻辑是教材内容组织的两条基本主线。教材的语言必须通俗易懂,言简意赅;教材对知识的论证过程必须详细具体,有必要时可以列入必要的参考文献,但不宜过多。

2) 大学物理教材的文化性

大学物理教材并不是简单地为学生描述世界,而是为学生提供对世界的科学说明。大学物理教材不是编写者把物理知识简单地加以罗列和有序堆积,而是以符合学习者认知规律的结构化的方式把物理学的内容、思想方法和科学精神及价值、信念、情感和动力作为普遍的整体呈现出来并赋予学生。

西班牙哲学家奥尔特加-伊-加塞特指出:"如果一个人不掌握物理学的概念

（不是物理学这门学科本身，而是物理学已经形成的关于世界的最重要的思想），不掌握历史学和生物学提供的概念，不掌握思辨哲学的纲要，那他就不是一个有学识的人。"一门学科知识的教学是这门课程教学的核心问题，但是知识未必带来人的发展；只有通过发挥物理知识的理性思维力量和人格的培养功能，学生才能从学习知识的过程中受到思想和智慧的启迪以及人格的熏陶。

作为对物理学科文化的一种重组，大学物理教材具有重要的基础属性——文化性，始终体现着教材编写者的学科文化的理念，这种学科文化理念主要表现为：

弘扬悠久的人类文化。大学物理教材凝聚着人类在悠长的历史长河中体现的创造性和智慧性，凸显出人类对自然界的好奇心和探索性。在很多大学物理教材中加入物理学史的内容就是体现这种人类文化的一种有效方式。

建构全新的科学文化。大学物理教材体现着物理知识体系的逻辑性和结构性，关注着物理成果的前沿性和交叉性，体现了科学思想和方法的哲理性和动态性。在大学物理教材中渗透物理学思想方法就是建构这类科学文化的一种有效途径。

展现丰富的多元文化。大学物理教材展现了物理成果的历史地位和社会联系，体现了物理成果的人文价值和育人价值。在大学物理教材中把物理学的知识与"科学-技术-社会"（STS）的内容有机融合就是展示这类多元文化的一种有效实施。

这里尤其需要提出的是大学物理教材体系的结构性和渗透在物理知识体系中的思想性。如果把结构性比喻为任何一门学科文化必须具备的"骨骼"，那么思想性则是这门学科文化必须具备的"灵魂"。离开了结构性和思想性，学习任何一门学科，推而广之，甚至包括阅读一本经典书籍、聆听一首经典乐曲都只是看过或听过而已，对它们的理解只能停留在表面的文字上或音符上。

作为学科文化的"骨骼"，体现在大学物理教材中的结构性对整个学科内容具有"统帅"作用，结构性从学科知识体系上体现了文化性。学生通过初步学习物理学基本概念、定理和定律以后，如果深入一步学习和理解物理学科的基本结构，就能比较容易且深入地理解所包含的物理学的具体知识内容的相互关系和蕴含的物理意义，就能不仅仅从文字上和数学公式上通过解题去认识物理，而是站得更高地从整体上和知识脉络上理解物理基本概念和原理的地位和作用。

著名学者朱光潜先生在谈到英语学习中记单词和记整篇文章的关系时说过，记单词不如记整篇，因为整篇是"有生命的组织"，如果一个人不会读、不会记整篇文章，记住了单词有什么用？一个人的知识有了系统就有了生命，有了生命就有了自己的个性。与学英语类比，学习物理不也是如此吗？物理学科知识体系是"有生命的组织"，如果不会建构、不会把握整个物理学科知识体系，仅仅有了公式和定理有什么用？一个学生学习大学物理的过程应该是从学习具体物理知识，到走进物理"宫殿"大门，再到感悟物理的学科体系和物理学的思想方法的过程，这是一个逐步走进物理这个"有生命的组织"的过程，而物理教师的作用就是指导和带领学生去寻找走进这个"有生命的组织"的"钥匙"。

与掌握一个个物理的基本概念、定理和定律相比，掌握物理学科知识的内在逻辑结构是大学物理教学的根本所在，而体现学科知识结构的教材则为掌握学科知识结构提供了必要的前提和基础。

作为学科文化的"灵魂"，物理学的思想并不是游离于大学物理教材之外的附加点缀，而是渗透在大学物理教材和教学过程中体现大学物理教学多元价值的重要教学内容。

物理学知识并不是公式和定律的堆积，而是人类丰富文化宝库的重要组成部分。在物理学发展过程中，每一次物理学思想和观念上出现的"危机"都孕育着物理学上的一次重大的突破；而每一次重大的突破都会强烈地在当代乃至下一代的哲学思想上留下不灭的印记。

3）大学物理教材的创生性

教材是学生学习的材料，是创设学习者自我建构所需要的情境，是学生学习的起点而不是终点。教材的创生性是教材具有的又一个本质属性——发展属性。

在大学物理教学过程中，在如何处理好课堂教学与使用教材的关系上出现了很多不同的教学模式，"教大学物理教材"和"用大学物理教材教"就是其中两种基本模式。这两种模式虽然只有一字之差，但却反映了对大学物理教材创生性本质属性的不同认识。

在"教大学物理教材"的模式下，教材上的内容是标准的、权威的，教师的课堂教学活动就是把教材上的知识"照本宣科"地"喂"给学生。在这种教学模式下，物理学科是大学物理教材的主要依托，物理学科知识体系是大学物理教材的主要呈现对象，大学物理教材就是学生必须掌握的大学物理课程的知识总体。在这种模式下，大学物理教材是教学的文本，教师按照教材内容教，学生按照教材内容学，这就是使用教材的基本逻辑。通过学习大学物理，学生能够掌握物理教材上的知识点，消化教材上的内容就达到教学要求了，这就是使用教材的基本价值。

在这种模式支配下，大学物理教材的结构性和思想性不见了，学科基本文化也随之消失了，怎样才能可教、怎样才能易学的问题也被搁置一边，更谈不上怎样才能激励学生的创新思维。于是，大学物理教材，甚至即使被大家公认的优秀的大学物理教材不但没有体现它的创生性，反而最后成了禁锢学生知识和思想的"囹圄"，因此，这种模式有时还被称为"圣经式教材观"。

"用大学物理教材教"模式是对"教大学物理教材"模式的一种批判。这里的"用"是指创造性地使用教材。在此教学模式下有两种"教材观"：一是"范例式教材观"，它把教材看成描述现象、解释定律的"例子"和"范例"，引导学生"举一反三"，学会思考和分析；二是"创生式教材观"，它把教材看成有待于继续开发的丰富文本，引导学生把教材转化为学材，把教材的静态文本转化为有待于突破的生成文。在这样的"范例式教材观"和"创生式教材观"支配下,大学物理教材不再是静态文本,而是沟通师生心灵世界和激励学生在很好理解教材内容的基础上去突破、去创读、去继续开发建构新知识的动态文本材料,学生在深刻理解教材内容的基础上大胆突破、探究创读,从而继续开发建构新的知识。

⑤ 什么是大学物理教育中出现的不确定性知识？应该怎样去考察大学物理教学的复杂性？

问题阐述:

自 20 世纪 80 年代以来,基于对复杂性问题的认识,复杂性科学的原理和方法正在开始被引入未来教学的研究中。其中尤其值得重视的是,法国著名思想家埃德加·莫兰(E. Morin)把在物理科学、生命进化科学和历史科学中出现的不确定性的知识列入教育复杂性的范畴。在当今充满不确定性的时代,什么是大学物理教育中出现的不确定性知识？从大学物理中出现的不确定性知识上应该怎样去考察大学物理教学的复杂性？从不确定性的思考中我们可以得出对大学物理课程和教学改革的哪些有益的启示？

参考解答:

20 世纪 90 年代,在众多的关于教育复杂性研究的工作中,法国著名思想家莫兰进行了"为了一个可行的未来而教育"的跨学科研究项目,提出了复杂思维范式的独特思想体系,并以复杂性思想为背景,表达了他对未来教育的理念。他提出,改革思想与改革教育密不可分,教育的目标与其说是造就充满知识的头脑,不如说是构造得宜的头脑。莫兰提出了对于未来教育所必需的七种知识,勾画出教育复杂性现象的基本框架。尤其值得引起注意的是,莫兰把在物理学、生命进化科学和历史科学中出现的不确定性的知识也列入了复杂性的范畴。莫兰指出:"应该抛弃关于人类历史的确定性观念,教授关于在物理学、生物进化学和历史科学中出现的不确定性的知识,教授应付随机和意外的策略性知识。"[①]

应该承认,前人创造和积累的物理学知识体系反映了人类对自然界的认识,正是这样的认识的真理性使人们对自己的行为变得更加理智、社会的发展走向更加文明。然而,也应该承认物理学理论和结论存在着不确定性,这是对物理学理论真理性的一种肯定,是对不断建立和完善物理学知识体系系统性的一种追求。

实际上,人类在对客观自然界的认识中存在的不同程度的不确定性正是科学

---

① MORIN E. 复杂性理论与教育问题[M]. 陈一壮,译. 北京:北京大学出版社,2004:66-68.

世界观的基本内涵之一,也是科学事业能永葆活力、不断开拓的原因所在。科学发展史表明,创新不仅是科学发展所必需的,也是科学本身所具有的基本品质。在物理教育中,如果没有使学生获得系统的物理学知识和物理学思想方法的启迪,那么这样的物理教育是不完全的、有缺陷的;同样,在物理教育中如果没有使学生获得创新的认识和创新的体验,那么这样的物理教育也是不完全的、有缺陷的。如果没有怀疑的目标、缺乏探究的引导、远离发现的乐趣,那么以这种方式所学到的物理知识,即使是完全可靠的、非常系统的知识,也不过是一大堆"僵死"的、现成的结论。

20世纪30年代,逻辑经验主义提出,所有知识都是有条件的,它们只在支持它们的事实证据的意义上是正确的,从逻辑上和经验上看,总存在一旦发现了新的证据,就足以证明这些知识是虚假的可能性。在这个意义上,承认知识本身的不确定性正是科学自身最优秀的品质之一,爱因斯坦曾担心某一天早上醒来,发现物理学的大厦已经倒塌。因此,只要承认科学知识本身存在的这种不确定性,那么作为基础学科的大学物理课程的知识体系内容就应该体现这种不确定性,在科学性前提下承认物理课程知识内容本身——物理概念、物理定律和物理定理只在一定条件下成立,并且会在新的条件下更新和发展。

学生需要学习和掌握基本的物理知识和技能,但是在学习和接受物理知识和技能时,学生能够达到的认知水平和理解程度会自觉或不自觉地受到某种思想方法的影响,学习的主动性会自觉或不自觉地带有某种情感和价值的取向,而任何学习的方法、学习的动机和情感及对学习价值的判断都会影响学习者的学习动力、对学习内容的选择、学习态度和学习效果。因此,只要承认在学生学习动机和学习态度上存在的差异,在大学物理教学过程中就应该重视学生在认知规律及接受知识的程度上存在的很多不确定性。

不确定性的增加意味着学习者除了要接受前人积累的知识外(作为学习,这是完全必要的),还将面临更多的机遇去实现对前人的突破和超越(作为发展,这是完全必需的),这就需要教师以足够的信心去激励和发挥学生的学习主动性,指引学生掌握应付随机和意外的策略性知识。

不确定性的思维方式对于认识大学物理课程改革和教学改革的关系、"教"和"学"的关系提供了深刻的启示。

物理知识存在的确定性和不确定性的对立统一意味着课程内容在深度上和意义上应该设置不同的层次性,适应不同认知程度学生的学习需求。物理课程不是事先设计好的绝对有序的过程,"学"不是"教"的直接结果,而是学生内部建构和自组织的过程;物理课程的实施不是单纯传授知识的过程,而是一个从知识技能、过程和方法到情感态度价值观不可分离的整体化和背景化的过程。在物理教学内容的引入和展开过程中应该从演示实验、生活实际等多方面创设多维的情景环境,增加学生对物理现象的不同感性体验;在对物理实验结果和解释上应该提供多种不同的可能性,在训练和应用上应该体现丰富的体验性。在结合教学内容渗透物理学思想方法教育中应该以显性阐述和隐性点拨的不同方式加以开拓引导,增加学生对物理学思想方法的直觉感悟和理性认识。在对学生的学习评价上,不是简单靠一张考卷判断的结果,而是应该从评价模式和评价方法上体现多元性,从探究学习模式对学生多层次自主学习产生的效果上体现综合性。在对情感价值观的培育和升华上,应该提供各种对话交互方式以沟通师生情感,渗透对学习物理的知识价值和能力价值的启迪,等等。

第2章

力学

1 大学物理中的力学是中学物理的重复吗？大学物理中的力学需要在哪些方面对中学物理进行衔接和提升？

问题阐述：

在中学物理课程中,力学的内容占了相当大的比例,不少中学生已经能够熟练地运用运动学和动力学公式熟练解题了。如今开始学习大学物理时,很多学生的感觉是,大学物理力学的内容不过是对中学物理内容的重复而已,因而轻视力学的学习。而在教学上,运动学和动力学内容也常常被认为"与后继的课程无关"而得不到应有的重视。即使安排了力学的教学,也常常由于学时的客观限制,在课堂上只能以"短、平、快"的教学方式被"匆匆带过"。大学物理中的力学是中学物理的重复吗？大学物理力学的教学能"匆匆带过"吗？大学物理中的力学教学在运动学和动力学方面对中学物理需要从哪些方面进行衔接和提升？

参考解答：

从具体内容看,大学物理在力学部分尤其在运动学部分出现的部分概念和公式确实与中学物理有重复,再加上学时的限制,于是力学部分尤其是运动学部分的教学在课堂上就常常以"短、平、快"的教学方式被"匆匆带过"。

大学物理运动学和动力学的有些内容真的与中学物理重复了吗？大学物理力学对中学物理需要在哪些方面衔接和提升？力学内容是不是如同很多学生认为的那样,只是几条运动学公式和牛顿三大定律而已？为此,我们不妨先简要地了解一下"力学究竟是一门怎样的学科"。

早在有历史记载以前,人们就学会了使用简单的机械,如滑轮、斜面和杠杆等,由此来减轻劳动强度,完成单靠人力不能完成的建筑和工艺方面的操作。正是通过这样的观察和积累,人们逐渐获得了一些有关机械的物理性质的资料,但还没有形成系统的学科。直到公元前 3 世纪阿基米德时代,力学的一个分支——静力学才达到了一个高阶的发展阶段。在 16—17 世纪期间,伽利略 (G. Galilei,1564—1642)和牛顿等把研究物体处于平衡的性质扩展到研究物体处于运动的规律,从而使力学这门学科获得了很大的成功。随后经过法国天文学家、物理学家拉普拉斯（P. S. Laplace，1749—1827）和法国数学家、力学家拉格朗日（J. L. Lagrange，1736—1813）等的努力，力学的基本原理得以完善，在一大批领域获得了广泛的应用。19 世纪中叶，力学已经被公认为一门最完善的物理科学，并成为一门基础科学。一批思想家、哲学家和物理学家共同认为，一切自然科学研究的对象都可以且应该按照力学的基本概念加以说明，物理学的任务就是要把自然现象还原到简单的力学定律。力学之所以被如此看重，不仅是因为力学在宏观上描述了机械运动的规律，与人们的生活生产有着紧密的联系，更是因为它为人类建立了一个完整的学科体系，构建了一幅"天上"和"地下"大统一的科学图像，以一种比其他学科相对更简单的方式展示了逻辑简单性和方法论。

正是基于力学的学科特征和它在自然科学中所处的地位，针对大学物理的力学教学中出现的上述情况，教育部高等学校物理学与天文学指导委员会制定的两个《基本要求》在力学部分的《说明和建议》中就提出了在避免内容重复的同时，在力学中注重在物理学思想和方法方面提升的教学要求，特别强调了力学的重点是"牛顿定律和三个守恒定律及其成立的条件""逐步使学生学会建立模型的科学研究方法"和"学习矢量运算、微积分运算在物理中的应用"等。

如果说在中学物理中学生学习力学是向物理学的大门跨出了第一步，对运动学的理解基本上还停留在理解基本概念和提高解题技巧上，那么大学物理必须在一个更高的逻辑层次上遵循学科体系的发展展开力学的内容，注重揭示力学学科体系所包含的物理图像和渗透的物理逻辑思想和物理学方法。

从认识论的逻辑思想上看，人们认识任何事物总是先有运动状态的确定，再有运动状态的变化，这是认识事物的合理的逻辑思想，是物理世界实际演化规律在人们认识过程中的一种反映。作为大学物理力学开始的运动学正是沿着这样的认识逻辑思想展开的：运动学首先建立对物体在某一个时刻的相对位置的描述；有了位置的确定，然后才有位置的改变。有了位置的变化就有了位移，位移随时间发生变化就有了速度，速度随时间改变就有了加速度。运动学对物体的位置描述是相对的，对物体的速度和加速度的描述也是相对的。由此可见，运动学体现了对物体运动状态的相对性描述的过程是按照从"静"（确定物体的位置状态）开始到"动"（确定状态随时间的改变）的认识思路展开的，它是人们在认识论上从"静"到"动"建构物理世界图像的必由之路。力学如此，热学和电学都是如此。

从数学和物理学的思想上看，大学物理在运动学部分使用了微积分数学工具，把中学只能够处理平均量的代数方法上升为对无穷小量用微分思想处理几何量的解析方法，其实质是把平均意义上的变化上升为瞬时意义上的变化。从数学上看，这是一种极限的思想（从有限到无限）；从物理上看，这是一种连续变化的思想（从在不同的时段和在不同的空间路程上得到的平均变化走向与时段和空间路程无关的逐点的连续变化）。正是从运动学开始，力学开始建立起了从平均量到瞬时量的数学极限性和物理连续性的图像。

从对运动的分类思想上看,翻开力学的第一页往往是对时间、长度和质量这三个基本量数量级和度量单位的介绍,运动学就是从讨论空间位置及其随时间的变化开始的。这三个量之所以成为基本量,是因为它们首先是可测量的。力学基本物理量的一个重要特征就是可以通过自身单位标准的重复来进行测量,有了基本量就可以用来量度其他物理量。相对于基本物理量,其他力学物理量就是导出量。其次是因为它们是客观的,即它们是独立于观察者个人的思维状况的。只要有了这样三个基本量的组合就可以充分表述其他的力学物理量。

大学物理力学对基本量和导出量的分类,体现了对物理量的分类思想。分类思想是重要的物理学思想,学会分类是认识世界的重要物理学方法。按照是否可以相加,物理量可以分为广延量和强度量两类;按照是否与状态有关,物理量又可以分为过程量和状态量两类;按照作用力的强弱和作用力程范围大小,物理学中的相互作用可以分为引力相互作用、电磁相互作用、强相互作用和弱相互作用四种;按照研究运动对象的不同,物体的运动形式可以分为机械运动、热运动、电磁运动、化学运动和生命运动等。可以说,没有分类就不能获得科学认识和进行科学研究的具体对象;没有分类就不能实施物理学中的归纳演绎方法;没有分类也就不能进行类比,也就难以实现物理学中的抽象思维和形象思维。正是从力学开始,大学物理引入了对运动的分类思想并贯穿于整个大学物理课程的始终。

❷ 速度和加速度是力学中两个重要的物理量,牛顿为什么要从数学极限的意义上作为假定定义速度和加速度?

问题阐述:

为了构建经典力学的理论体系,牛顿发明了流数方法,这就是后来的微积分。学习大学物理运动学使用的主要数学工具就是微积分。正是由于使用了微积分这个数学工具,速度和加速度分别被牛顿作为平均速度、平均加速度的数学极限假定提出来。速度和加速度是很平常的两个物理量,牛顿为什么要从极限的意义上去提出这些假定?

参考解答:

大学物理无论在数学思想上还是物理思想上都比中学物理深刻得多。从数学上看,中学代数只能够处理平均量(如将物体经历的路程除以经历的时间得到平均速度),而微积分把代数方法上升为对无穷小量用微分方法处理几何量(如通过计算无限小时间内的无限小位移得到瞬时速度)的解析方法。从空间上看,中学物理讨论的运动只涉及质点在空间路程上的平均改变,而经典力学把对运动变化的描述上升为瞬时意义上空间逐点的变化;从时间上看,中学物理只讨论不同时段内的时间平均值,而经典力学把对运动的描述上升为与时段无关的瞬时变化;这种空间逐点和与时段无关的瞬时变化的实质就是时空的连续变化。在某个空间路程或某个时段上得到的平均速度和平均加速度在实验上是可以测量的,而逐点的瞬时速度和瞬时加速度是无法通过实验测量的,它只是作为平均速度、平均加速度的极限而被牛顿作为假定提出来的。牛顿为什么需要这些极限假定? 为什么牛顿要从极限的意义上去建立运动学物理量的连续变化图像?

从对运动物体的状态描述方式上看,为了能够描述物体运动的快慢程度,就需要引入速度这个物理量;而为了确定速度的大小,就需要测量物体经过的位移和物体经过这段位移的时间。从实验测量上看,任何实验对物体运动位移和时间的测量得到的只可能是在这段位移上或这段时间内物体运动的平均速度。但是,用平均速度描述物体运动的快慢是粗糙的,不能确切地反映出物体运动实际的快慢程度。为了得出对物体运动快慢程度更加细化的描述,一个自然的选择就是相继测量出在一次比一次更短的位移上的平均速度。例如,把原来测量 1km 位移中的平均速度改为测量 500m 位移中的平均速度;从 500m 再改为 100m、50m、10m 甚至更小位移中的平均速度。经验事实表明,实验测量中所取的位移大小或对时间的辨别在精确度上总有一个下限,因此,由此得出的始终只是平均速度而已,而且在不同的位移中测量得到的物体的平均速度可能也是不同的。"平均"是与空间位移和时段有关的,是与测量者有关的,是"因人而异"的。于是,作为表征物体运动快慢物理量的平均速度成为与实验测量条件有联系的一个物理量。显然,这样的描述归根到底停留在经验层次上,缺乏一般性,无法揭示运动快慢的本质规律。

为了建立对质点运动状态的一种普遍性的本质描述,以使这样的描述完全不依赖于实验的测量,牛顿突破了测量时对位移大小和时间的选择及测量的下限,提出了这样的假定:当物体经过的位移大小和时间变得无限小时,它们两者的比值就趋近于一个极限,这个极限就是物体的瞬时速度,即

$$\lim_{\Delta t \to 0} \frac{\Delta s}{\Delta t} = \frac{ds}{dt} = v$$

类似地,当物体在两个时刻的速度之差和时间变得无限小时,它们两者的比值就趋近于一个极限,这个极限就是瞬时加速度,即

$$\lim_{\Delta t \to 0} \frac{\Delta v}{\Delta t} = \frac{dv}{dt} = a$$

因此,速度和加速度一开始就是作为假设提出的。通常说的物体的速度和加速度(实际上是瞬时速度和瞬时加速度)从来都不是从测量中得到的,测量得到的

始终只不过是某个时间段上的平均速度或平均加速度而已。从这个意义上说,运动学所建立的一整套的理论与后面提到的动力学理论一样都是牛顿作为假设和公理提出来的,公理性的思想是贯串于牛顿力学始终的重要的物理思想。

3 大学物理运动学在描述现象的物理图像和渗透的物理学方法上与中学物理有哪些不同?

问题阐述:

有一种看法认为,大学物理的运动学导出的还是中学生早已熟悉的匀加速运动的路程公式和速度公式,所不同的仅仅是运用了高等数学的工具而已。而且有些习题用中学物理的知识和初等代数方法也完全可以解出,不必应用高等数学方法求解。但是,如果一旦遇到那些必须利用高等数学才能求解的习题,学生又常常由于高等数学在教学进度上往往落后于大学物理的进度而感到"上课听得懂,习题不会做"。为什么大学物理还要导出匀加速运动的路程公式和速度公式?大学物理为什么必须运用高等数学的工具?大学物理运动学内容在描述现象的物理图像和渗透的物理学方法上究竟与中学物理有什么不同?

参考解答:

在大学物理的运动学中,还会导出中学生早已熟悉的匀加速运动的路程公式和速度公式,但是比中学物理有着更高的教学要求。如果说中学物理课程给学生留下了"物理就是许多公式定律的堆积"的"碎片化"知识的印象,那么大学物理课程进一步体现了物理学科体系的整体化概念,体现了物理学的发展史和物理学的思想方法,体现了数学在物理学中的地位和作用。

在中学物理课程中为了便于学生理解,遵循学生的认知规律,在课堂教学中常常结合生产和生活实际,归纳引入了许多物理概念,由此得到了一系列运动学公式。但是,我们必须记住爱因斯坦的几段论述:"用归纳的方法是不可能引入物理学的基本概念的。""逻辑思维必然是建立于假设和公理基础之上的演绎推理"[1]。爱因斯坦还曾说过"我们这里所涉及的物理学,包括各种在测量基础上建立其概念的自然科学。这些概念和命题使得它们自己能用数学方式加以阐释。相应地,它

---

① EINSTEIN A. 爱因斯坦晚年文集[M]. 方在庆,韩文博,何维国,译. 海口:海南出版社,2000:77.

的领域就被定义为我们的全部知识中那些能用数学方法加以描述的部分。随着科学的进步,物理学的领域是如此庞大,以至于看起来它只受这种方法自身局限的限制"①。

物理学史表明,有了数学演绎的发展,物理规律才得以用数学的解析工具简单而明确地表述出来,物理学才得以成为一门精密性和逻辑性很强的科学。有了数学演绎的发展,物理规律才能在文字表述的基础上提炼符号的意义,以更简单、更精炼的数学表述形式深刻揭示自然界的和谐性和统一性的本质。

从物理图像和物理思想上看,与中学物理着重于从实验事实归纳得出结论的过程不同,大学物理学的运动学展示了清晰的物理图像和渗透的物理思想,如"静止和运动""平均和瞬时""时间和空间"及"相对和绝对"等;从数学上看,大学物理的运动学以质点为模型,建立对质点位置、质点运动状态及质点的运动状态怎样随时间改变的描述,并基于数学演绎推理得出运动学的公式。只要确定了位置矢量,通过微分,就可以推理得出速度矢量和加速度矢量;反之,通过积分,可以从加速度矢量相继推理得出速度矢量和位置矢量;等等。大学物理从运动学开始引入的数学演绎推理方法正是为体现物理学与数学相结合的重要作用拉开了"序幕"。在运动学中之所以仍然会得出一系列在学生看来似乎与中学物理重复的公式,其目的已经不再是为了得出这些结论,而是通过对匀加速运动进行演绎推理的结果与早已为学生熟悉的结果的相符来演示演绎推理方法的有效性和正确性。这样的演绎推理方法不仅可以得出中学物理中关于匀加速运动的结论,还可以得出中学物理没有涉及的一般非匀加速运动的结论,从而大大扩展了对质点运动状态的描述,因而这样的演绎方法具有普适性。

不少大学生学习大学物理时,经常会遇到"上课内容听得懂,课后题目不会做"等困惑。除了高等数学教学进度往往落后于大学物理教学进度这个原因外,学生没有仔细领会在运动学中展开物理内容的逻辑推理过程,没有仔细领会高等数学的演绎推理方法也是一个重要原因。

在学习中学物理过程中,学生刷题遵循的思路和方法比较多的是"见到题目找公式,找到公式代数据,得出结果对答案"。与重在题海训练以提高解题技巧的方法和目标不同,大学物理力学的习题往往并不是通过套用现成公式就可以求解的简单运算题,而是需要通过分析题意,把物理基本定律作为入口,并作出演绎的科学推理,才能最后求解得到正确答案。整个解题过程不再是"机械化"的代公式和重复操练的过程,而是领悟科学方法的一种模拟的逻辑思维的训练和提高过程。

① EINSTEIN A.爱因斯坦晚年文集[M].方在庆,韩文博,何维国,译.海口:海南出版社,2000:95.

4   描述机械运动为什么要从讨论质点的运动开始?

问题阐述:

在大学物理的运动学中,为了更好地描述物体的机械运动,提出了质点模型,它是物理学中出现的第一个理想模型。在物理教学中一个常见的说法是,物理学家为了了解运动的本质,抓住主要矛盾,提出了一个忽略物体大小和形状的理想模型——质点作为研究的对象。实际上,在牛顿力学中,牛顿是基于"原子"的模型提出质点模型的。什么是"原子"的模型?牛顿是怎样提出质点模型的?描述机械运动为什么要从讨论质点的运动开始?

参考解答:

古希腊产生了许多思想深刻的思想家,他们对于自然界的万事万物进行了不懈地溯本探源,他们相信不同的物质背后一定有着潜在的统一性,它们都是由某种基本物质组成的。在留基波和德谟克利特的时代,作为组成物质的最小微粒,原子作为一个假设被提出来。但是,这个原子的模型还仅仅停留在哲学层面上。当人们观察了从天体运行到抛体落地的各类物体千变万化的运动形式时,就把寻找物体的运动规律归结于这类原子的运动。这样的"哲学原子"模型一直到19世纪和20世纪,才从化学的层面上得到了实验观察的证实,从而进一步发展为"化学原子"模型。

牛顿认为,"我觉得好像是这样的:上帝开头,把物质造成固实、坚硬、不可贯穿但可活动的质点。它的大小、形状及其他性质,对空间的比例都是适合于上帝创造它们时所要达到的目的。原子质点……坚硬到不能损坏或分割。寻常力量是不能分开上帝最初创造时所造成的单体的"[1]。因此,当时在牛顿看来,质点只是上帝为人类创造的最小的认识单位而已,只有认识了最小单位才有可能认识复杂的其他物体。于是牛顿力学的整个体系理所当然就从质点开始,并沿着"质点—质点系—刚体"这样由简单到复杂的认识次序展开。贯穿于经典力学始终的分而又分的物理图像及所体现的"先认识部分,再认识整体"的思想正是从引入质点运动开始的。

大学物理的运动学以质点为模型,首先建立对质点运动状态的描述。为了确定质点的运动状态,必须先确定质点在每一个时刻的位置。任何位置的确定都是

---

① NEWTON I. 光学:关于光的反射、折射、拐折和颜色的论文[M]. 周岳明,舒幼生,邢峰,等译. 北京:科学普及出版社,1988:223.

相对于某一个参考系和确定的坐标系而言的,因此,质点的位置是相对的。确定了参考系和坐标系后,一个质点在空间的位置就可以用三个数$(x、y、z)$来表示。有了位置的确定,然后才有位置的改变。位置随时间的变化是位移,位移随时间发生变化就是速度,当速度随时间发生改变时就需要引入加速度。速度和加速度的确定也是相对于某一个坐标系而言的,因此,质点的速度和加速度也是相对的。根据速度和加速度在方向和大小上是否恒定的特征可以把质点的具体运动形式大致分为两类:一类是直线运动,主要讨论匀加速直线运动;一类是曲线运动,主要讨论抛体运动和圆周运动。

容易看出,在力学开始的章节中作出这样的安排,不仅在于学习运动学(对质点的运动规律进行描述)可以为下一步讨论动力学问题(对质点运动状态改变的原因及相关守恒定律进行描述)打下基础,而且从认识的次序看,先确定质点的运动状态,再建立对于质点状态变化的描述正是体现了人们按照从"静"到"动"的次序认识物理世界的必由之路,这个认识的形成是物理世界实际发展演化规律在人们认识过程中的一种反映,是学习和理解物理学时必须把握的首要的物理思想。

大学物理教材不仅对机械运动的描述如此,对热运动和电磁运动的描述也是如此。在热学中人们先定义热力学平衡状态,这是以"静"为特征的描述。以后讨论在外力做功和热传导两种方式作用下热力学系统状态的变化过程中引入了准静态过程,这是以"动"为特征的描述。在电磁学中,先从静电场和稳恒电流的磁场开始,再讨论电场和磁场的变化,这仍然是"从静到动"的描述过程。因此,对质点运动的描述实际上就是在物理学各个分支学科中体现"从静到动"认识论的一个开端。

5 运动学中描述运动的物理量与动力学描述运动的物理量有什么联系与区别?

问题阐述:

很多大学物理教材在力学部分安排的内容次序是运动学在前、动力学在后,也就是先建立物体的运动方程并由此得出物体的速度和加速度的表示式,再把力的作用看成引起物体运动状态变化的原因,并提出牛顿三大运动定律。从知识结构体系上看,大学物理教材处理运动学和动力学的方式体现了怎样的物理图像? 从认识论角度看,运动学的描述与动力学的描述有什么联系与区别? 从物理量的角度看,运动学中描述运动的物理量与在动力学描述运动的物理量有什么联系与区别?

参考解答：

大学物理力学的教学过程经常是先从运动学开始再到动力学。为什么要这样安排教学内容？一般认为，运动学描述的是物体的运动状态及运动状态随时间的改变，而动力学则是描述物体运动状态发生改变的原因及与此相关的动量和能量及其守恒定律等。

从描述运动的认识论上看，人们认识物体的运动总是先有对运动状态的描述（"是什么"），对机械运动这样的描述就形成了运动学；再进一步对物体的状态为什么会随时间发生改变的原因进行描述（"为什么"），对机械运动这样的描述就形成了动力学。因此，从运动学到动力学的描述就是一个对"从物体状态是什么到物体状态为什么会发生变化"的认识论的提高过程。

从描述运动的物理量上看，从运动学的描述到动力学的描述，是人们对物体的运动从量的描述到质的描述的深入和提升，体现了人们对量和质的形而上学的思考过程和科学推理方法的发展过程。在运动学中，从定义长度和时间这两个物理量开始，引入了描述物体状态的位置矢量和位移矢量，然后从位置矢量随时间的改变（对平均速度的定义取数学的极限，即对位置矢量求一阶导数）得出速度矢量，从速度矢量随时间的改变（对平均加速度的定义取数学的极限，即对速度矢量求一阶导数）得出加速度矢量。整个运动学建立的就是在各类运动中物体的位移、速度和加速度这三个物理量之间的关系。例如，在直角坐标下建立了物体作匀加速直线运动时的路程公式和速度公式，在极坐标下建立了物体作圆周运动时的速度公式和加速度公式，等等。在这些关系中，不管物体的位移、速度和加速度大小和变化如何，最后涉及的都仅仅是这些物理量之间的关系。从量和质的关系上看，运动学建立的仅仅是描述物体运动状态的量和这些量及其变化的相互关系，不涉及物体本身的任何的质，以这种方式建立的对量的描述被称为"运动的几何学"[①]。

继运动学之后，动力学不仅从运动的量的方面，还从运动的质的方面描述物体的运动。牛顿首先用密度和体积对物体的质给予了数量的量度，定义了物质的量（质量），不同的物体具有不同的质量；牛顿还给出了与惯性这个与物体本身属性有关的质，并且用"质量"作为对惯性这个质的大小的量度。进而在牛顿第二定律中，用质量和速度的乘积对物体的运动给出了一种矢量量度，定义了运动的量（动量）。（尽管惯性这个名称不是牛顿首先提出的，而是伽利略先提出的，但是牛顿把惯性看成物体的内在属性，而伽利略把惯性看成在物体不受力的作用时保持原来运动状态而表现出来的结果。）在牛顿的动力学中，物体的惯性是物体的本质属性，不管物体是否在运动，具有一定质量的物体的惯性是不变的。这个结论一直到20世纪初才被爱因斯坦改写，在爱因斯坦的相对论中，物体的质量是会随着物体的运动速度而改变的，因此物体的惯性也会改变。

---

① PEARSON K. 科学的规范[M]. 李醒民，译. 北京：华夏出版社，1999：184.

在牛顿第二运动定律中,牛顿建立的力、质量和加速度的关系,实际上就是在惯性参考系中建立的对物体运动的量和质的描述的关系。德国哲学家康德(I. Kant,1724—1804)在1786年就已经明确地提出了这个看法。他写道:"自然科学的形而上学初始根据就可以置于四章之下,其第一章撇开运动的一切质,把运动当作一个纯粹的量而根据量的组合来考察它,可以称为运动学;第二章把运动当作属于物质的质,在一种原始的动力名目下来考察它,因而称为动力学;第三章把具有这种质的物质通过它自己的相对运动在关系中来考察它,并出现在力学的名目下;第四章仅仅与表象方式或模态相关来规定物质运动的运动和,从而把它们规定为外部感官的显像,并被称为现象学"①。因此,力学从运动学开始到动力学的安排不仅体现了"从静到动"认识论的一个开端,还体现了从量的描述到质的描述的一个形而上学的思维发展过程。

6 运动学和动力学各自体现了哪些物理学方法?

问题阐述:

在运动学中,伽利略首先得出了路程、速度和时间的一系列运动学的公式,而在动力学中,牛顿则发展了前人的成果,在《自然哲学的数学原理》(以下简称《原理》)中明确地提出了动力学的三大定律,从科学方法论上看,运动学和动力学各自体现的物理学方法可以给大学物理教学带来什么启示?

参考解答:

在中学物理中,运动学公式是通过观察和实验得到结果并加以归纳推理而得出的,如匀加速运动的路程公式就是通过叙述伽利略的斜面实验所得到的实验结果并加以归纳推理得出的。与中学物理不同的是,在大学物理课程中,运动公式是通过数学演绎推理方法得到的。

为了描述物体的运动,首先必须确定参考系和坐标系,一旦给出了位置矢量和路程公式的数学表示式,就可以通过微分的方法相继得出速度和加速度的数学表示式;一旦给出加速度,又可以通过积分的方法相继得出速度和位移的数学表示式。利用这样的演绎推理方法,可以求得物体在任意时刻的速度和加速度的一般表示式。这些表示式是普遍的,适用于任何运动,中学物理讨论的匀加速直线运动和匀速圆周运动仅是其中的两个特例。与中学物理相比,大学物理得出的运动学

---

① 李秋零.康德著作全集[M].北京:中国人民大学出版社,2013:485.

公式的方法显然比中学物理更普遍、更有用。

在物理学发展史上,伽利略首先采用了以精确的数学推理和实验数据相结合为特点的实验-归纳-推理方法,爱因斯坦赞扬"伽利略的发现及他所采用的科学的推理方法是人类思想史上最伟大的成就之一,而且标志着物理学的真正开端"。而牛顿则第一个运用数学方法系统地整理和表述了他自己提出的物理理论,牛顿在1687年出版了《原理》,他提出该书的目的就是要"致力于发展与哲学相关的数学",其主要内容是"精确地提出问题并加以演示的科学,旨在研究某种力所产生的运动,以及某种运动所需要的力",其任务是"由各种运动现象来研究各种自然的力,而后由这些方法证明其他现象"①。《原理》所体现的科学方法为以后三百多年的物理理论的建立和发展提供了一个典范。

在《原理》中,牛顿以牛顿三大定律为普遍的基本原理,把力学问题转化成满足一定附加条件的微分方程,从而演绎推演出很多动力学的结论,这些结论是可以通过实验或其他方法进行验证的。爱因斯坦说:"只有微分定律的形式才能完全满足近代物理学对因果性的要求。微分定律的明晰概念是牛顿最伟大的理智成果,这种形式体系当时只是一种初步的,还需要得到成体系的形式。牛顿在微积分里也找到了这种形式……对于牛顿而言,把这种方法搞得更完善是绝对必要的,因为只有这种方法才能为他提供表达他的思想的工具。"②正是利用了这样的数学演绎方法,牛顿成功得出了万有引力定律。正是利用了这种概念,并基于这样的一种数学形式体系,牛顿把天上的运动和地上的运动统一起来,实现了物理学史上第一次大综合。

作为比中学物理更高层次的物理学科,大学物理正是在开头的运动学和动力学就把这样的归纳推理方法和数学演绎推理方法鲜明地渗透在物理内容的展开过程中,从而凸显了在大学物理教学中进行物理学方法教育的重要性和可行性。

7　s-t 图和 v-t 图体现了哪些物理含义?

问题阐述:

"时间 t"在中学物理中是作为一个物理参数引入的,中学物理课程的一个重要教学内容就是要求学生掌握 s(路程)-t(时间)图线和 v(速度)-t(时间)图线,要求学生学会由物体实际的运动轨迹画出上述图线或由上述图线得出物体实际运动轨

① BURTT E A. 近代物理科学的形而上学基础[M]. 张卜天,译. 长沙:湖南科学技术出版社,2012:176.
② EINSTEIN A. 爱因斯坦文集(增补本):第一卷[M]. 许良英,李宝恒,赵中立,等编译. 北京:商务印书馆,2009:332-333.

迹。这样的读图学习对中学生学习物理的意义在于,在数学上,这是从代数问题的表述到几何问题表述的转换;在物理上,这样的转换可以对计算速度和路程带来某些方便。从大学物理的层次上,除了通过训练提高学生的读图能力外,通过这样的图示法的教学,还应该更多地体现哪些深刻的物理含义?

参考解答:

在中学物理课程中,物体的运动不仅可以通过代数式来描述,还可以形象地通过图像方法来表示,如 v-t 图线和 s-t 图线。在中学物理阶段,这些几何图形的表示式不仅直观上为计算某些物理量提供了更简捷的方法(如从 v-t 图线上可以得出速度的变化,并由相应面积的数值来得出路程的大小等),而且是对学生结合物理内容学会读图,并从图像中读取路程与时间的信息,以及从图像中分析数据和得出结论的一种学习能力的初步训练。

在大学物理课程中,这样的图像训练将更为深入。不仅在力学中有这样的图像表示,而且在热学中也有对单一过程和循环过程的图像表示,通过这样的图像可以从 p-v 图上得出功的大小;在电磁学中也引入了电场线和磁感应线,通过这样的图像可以从电场线和磁感应线的分布中得出静电场是有势场,稳恒电流的磁场是无源场等性质;在光学中还有光路图和干射、衍射的图形表示等。

除了训练提高学生的读图能力外,大学物理运动学中的图示法还有着物理时空图的含义,这是在大学物理力学教学过程中必须着重加以体现的一个内容。

时间和空间是物理学的两个最基本的物理观念,如同物质观、运动观一样,时空观是物理学的基本观念,经典物理和现代物理都是基于一定的时空观建立起来的。在中学物理中,时间 t 是作为一个变量出现在代数表示式中的。给定了 t,就能计算出物体运动的位移、速度和加速度;而在大学物理中,t 是作为参数出现在微积分的表示式中的。确定了物体的位置矢量,通过对 t 求导就可以得出速度和加速度;反之,确定了加速度,通过对时间积分就可以相应得到速度矢量和位置矢量,由此可以建立一系列路程公式、速度公式和加速度公式。这些公式中都包含了空间和时间,因此这些物理量都是空间坐标和时间坐标的函数。从这个意义上看,运动学公式实际上体现的就是一种时空观的思想,而由此得到的图像就是一种时空图。

例如,物体作匀速直线运动的实际运动轨迹是一个一维图像,这个一维运动的 s-t 图像在二维时空图平面上就是一条具有确定斜率的直线,从这个图像中可以得出物体运动的速度大小。物体作匀加速直线运动的实际运动轨迹也是一个一维图像,这个一维匀加速直线运动的 s-t 图像在二维时空图平面上就是一条抛物线。类似地,物体在一个平面内作平抛运动时,二维的实际运动轨迹在三维时空图上对应的就是一个三维的图像。一架飞机在空中作三维特技飞行表演,并不时地上下翻滚时,这种空间三维运动的轨迹在四维的时空图上对应的就是一个四维的图像。

因此,时空观不是从相对论中才开始出现的,而是从描述宏观物体运动的经典力学中开始的,不过这里的时间和空间是互相独立的、相对的,空间和时间的量度与物体的运动无关。

大学物理中的力学从直观的宏观运动入门,逐步引导学生在学习物理知识的过程中学会构建物理图像、感悟时间和空间及运动相对性的基本物理思想,从而把运动学的理论建立在比中学物理更加深刻的物理图像和物理思想上,为学生建立现代的相对论时空观思想打下良好的基础。

8　牛顿第一定律和第二定律是怎样得出的?

问题阐述:

牛顿三大定律是基于开普勒(J. Keple,1571—1630)和伽利略等前人的实验结果得到的,但是它们本身却不是从实验中直接归纳总结得出的定律,而是以公理形式出现的。作为公理的主要内容,牛顿第一定律和牛顿第二定律究竟是怎样得出的呢?

参考解答:

牛顿在1687年出版了《原理》(图2-1),该书被称为"整个物理学史上最重大的事件之一"。该书是牛顿在英国剑桥大学所作的一系列动力学讲演"论物体的运动"的基础上编著而成的,这份讲演稿被称为"有史以来最伟大的、最有影响的著作之一"[1]。《原理》共分三卷,在第一卷中,牛顿在对时空本性进行探讨以后,提出了"运动的公理和定律",这就是后人所称的牛顿三大运动定律。

图2-1　牛顿的《自然哲学的数学原理》

---

① COHEN I B. 新物理学的诞生[M]. 张卜天,译. 长沙:湖南科学技术出版社,2010:128.

据物理学史的考证,《原理》的形成并不是一蹴而就的,而是经历了几个阶段。第一阶段是牛顿应哈雷(E. Halley,1656—1742)的要求证明了平方反比定律下的运动轨迹应该是椭圆形,为此牛顿写成了一篇论文。这篇论文当时并没有题目,后来被人们称为"论运动",这是《原理》最早的一个原型。第二阶段是牛顿对惯性进行深入思考以后完成的另一篇论文,这篇论文比"论运动"长10倍,取名为"论物体的运动"。在这篇论文中,牛顿解决了惯性问题,并提出可以把均匀球体的质量看成集中在球心,球体对球外物体的吸引力与球的质量成正比,与离开球心的距离平方成反比。牛顿通过三体问题的计算证明了开普勒三大定律的正确性,进而把引力推广到任意物体之间,明确了引力的普遍性。第三阶段是牛顿后来应哈雷的要求,把这些论文发展成一本完整的著作,它就是1687年出版的《原理》。"论物体的运动"的第二部分以附录的形式收录在《原理》中。

牛顿在《原理》的第一版序言中,说明了自己的研究方法和全书的体系结构。他说:"我将在本书中致力于发展与哲学有关的数学。"牛顿坚持了自伽利略以后物理学家创立和发展起来的实验方法,把对自然进行实验得来的认识称为实验哲学。牛顿在自己著作中提到的哲学,就是指自然科学。

在《原理》中,牛顿首先以密度和体积定义了物质的量,从而第一次明确地区分了质量和重量两大重要概念,并把运动的量定义为"对运动的度量,此度量由速度和物质的量相结合产生出来"。自亚里士多德(Aristotélēs,公元前384—公元前322)以来,物体的运动常常只被定义为物体的位移。正是牛顿的这个定义引入了动量,为物理学打开了通往动力学的大门。

牛顿第一定律的提出。 牛顿首先是通过抛体的运动来阐述惯性运动概念的。他认为抛体"如果没有空气的阻力或重力的向下牵引,就将保持射出时的运动",并且认为"所有物体在没有受到任何力的作用的情况下,可能以恒定速度沿直线运动,物体处于静止或作匀速直线运动是不加分辨的。"牛顿提出的惯性运动的概念是对亚里士多德提出的"力是运动的原因"的运动观的一种否定。

伽利略在《关于两门新科学的谈话》中,设想一个木块沿着光滑平面运动,并假设如果平面无限延伸,那么木块的运动将是永恒的。如果它是一个实际的表面,那么木块将会越过平面边界作抛体运动。这里,伽利略既提出了木块作惯性运动的数学条件,又提出了在实际运动中能够得到的例证。虽然物理学必须依赖经验,但是经验从来没有显示出任何纯惯性运动,也许正是由于这个原因,伽利略虽然提出了惯性运动,但是他从未提出一般的惯性运动定律。

与伽利略不同的是,牛顿主要从数学方式和从哲学的(或物理学的)方式考虑问题。牛顿在《原理》中把物体受到的力与加速度之比称为该物体的惯性,并提出物体的自然状态即匀速直线运动就是惯性运动。因此,牛顿第一定律也称为惯性定律。据牛顿自己说,这部分内容是数学的而不是物理的。惯性运动是一般的,可以描述所有物体的运动。行星虽然不作匀速直线运动,但确实是在宇宙中观察到的惯性运动的最好例证。实际行星的运动轨道之所以是椭圆的而不是直线的,就是因为它参与两种运动:一种是惯性运动(匀速直线运动);另一种是永远与这条直线成直角的运动,将行星拉入自己的轨道。

牛顿第二定律的提出。牛顿第二定律包括两部分:一部分是推动力产生的物体运动状态的变化。伽利略对抛体运动进行分析,认为如果忽略空气摩擦力,那么抛体在向前的方向上就没有水平动力。但是在竖直方向上,因为有重力的作用,所以具有加速度,物体向下的速度逐渐增大。另一部分是运动变化与推动力的关系。伽利略讨论了只受到一个重力作用的落体运动,并指出自由落体的加速度是重力加速度 g。牛顿从伽利略分析的落体运动中讨论了一般情况下作用力与加速度之比。对一个物体先施加作用力 F_1,产生的加速度是 a_1,然后对该物体施加作用力 F_2,产生的加速度是 a_2,那么,a_1 和 a_2 将与相应的作用力和成正比,即 $F_1 : a_1 = F_2 : a_2$ 或 $F_1 : F_2 = a_1 : a_2$,由力与加速度之比所确定的常数称为该物体的惯性。

如果所讨论的两个物体由同一种材料组成,那么这个常数也是对这两个物体所含物质的量的一种量度,因此也称为物体的质量。两个质量相同的物体具有相同的惯性;如果两个物体由不同的材料组成,那么它们具有相同的物质的量的条件是,它们所受力与加速度之比相同,具有相同的惯性。

牛顿的《原理》包含了两种形式的第二定律:一种是考虑一个作用力 F 连续作用于质量为 m 的物体产生加速度 a 的情形;另一种是考虑一个瞬时力在极其短促时间内产生的冲击作用(如网球拍击打网球的碰撞),此时力没有产生连续的加速度,而是引起了物体动量的瞬时变化,这种变化正比于受到的推动力。牛顿认为,前一种形式(通常表示为 $\textbf{\textit{F}} = \textbf{\textit{ma}}$)只是后一种形式的极限情形,即当相继撞击的时间段无限减少,使力最后获得了连续起作用的极限条件,因此,牛顿认为,$\textbf{\textit{F}} = \textbf{\textit{ma}}$ 这个定律是由碰撞定律导出的[①]。

⑨ 根据牛顿三大定律的提出过程,我们能够从物理学方法论上得到哪些启示?

问题阐述:

在《原理》中,牛顿以牛顿三大定律作为公理,用关于质量、动量、惯性、力等基本概念的八个定义作为初始定义,运用数学推导得到了数十条可作为定理的普遍

---

① COHEN I B. 新物理学的诞生[M]. 张卜天,译. 长沙:湖南科学技术出版社,2010:157.

命题。于是,公理、定义和定理就构成了牛顿力学的公理体系。这个公理体系具有哪些特征?从牛顿三大定律的提出过程中,我们可以从物理学方法论上得到哪些启示?

参考解答:

这个公理体系是一个没有具体物理意义的数学系统,给出的是作为理想模型的质点在绝对空间和绝对时间中的运动,运动变化的原因归结于抽象的万有引力。一旦赋予这个数学系统以具体的物理内容,就可以把公理系统的数学关系运用于各个物理领域,从而演绎推理出各个领域的具体物理理论。例如,如果把研究质点而建立的公理系统应用于流体,只要把研究对象改为流体,把万有引力改为阻力,就可以形成流体力学。从方法论的角度看,在研究具体物理对象时,并不是照搬数学原理,而是在各个领域观察和实验的基础上,把数学原理同实验事实相比较,以公理和定义为前提,推导出具体物理理论的许多定律,推论和命题,它们在认识上又比公理高了一个层次。在《原理》中,牛顿"从天文现象中推导出使物体趋向太阳和几个行星的重力,然后从这些力中推演出行星、彗星、月球和海潮的运动"。他认为,在力学中一个是自然的力,一个是论证,有了这两者,力学的精确性就是不容置疑的。牛顿公理系统的巨大力量正在于此。现代形式逻辑把这种公理系统称为实质公理系统,相应地,牛顿的公理方法被称为实质公理方法。这种形式化方法——公理系统本身是抽象的,但是运用于具体领域时,可以赋予具体物理意义。与只有数学抽象、没有具体意义的欧几里得的几何公理系统相比,牛顿的公理系统有着更为强大的逻辑力量,因而成为经典物理学发展的基础。牛顿在《原理》的最后部分提道:"我希望能用同样的推理方法从力学原理中推导出自然界的其他许多现象"。应该说,自牛顿建立他的公理体系至今三百多年来,特别是前两百多年来包括物理学家在内的许多领域中的科学家基本上都是按照牛顿的这段话的路线来发展各自领域的科学事业的。

在提出牛顿三大定律的过程中,牛顿十分重视演绎推理。他认为演绎推理得出的结论的价值重于归纳论证的价值。牛顿正是运用了演绎推理逻辑来构建他的力学,并把它们称为推理力学。但是,他并没有轻视实验,他强调综合演绎推理的结果必须经过实验归纳的验证。牛顿继承了前人创建的归纳-演绎方法,并成功地通过自己的科学实践发展了这样的科学方法,并把它们称为分析-综合方法。牛顿在科学方法上的成功在于他创造性地把实验和数学相结合,把数学和逻辑相结合、把归纳和演绎相结合,并用分析和综合相结合的方法把它们构筑成一个完整的科学公理体系。

在提出牛顿三大定律的过程中,牛顿的另一个重要贡献在于他开创性地在经验科学中用数学推导完全代替了逻辑演绎。在伽利略和笛卡儿的理论中,他们使用的数学工具是代数学,是用数和数的静态关系描写世界,而牛顿使用的数学工具是他发明的微积分,是用量和量的变化关系描述世界,从而使对事物发展的静态描述走向了动态的描述。这种描述方式第一次使数学从整理的工具成为预言的工具,并终于实现了古希腊以来自然科学家们一直追求的把握事物发展因果关系的理想,为人们提供了人类历史上第一幅精密描绘自然界因果联系的科学图景。

10 牛顿三大定律作为公理,应该如何看待它的正确性?

问题阐述:

既然牛顿三大定律既不是从实验中直接归纳总结得出的,也不能通过实验进行证明,那么作为公理,应该如何看待它的正确性?人们为什么相信牛顿三大定律?

参考解答:

在 1687 年出版的《原理》中,牛顿明确地提出了牛顿三大定律,并得到了科学界的公认。牛顿三大定律作为经典物理学的起点,是建立在绝对空间和绝对时间的时空观基础上的,物体的运动状态是以绝对惯性系为唯一参考系的。就定律的本意而言,它的实质只是公理,而不是定律。几何学上的欧几里得公理不能从其他原理导出或得到证明,作为经典物理学主体的牛顿三大定律作为公理也是不可能由实验导出或得到证明的。

惯性的概念最初是开普勒提出的,1621 年开普勒把质量定义为物体所含物质之量,并且把惯性和质量联系起来。伽利略是在 1632 年发表的《关于托勒密和哥白尼两大世界体系的对话》中从一个思想实验中提出他的惯性思想的。他设想,物体沿向下的光滑斜面下滑时会不断加速,斜面的斜度越大,物体的加速度越大,需要用很大的力才能使它静止,而在向上的光滑斜面上要推动物体上滑必须对物体施加力,斜度越大,推动物体上滑的力越大。由此,他进一步提出一个问题,如果一个物体放在水平面上运动,会发生什么呢?他的回答是,水平面多长,物体就运动到多远;如果水平面无限长,物体将一直运动下去,永远没有终点,即物体的运动是无限的、永恒的,这就是伽利略的惯性思想。显然,这样的思想实验在实际情景下是不可能实现的。1644 年,笛卡儿突破了伽利略设想的水平面运动的局限,提出物体的自然运动是沿直线前进的。1687 年,牛顿在《原理》中给出牛顿第一定律的表述,把关于惯性运动的表述从伽利略提出的水平方向的运动表述为"每一个物体都保持其静止或匀速直线运动状态",这样的惯性运动是相对于绝对惯性系而言的,而这样的绝对惯性系也是理想的,不可能实现的。牛顿第一定律之所以为人们所接受,是因为在以地球作为近似的惯性参考系中人们至今所做的有限的实验没有发现与牛顿第一定律相矛盾的结果。

曾经有一种流行的实验被认为是对牛顿第二定律的导出和证明。该实验先在导轨上设置一个具有一定质量的小车,受砝码拉力作用后作直线运动,然后使用控制变量法来证明牛顿第二定律。操作步骤大致如下:首先控制小车质量,用实验得到小车所受砝码拉力与加速度的正比关系;然后控制砝码拉力,得出质量与加速度的反比关系,由此就似乎导出或证明了牛顿第二定律的表示式。这样的控制变量法从科学方法上看是缺乏依据的。

首先,在这个实验中小车从静止开始运动到最后停止这个过程本身就是一个变速运动,小车根本没有一个匀加速度;退一步说,即使小车作的是匀加速运动,然而,在牛顿第二定律中,加速度不是一个平均量,而是一个瞬时量,也就是在所测量的时间趋于零的极限情形下质点具有的瞬时加速度;而作为测量的实验,再精密的仪器也不可能把时间取到无限短,也就是任何测量都只能在一个有限时间的范围内进行,因此,实验测量得到的加速度只可能是平均加速度,而不是瞬时加速度。

其次,这个定律本身包含着两个还未经定义的物理量——力和质量。牛顿对力的定义是"一个物体所受到的、足以改变或倾向于改变该物体的静止状态或匀速直线运动状态的作用",对质量的定义是"用物体的密度和体积的乘积来量度的、该物体中所含物质的量"。仔细琢磨一下,这两个定义还是没有给出力和质量的定义。在关于力的定义中,如果进一步追问,如何判定物体改变了静止或匀速直线运动状态?回答是,当物体受到力的作用时就会改变静止或匀速直线状态。那么究竟什么是力呢?在关于质量的定义中如果进一步追问,什么是密度?牛顿在《原理》中把密度定义为惯性对体积的比值,而在开始时,牛顿先定义惯性与质量成正比,因此,在牛顿的定义中,密度就是物体的质量对体积的比值。密度由质量来定义,质量又由密度来定义,不难看出,牛顿在给出关于质量和密度这两个定义时在逻辑上是循环论证的。奥地利科学家马赫(E. Mach,1838—1916)在 1883 年就指出,"牛顿的力与质量的定义使我们陷入逻辑的循环论证中"(虽然如此,大多数科学家还是公认,正是牛顿清晰地区分了质量和重量两个概念,牛顿强调了质量是物体的固有属性,而重量则是由物体所受到的重力而引起的)[①]。既然还没有力和质量的定义,怎么谈得上去控制力和质量?进而,如果要通过这样的实验来得出牛顿第二定律,那么必须给出力的大小和单位,而力的大小和单位只有确定了质量和加速度以后通过牛顿第二定律才能给出。牛顿第二定律是有待于建立的,又如何能先得出力?如何能规定力的大小?控制变量法在设计思想上却是事先有了力和质

---

① HOLTON G. 物理科学的概念和理论导论(上册)[M]. 张大卫,译. 北京:人民教育出版社,1983:168.

量的定义,再去讨论它们与加速度的关系。显然,这样的控制变量法不仅在科学方法上是没有依据的,甚至在逻辑上也是不自洽的。

最后,在导轨实验中小车是在受到包括砝码拉力、摩擦力、空气阻力等与物体直接接触的外力和其他与物体非直接接触的外力作用下从静止开始运动的,所受到的力应该是这些外力的合力,其中摩擦力、空气阻力等接触的外力和非接触的外力在实验过程中是无法加以控制的。控制变量法在得出牛顿第二定律的上述表示式时,用控制砝码拉力一个力取代了控制全部力的合力,用小车的变速运动取代了匀加速运动。这既不是对牛顿第二定律的证明,也不是得出牛顿第二定律的实验依据。因此,控制变量法的实验充其量只是对牛顿第二定律的一个很粗糙的、定性的演示实验而已。

既然牛顿三大定律不能证明,人们为什么还是相信牛顿三大定律呢?这是因为三百多年来正是牛顿三大定律作为公理为物理学的发展奠定了逻辑基础。虽然它是公理,但是与欧几里得几何学相比,除了逻辑推理外,物理学的成功需要获得比逻辑的推理更多的东西。一个物理学结论的论证(无论它多么美妙)只有通过多次反复地实验或观察以得到肯定的结果时才得到公认,否则这样的论证得出的结论就是无效的。牛顿三大定律虽然没有定义力,但是提出了处理那些测量到的力或借助于其他定律计算得到的具体的力的原则。我们之所以接受和相信牛顿定律,是因为从这些定律得出的预言与测量结果是相符的。

11 看似简单的牛顿第一定律有哪些深刻的物理含义?

问题阐述:

有一种看法认为,在牛顿三大定律中,牛顿第二定律最重要,可以用于求解很多题目,而牛顿第一定律仅仅是牛顿第二定律在合力等于零时的特例而已,因此,与牛顿第二定律相比,牛顿第一定律不重要,可以在教学中一笔带过。牛顿第一定律究竟是怎样得出的?看似简单的牛顿第一定律有哪些深刻的物理含义?

参考解答:

为了认识牛顿第一定律深刻的物理含义,有必要简要考察一下牛顿第一定律的形成过程。

牛顿第一定律又称为惯性定律。实际上,惯性这个名词不是牛顿首先提出的。早在牛顿之前,开普勒就明确地提出了惯性的概念。开普勒认为,惯性是物体反抗运动或不运动的一种内在的倾向。他说:"一个物体因为它是物质的,就不可能自然地从一个地方运动到另一个地方,它具有惯性或静止的属性。"在 1621 年出版的《哥白尼天文学概要》中,开普勒把质量定义为物体所含的物质之量,并把惯性与质量联系起来,指出"惯性或对运动的反抗是物质的特性,它越强,在既定体积中的物质之量就越大"。那么,为什么物理学上并没有开普勒惯性定律? 原来,开普勒仅仅把惯性看成物体在从静止到运动过程中对运动的反抗,没有把物体在不受外力作用时作匀速直线运动也归入惯性运动之列。

继开普勒之后,伽利略把亚里士多德提出的物体为什么会保持运动的问题改为物体为什么会停止运动的问题,揭示出质量不为零的物体都具有维持原有运动状态的属性——惯性。他进行了物体在斜面上下滑并沿水平面运动的实验,并对结果进行了演绎推理,从而得出这样的结论:"任何速度一旦施加给一个运动着的物体,只要除去加速或减速的外因,此速度就可保持不变;不过,这是只能在水平面上发生的一种情形""如果这样一个平面是无限的,那么,这个平面上的运动同样是无限的"。无限的平面本来就是一个数学概念,但是伽利略感到有必要把这样一种表述与实际感觉经验的世界结合起来。他问,如果是一个实际的地球平面,那么这个物体在平面上运动以后离开平面会发生什么现象? 他认为,物体离开平面以后就会产生抛射运动,落向地面。这就是伽利略关于惯性运动的思想,但是伽利略没有给予这个思想以明确的惯性定理之称。这是因为从实际经验看,确实没有一个真实的运动是纯惯性的运动,没有一个物理现象能够在哪怕是极短的时间内有一个纯惯性的运动分量。

笛卡儿克服了伽利略的不足,把上述结论表述为,物体将一直保持它的速度,除非有别的物体制止它或减慢它的速度,否则物体始终趋向于维持直线运动。

正是汲取了开普勒、伽利略和笛卡儿等前人的思想,作为数学家的牛顿才会很容易设想物体永远作匀速直线运动。他更完整地揭示了作为物体固有属性——惯性的两个主要表现:一是它表现为运动物体将具有维持原有运动状态(或者是静止,或者是匀速直线运动)的属性;二是一旦外力要改变这样的运动状态,物体就表现出对这种改变的反抗或惰性。他把这两个表现结合起来,提出了牛顿第一定律,以此作为他的经典力学体系的第一条公理性的运动规律。

在《原理》中牛顿第一定律是这样表述的:"每个物体都保持其静止或匀速直线运动状态,除非有外力作用于它迫使其改变那个状态"。[①] 通常人们习惯地把牛顿第一定律表述为:"如果没有受到外力或处于力的平衡条件下,物体将保持静止或匀速直线运动状态。"比较这两种表述,可以发现它们的物理含义是不同的:前一种表述强调的是一切物体都具有惯性,惯性是物体的固有属性,它既不是一种力,又与物体是否受到外力无关;质量是惯性大小唯一的量度。即使没有受到外力,物体仍然具有惯性,处于一种静止或匀速直线运动的状态。后一种表述仅仅表

---

① COHEN I B. 新物理学的诞生[M]. 张卜天,译. 长沙:湖南科学技术出版社,2010:129.

示物体在与外力有关的一定条件下的某种运动状态或结果。显然,前一种表述更符合牛顿的原意。

在牛顿第一定律中,牛顿改变了伽利略提出的物体会沿着水平方向永不停止地一直运动下去的惯性运动的表述,明确提出,惯性运动是匀速直线运动而不是水平运动。因为在小尺度上,水平面是平直的,物体沿水平方向维持原有状态的惯性运动可以看成直线运动,但在大尺度上,水平面是弯曲的,水平运动实际上是物体沿地球表面的圆弧形运动,不是直线运动。正是作为数学家的牛顿,把数学世界与物理世界进行了明确地区分,从而从抽象的纯数学角度上以公理的形式提出了牛顿第一定律。

12 牛顿第一定律存在哪些不完备性?

牛顿第一定律有着很简单的表述,又有着很深刻的物理含义,但是牛顿第一定律却是非常不完备的,那么它究竟存在哪些不完备性?

参考解答:

牛顿第一定律指出了惯性的静止或运动的属性,但是,这个公理是非常不完备的,它存在以下三个主要问题。

第一个问题是,在什么参考系中判定物体的静止或匀速直线运动。因为根据运动的相对性,物体保持静止或匀速直线运动的状态必须相对于一个特定的空间参考系才能成立,如果没有指定这样的参考系,在不同的参考系中的观察者对物体运动状态的判断显然是不同的。牛顿第一定律虽然没有明确给出特定的绝对惯性系的定义,但却隐含了对这样的参考系的确认。牛顿第一定律必须在绝对惯性系中才能成立,而绝对惯性系又隐含在牛顿第一定律中,显然,牛顿第一定律的成立与绝对惯性系的确立之间陷入了循环逻辑的论证之中。

第二个问题是,如何判定物体保持匀速直线运动而不是非匀速运动。因为判定匀速直线运动必须有一个明确的计时系统来进行测量,这里必然涉及空间和时间的测量,那么,这是怎样的空间和时间系统?

第三个问题是,如何判定物体受到的外力和匀速直线运动状态的改变的关系。因为根据牛顿第一定律,判定物体作匀速直线运动的标志是物体不受力,那么,判定物体不受力的标志又是什么?答案必然又是物体作匀速直线运动。于是,物体不受力的定义和静止或匀速直线运动的运动状态之间又处于一个循环逻辑的论证之中。那么,究竟物体不受力与匀速直线运动是什么关系?

牛顿第一定律作为经典动力学内容的主要组成部分,揭示了惯性是物体固有的内在属性,外力是物体运动状态改变的原因。但是,运动的因果概念还远远没有完成,因为只有在力是已知的条件下,才能完整地求得物体的运动。牛顿从开普勒的行星运动定律出发解决了引力问题,他把三大运动定律加上引力定律,把伽利略研究"地上"的运动发展为"地上"的运动和"天上"的运动的大综合,尤其是牛顿用他自己创造的微分的形式从数学上满足了对因果性的要求,综合并发展了前人取得的研究成果,从而建立了整个经典力学的理论框架。

因此,牛顿第一定律不是牛顿第二定律的特例,而是为牛顿第二定律的成立准备了惯性参考系的前提。而且正是基于第一定律提出的运动的因和果的关系,牛顿才形成了关于运动的完整的因果观的思想体系。

13 牛顿第一定律和牛顿第二定律分别给出了因果关系怎样的表述?

问题阐述:

什么是物理学上的机械因果观思想?为什么说因果观的思想是 17 和 18 世纪物理学发展的重要成果,是人们认识世界方法的一种革命性的飞跃?牛顿第一定律和牛顿第二定律分别给出了外力与质点改变运动状态之间因果关系怎样的表述?

参考解答:

机械因果观是物理学的一个基本思想,也是哲学范畴的一个基本问题。因果观揭示的是普遍存在于物质世界的运动、变化之中的一种客观存在的相互关系。"因"就是事物运动的起因和源头,"果"就是事物运动的归宿和结局。因果观指的就是人们对两者之间关系的认识——只要找到引起任何事物的运动的"因",就必然可以预料它以后运动的"果";反之,任何事物的运动之"果"一定是事出有"因"的。把这样的因果观用在宇宙演化上,就可以认为宇宙中一切未来的事件都由其现在乃至过去完全确定了。因果观也使人们相信,可以用从一个空间和时间领域获得的知识去推论出另一个空间和时间领域的某种知识。

对物体运动的因果观的探索可以一直追溯到亚里士多德时期。亚里士多德在《形而上学》中以物体本身包含的运动和静止的根源作为对象,研究物质抽象的组成并由此探索运动的原因和各种现象的目的。他提出了构成物质的四个本质因素:质料(质料因)、形式(形式因)、动力(动力因)和目的(目的因)。亚里士多德认为,质料就是事物的原料,形式是事物的本质,动力就是事物的制造者,目的就是事物所要达到的目标。"因"是"由事物产生并包含在事物内部的材料",正是有了"因"才有了事物的运动和变化。例如,在建筑房子时,建筑材料就是质料,建筑师的蓝图就是形式,建筑师的艺术就是动力,建成的房屋就是目的。在这四个"因"中,亚里士多德看重的是物体的形式因和目的因。他认为,科学家就是去探究事物存在的目的(即"结果"),一旦发现了事物的用途,加上演绎推理就能够反推出事物的本来属性(即"原因")。

早在17世纪中叶,法国物理学家、数学家笛卡儿(D. Descartes,1596—1650)的因果观哲学体系就已为广大科学家所接受,人们相信,宇宙如同一架"钟表",这架"钟表"一旦由上帝启动后就不再需要采取任何上紧发条或其他修理的措施而无休止地运行下去。为了确保宇宙这架机器不停止运行,笛卡儿论证认为,上帝一定在物质中保存着相同的运动量,即宇宙间一定存在一个运动量的守恒原理,这个运动量不是速度,而是速度与质量的乘积,即动量。通过对弹性碰撞问题的研究,惠更斯(C. Huygens,1629—1695)等人得到了动量守恒定律和能量守恒定律。

在近代科学初期,许多科学家的著作和演讲稿中也出现过因果观的思想。伽利略认为,科学的真正目的就是要找出产生现象的原因,一旦认识了这种因果关系,就能揭示未知现象。荷兰哲学家斯宾诺莎(B. d. Spinoza,1632—1677)针对亚里士多德的目的论提出,万物都可以用因果关系解释,即"如果有确定的原因,则必定有结果相随,反之,如果无确定的原因,则决无结果相随"。他坚决否定偶然性的客观性,他认为偶然性只是人们没有认识到自然界的全部秩序和一切原因的普遍联系时产生的一种错觉。英国哲学家培根(F. Bacon,1561—1626)也指出,真正知识的获得,必须通过阐明因果联系的途径,而不是幻想"合理的天意"或"超自然的奇迹"。

这些认识是17和18世纪物理学发展的重要成果,它带给人们在认识自然界本源问题上与当时神学观念的一种对抗,是人们认识世界方法的一种革命性的飞跃。

前人这些关于因果确定论的思想对牛顿产生了深刻的影响。正是在牛顿三大定律中,牛顿集中体现了机械因果观的思想,构建了完整的因果观的思想体系。牛顿第一定律指出了惯性的静止或运动的属性,指出了外力会迫使物体改变自己的运动状态,这里已经隐含了对外力产生的结果预测的运动因果观的思想,但是牛顿第一定律仅仅给出了一个定性的表述,牛顿第二定律进一步给出了外力大小与改变运动状态之间的定量的因果关系。如同爱因斯坦曾经指出的那样:"我们必须明白,在牛顿之前,并没有一个关于物理因果性的完整体系,能够表示经验世界的任何深刻特征。"

由于经典力学在18世纪是唯一的严密科学体系,它应用于生产和科学实验活动后又获得了巨大成功,在当时形成了机械确定论的哲学因果世界观。其主要表现是,原因和结果一定存在着一一对应的因果关系,原因的微小改变必然只引起结果的微小偏离。到了 19 世纪中期,物理学的学科范围和内容已经达到了概念准确、逻辑统一的新阶段,以致人们不仅对机械运动,还对其他运动形式都以力学解释为原理的出发点,把寻求数学规律作为普遍目标,把建立能量守恒定律作为统一原理,用相应的机械确定论的因果观来对物体的运动作出描述。

14 "力是使物体运动状态发生变化的原因",是力的定义吗?

问题阐述:

在牛顿第一定律中定性提到力,牛顿第二定律定量提到力,牛顿第三定律提到两个物体之间的作用力和反作用力。究竟什么是力? 如果说"力是物体与物体之间的相互作用"就是力的定义,那么什么是"物体与物体之间的相互作用"呢? 答案可能还是力。如果说按照牛顿第二定律,"力是使物体运动状态发生变化的原因",这个表述是力的定义吗?

参考解答:

力的概念是物理学的一个基本概念,从古希腊的阿基米德、中国古代的墨子、近代的牛顿,到当代的爱因斯坦等都在力的研究和开发上成就宏巨。人类从蒸汽机时代、电气化时代到如今进入信息化时代,有关力学的学科分得越来越细,与力学交叉的学科和研究项目也越来越多,但是究竟什么是力? 至今仍然没有一个明确的定义。

从逻辑学上看,一个物理概念的逻辑结构必须包括内涵和外延两大部分,内涵是指它所概括的思维对象的本质和特有属性的总和,外延是指它所概括的思维对象所涉及的范围。例如,刚体这一物理概念的内涵是指在外界作用下,体积和形状都不发生改变的物体,刚体上任意两点的距离在刚体运动过程中都保持不变。刚体是一类特殊的、理想的质点系模型。在很多情况下,当实际物体在运动过程中发生的体积变化和形状变化都很微小时,就可以近似地看成刚体,这些实际物体就是刚体的外延。显然,这样的刚体的定义明确地提出了刚体的本质,也把刚体与气体和液体这样的流体完全区分开了。

有一种说法认为"力是物体与物体之间的相互作用",这是力的定义吗? 不是。这仅仅是对一个受力物体在物理上所呈现结果的一种描述,不能作为一个物理学概念的定义,因为它没有指出力区别于其他物理概念的本质属性。况且"物体之间的相互作用"本身就是一个还需要定义的物理概念,它本身也没有明确的本质属性。如果问什么是物体与物体之间的相互作用？那么，得到的答案可能还是力，这样的循环论证有用吗？既然这样的表述没有揭示力的本质属性，那么也就无法给出这样的相互作用所包括的对象的范围。

另一种说法认为"力是使物体运动状态发生改变的原因"，这是力的定义吗？不是。这仅仅是说明了一个物体的运动状态发生变化的原因。虽然这样的表述区别于亚里士多德提出的"力是物体运动的原因"，但是仍然没有揭示力的本质属性，因此也不能作为力的定义。

尽管以上两种说法并不是力的定义，但是从物理学发展史上看，力的概念的提出与物体的运动有着密切的关系。面对千姿百态的自然界，古希腊人最早提出了这样的问题：物体究竟是怎样运动的？物体为什么会作这样或那样的运动？而最早发展起这些运动理论的科学家就是古希腊的哲学家亚里士多德。亚里士多德通过对周围事物认真和敏锐的观察，把自然界物体的各种运动划分为自然运动和强迫运动两大部分，并对它们怎样运动作出了一番描述。自然运动就是物体能够自己维持的运动，如石块在空中向地面的下落、液体沿斜坡流下、燃烧火苗向上跳动等都是自然运动。自然运动是怎样发生的？亚里士多德基于他的物质本源的理论提出，地球上的所有物体都是由土、木、气和火这四种元素构成的，每一种元素总是要为到达自己的自然位置而作自然运动，因此，自然运动是由物体自身的组成成分决定的。例如，土的自然位置在地面，因此，含有土的石块就作下落运动；火的自然位置在上面，因此，含有火的热空气总是向上升起等。在这里，亚里士多德将自然运动发生的初动者归结为一种遥远的动因。

除了自然运动以外的物体的运动都是强迫运动。自然运动或是向上，或是向下，都是自然发生的；而强迫运动是强制发生的，可以发生在其他方向上。例如，人推或拉放在水平面上的小车向前或向后的运动就是强迫运动，因为小车被迫背离了它的自然运动方向。在强迫运动中，亚里士多德把力看成物体运动的原因，他认为物体的运动与受到的力成正比，如果没有力的作用，物体的运动就停止了。亚里士多德对运动的看法与人们日常的感觉相符，听起来似乎是言之有理的，因而往往很容易被人们接受。亚里士多德只从直接的观察和生活的常识加上纯思辨的逻辑方法去探讨运动的原因，显然这个看法不是正确的科学结论，当然也不是力的定义。

在牛顿第一定律中，牛顿指出外力会迫使物体改变自己的运动状态，这里已经包含了对外力产生的结果的预测和运动因果观的思想。

在牛顿第二定律中涉及的主要物理量是动量和力，并没有加速度。牛顿不但没有对力给出可操作的独立定义，而且在不同的场合使用不同力的概念。例如，他把外加的力称为运动力，把惯性称为物质固有的力，把加速度称为加速力等，从而使力的概念反而变得难以把握。一般认为，牛顿在牛顿第二定律中给出了力的明确定义："外力是加于物体上的一种作用，以改变其运动状态，而不论这种状态是静止还是作匀速直线运动的。"这个论断仅仅把力定义为改变运动状态的原因,这是对亚里士多德及其以后多少年来把力定义成维持物体运动的"目的因"的否定,但牛顿这样的表述仍然停留在表明力所产生的效果的层面上,并没有回答"究竟什么是力"这样的问题。如果也从因果论角度去看,牛顿没有给出力的完整定义,仅仅提出了运动变化的"动力因"。

到了20世纪,爱因斯坦重新评价了牛顿提出的任意的又无法观察的重力以后,最后放弃了重力,认为重力是时空的曲率,提出用几何学取代重力,这也就成了爱因斯坦在广义相对论中提出的一条等效原理[①]。

15 牛顿第三定律在整个牛顿力学体系中具有怎样的重要地位和作用?

问题阐述:

刚开始接触牛顿定律的学生常常产生的一个印象是"牛顿第一定律的结论已经包含在第二定律中,牛顿第一定律是多余的",有了牛顿第二定律,为什么还需要牛顿第一定律? 也有一种看法认为"牛顿第三定律只是在对物体作受力分析时有用",有了牛顿第一定律和牛顿第二定律,为什么还需要牛顿第三定律? 牛顿第三定律在整个牛顿力学体系中究竟具有怎样的地位和作用?

参考解答:

刚开始接触牛顿三大定律的学生常常产生的一个印象是,牛顿第一定律不过是牛顿第二定律的一种特例而已,因为从牛顿第二定律可以得出在没有外力作用下物体将作匀速直线运动,这就是牛顿第一定律的结论。如果这个结论已包含在牛顿第二定律中,牛顿提出牛顿第一定律难道是多余的吗? 显然不是。那么,牛顿为什么要引入牛顿第一定律呢? 实际上,牛顿第一定律的重点在于揭示了物体具有的固有属性——惯性,并隐含着定义绝对惯性系的前提。我们平时可以认为一个物体相对于地面是静止的,那是默认了地面是绝对惯性系,这不过是一个近似而已。

是不是可以找到这样的参考系,在这个参考系中物体虽然受到的净力为零,但是并不静止也不作匀速直线运动呢? 以一个水平放置的、表面无摩擦力的匀速旋

---

① JONES R S. 普通人的物理世界[M]. 明然,黄海元,译. 南京:江苏人民出版社,1998:50-67.

转的圆盘为例,对放置在盘上的一个小木块以一个冲击力,使它沿着圆盘表面运动。显然,沿圆盘表面方向,木块受到的净力是零。在以圆盘作为参考系的观察者看来,这个木块并不作匀速直线运动,而是在作加速运动。而在以地面作为惯性参考系的观察者看来,首先,圆盘相对于地面在作加速运动,它不是一个惯性系;其次,这个木块相对于地面惯性系在作匀速直线运动。因此,判定物体是否受力以及是否相应作加速运动或匀速直线运动,需要确定惯性系,也就是必须先有牛顿第一定律成立的惯性系,才有牛顿第二定律的成立。由此可以得出,牛顿第一定律为牛顿第二定律的成立提供了成立的前提条件;牛顿第一定律不是从牛顿第二定律中导出的结论。

　　牛顿提出了牛顿第一定律和牛顿第二定律,为什么还需要提出牛顿第三定律?在中学物理课程中学生可能产生的一个印象是,牛顿第三定律没有牛顿第二定律那么重要,它至多在解题过程中对物体的受力分析提供了有用的启示而已。实际上,牛顿第三定律作为与牛顿第一定律、牛顿第二定律并列的基本定律,它对维护整个牛顿力学体系有着重要的地位和作用。

　　首先,牛顿第一定律和牛顿第二定律虽然提出了力的概念,但只是提出了力对单一物体的作用,正是牛顿第三定律指出了一个物体对另一个物体施加的作用力同时存在反作用力,它们对称地分别作用在这两个不同的物体上,从而进一步明确提出了力是物体与物体之间的相互作用。其次,牛顿第一定律和牛顿第二定律只有在惯性系中才成立,但对什么是惯性系和非惯性系却没有给出一个明确的划分,正是牛顿第三定律为惯性系起了"保驾护航"的作用。

　　牛顿第一定律和牛顿第二定律在非惯性系中是不成立的,但是在物理学中一般会提出惯性力的概念,并指出,若在非惯性系中引入惯性力,仍然可以应用牛顿运动方程来讨论物体的运动状态变化。例如,在一辆相对地面作匀加速直线运动的车厢内,把一端系着一个小球的弹簧水平放置在光滑的桌面上,弹簧的另一头连接在车厢前端的壁上。在地面上的观察者看来,小球受到弹簧的拉力随同车厢作匀加速直线运动。但在车厢内的观察者看到的情景是,小球是静止不动的。但是毕竟在弹簧上显示出了某个读数,这就意味着小球受到了一个水平方向的作用力。于是,车厢内的观察者得出的结论是,虽然小球受到了一个不为零的力,但是处于静止状态。为了仍然可以应用牛顿三大定律来解释这个现象,这个观察者就会作出这样的分析判断:小球除了受到弹簧的作用力以外,一定还受到一个额外的力,这个力与弹簧作用于小球的力大小相等、方向相反,于是小球就处于力的平衡状态下,按照牛顿三大定律,它就应该静止不动。这个额外的力就是所说的惯性力。类似地,如果在一个相对于地面作匀速转动的水平转盘上放置一个物体,它通过弹簧与转盘中心的转轴相连接。假设一个观察者随同转盘一起转动,那么,他看到的情景是物体静止不动;但是毕竟在弹簧上显示出了某个读数,这就意味着物体受到了一个水平方向的作用力。于是,这个观察者得出的结论是,物体受到了一个不为零的力,但是处于静止状态。为了仍然可以应用牛顿三大定律来解释这个现象,这个观察者就会作出这样的分析判断:小球除了受到弹簧的作用力以外,一定还受到一个额外的力,这个力与弹簧作用于小球的力大小相等、方向相反,于是小球就处于力的平衡状态下,按照牛顿三大定律,它就应该静止不动。这个额外的力就是所说的惯性离心力。

从以上例子的分析中似乎可以得出这样的结论:不论在哪种参考系中,只要引入惯性力,就能够运用牛顿三大定律成功地解释在这些参考系中出现的各种力学现象。如果把牛顿三大定律能够成立的参考系称为惯性系,那么引入惯性力以后,所有的参考系也都可以称为惯性系。而如果所有参考系都是惯性系,那么也就没有必要定义惯性系;或者说,如果所有的参考系都是惯性系,就意味着根本就没有惯性系。没有了惯性系,牛顿第一定律和牛顿第二定律也就失去了成立的条件。由此看来,为了应用牛顿三大定律而引入惯性力导致的后果恰恰是使牛顿定律失去了成立的条件。于是,这里就出现了一个尖锐的问题:惯性力究竟是什么力?如何看待引入惯性力以后引起的这个后果?如何保持牛顿力学体系在逻辑上的自洽性和完整性?对此,牛顿第三定律明确指出,两个物体之间的相互作用是一对真实的作用力与反作用力。惯性力仅仅是想象的、虚构的力而已,它是没有反作用力的,于是惯性力就从牛顿第三定律所定义的作用力的范畴中被"驱逐"出去。在讨论物体运动的问题时,只有在惯性系中才能应用牛顿三大定律。由此可以看到,牛顿第三定律具有深刻的物理意义,它为牛顿第一定律和牛顿第二定律得以成立的惯性系提供了存在的保障,从而使牛顿力学体系在逻辑上依然保持着自洽性和完整性。

从确立物体的惯性到需要建立惯性系来描述运动变化、从描述力与运动变化定量关系到确立经典因果观、从单一物体受力到建立物体之间的相互作用等方面可以得出结论:牛顿三大定律中每一个定律既具有独立的地位又互相联系,在认识论和逻辑上它们都是构成一个整体缺一不可的组成部分,也不能从一个定律导出另一个定律。

16 "万有引力定律"为什么不能归入"牛顿第四定律"?

问题阐述:

有一种看法认为,牛顿三大定律是经典力学的主体,指出了物体受力以后运动的一般规律,这是普遍的。万有引力定律虽然在经典力学中占有重要的地位,但是仅指出了两个物体之间存在的一种特殊的相互作用力(在牛顿看来这是一种超距作用),这是特殊的。因此,经典力学就应该只指牛顿三大定律。也有一种看法认为,万有引力是牛顿把"天上"物体运动的"原因"和"地上"物体运动的"原因"统一起来的一个力,在力学中有着重要的地位。万有引力定律可以与牛顿三大定律"平起平坐",而成为"牛顿第四定律"。但为什么在物理学上却没有这样的"牛顿第四定律"?作为经典力学的两大重要组成部分,万有引力定律与牛顿三大定律各自具有什么样的重要意义?它们之间究竟有什么不同?

参考解答:

牛顿三大定律和万有引力定律是经典力学的两大重要组成部分,它们具有不同的本质,在经典力学中具有不同的地位和作用。

牛顿三大定律是一个公理化的体系。牛顿在1684年10月写的一篇文章的手稿中提出过包括牛顿三大定律在内的运动基本六定律,在1687年出版的《原理》中,他明确地提出了"运动基本三大定律"思想,得到了科学界的公认。

在物理教学中,牛顿三大定律经常被看成从实验中归纳总结出来又可以被实验证明的定律,然而物理学发展史表明,牛顿三大定律作为经典物理学的起点,对于定律的本意而言,它的本质只是公理而不是定律。索麦菲在他的"理论物理讲义"的开始部分就写了"运动的定律将以公理的形式引入",以此来表明牛顿定律的本质。

先考察牛顿第一定律。首先,当年伽利略设想物体在没有任何摩擦力的平面上作没有终点的运动,这样的实验在物理上显然是不可能实现的。也正因如此,伽利略虽然提出了惯性这个概念,但是由于不可能在整个物理学范围内找到一个物理对象能够显示出完全纯惯性的运动,即使是很短的时间内也是做不到的,也许由于这个原因,伽利略没有提出一般的惯性定律。牛顿曾说他提出的第一定律这部分内容是数学的而不是物理的。从数学上,牛顿很容易设想物体可以永远静止或永远作匀速直线运动,这就是一般的惯性定律,即牛顿第一定律。此外,由于一个物体的运动总是相对于指定的参考系来描述的,如果没有参考系,谈论运动是没有意义的,在不同的参考系中对物体运动状态的表述是不同的。对此,牛顿引入了绝对时间和绝对空间,并设想了一个绝对惯性系,仅仅在这个理想的绝对惯性系中,牛顿第一定律才得以成立。

再考察牛顿第二定律。在牛顿第二定律中,牛顿引入了力的概念。虽然牛顿多次提到过力的定义,如冲力和向心力等,但他在《原理》的最后写道:"我不加区分地使用诸如吸引、冲力或内在倾向之类的字,并非出自物理的,而是数学的考虑。"[1]

---

① COHEN I B. 新物理学的诞生[M]. 张卜天,译. 长沙:湖南科学技术出版社,2010:135.

由此可见,在牛顿力学中力是一个无法捉摸和无处不在的作用。

最后考察牛顿第三定律。牛顿第一定律和牛顿第二定律都是单体定律,因为它们只讨论一个物体的运动。而牛顿第三定律是一个两体定律,它涉及两个物体之间的作用力和反作用力。为了明确真实的力的"身份",以示与在非惯性系中引入的虚假的惯性力相区别,作用力和反作用力的划定是完全必要的:凡真实的力一定有对应的大小相等、方向相反、作用在两个不同物体上的反作用力。如果说单体运动的力尚且无法证明,两体运动的作用力和反作用力更是无法证明。

虽然牛顿第三定律告诉我们这两个物体之间的相互作用力是相关的,但是它既不告诉我们如何计算这些力,也不说明它们的起源,因此,牛顿第三定律根本没有提供关于任何力的其他特征。

与牛顿三大定律不同,万有引力定律本质上不是公理,而是对开普勒三大实验定律的一种数学证明。万有引力定律的建立是天文学、力学和数学发展到一定阶段的产物,是牛顿基于布拉赫(T. Brahe,1546—1601)的天文观察和开普勒对资料的推理分析,"站在巨人肩上"作出的创造性的研究成果,这些"巨人"除了布拉赫、开普勒和伽利略之外,还包括笛卡儿、惠更斯和胡克(R. Hooke,1635—1703)等。

自古希腊时期,人们就开始思考物体为什么会从高处下落到地球表面的问题。近代以来,引力和重力的问题同样引起了物理学家的关注。1543年,波兰天文学家哥白尼(N. Kopernik,1473—1543)认为,重力不是别的,而是"神圣的造物主在各部分注入的一种自然意志"。1621年,德国天文学家、物理学家开普勒提出:"对于运动而言,太阳是行星运动的唯一原因,甚至由于它本身的原因而成为宇宙的第一推动者"。1645年,法国天文学家布里阿德(I. Bulliadus)猜测,太阳对行星施加的力"像光的亮度与距离的关系那样,应当与距离的平方成反比"。

牛顿对引力问题的探究过程大致分为两个阶段[①]。

第一阶段是从牛顿于1661—1665年在剑桥大学三一学院学习到1679年前后。剑桥大学期间,牛顿阅读了亚里士多德、哥白尼、伽利略和开普勒等人的著作,由此产生了对天文学和力学的兴趣。1665—1666年,牛顿以自己独特的方式推导出了离(向)心力公式,这个公式是推导引力反平方定律的必要条件。但是当时牛顿并没有明确圆周运动的力学特征,更没有认识到引力的普遍性。1671年,英国物理学家胡克提出了三条假设:第一,一切天体都有倾向其中心的吸引力,因此,不仅太阳对地球和月亮的形状和运动产生影响,地球对太阳和月亮的运动也产生影响。第二,凡是作简单直线运动的天体,在没有受到其他作用力使它作椭圆运动或圆周运动之前,将继续保持直线运动状态不变。第三,受到吸引力的物体,越靠近吸引中心,其受到的吸引力就越大。胡克认为,这个力与距离的关系在实验上尚未得以解决,如果知道了这个关系,天文学家就很容易解决天体运动的规律。这三

---

① 胡化凯.物理学史二十讲[M].合肥:中国科技大学出版社,2009:229.

条假设表明胡克已经说明了引力的主要性质,但尚缺乏定量的表示式。胡克的假设给了牛顿很大的启示。在这个阶段人们主要是探讨对引力的认识,没有解决引力与轨道之间的关系,而且这个引力只是吸引中心对物体的作用,是一个"单体"问题。

第二阶段,在1679年前后,胡克曾经就地球上物体下落的路径先后给牛顿写过两封信。在回复胡克的第一封信中,牛顿提出物体下落的轨迹是螺旋线。胡克在第二封信中提出了引力与离中心的距离平方成反比的观点,指出正是由于物体受到这样的引力,物体下落的轨迹是椭圆,而不是螺旋线。实际上,当时已经有哈雷等不少人认识到引力与距离的反平方关系,但是没有人能由此推导出引力与轨道的关系。1684年8月,哈雷专门去拜访牛顿,征询引力作用下物体运动的轨道问题。牛顿明确回答,轨道应该是椭圆,并且在后来把计算结果写在一篇论文(这篇论文后来成为《原理》的第一阶段的前身)中寄给哈雷。但是,在这篇论文中,牛顿仍然把吸引力称为重力,即地球对物体的吸引力,此时还没有提出万有引力的概念。后来,牛顿又写了一篇比前一篇论文长10倍的论文(后来成为《原理》的第二阶段的前身),用向心力代替离心力,以均匀球体证明了吸引力与球的质量成正比,与从球心的距离平方成反比。牛顿基于牛顿三大定律和开普勒第三定律对引力定律作了分析和论证,由此得出的一个结论是,在太阳吸引行星的同时,行星也吸引太阳。牛顿把重力扩展到行星之间受到的引力,再推广到任意物体之间存在的引力,这样就把单体受力问题转化为两体受力的问题。在《原理》中,牛顿把引力定律推广到所有天体,提出"我们必须赋予一切物体以普遍相互吸引的原理"的观点。正是这样的推广,牛顿才完成了对万有引力定律的明确表述,最终建立了万有引力定律。这里的"万有"是指宇宙中每一个物体都以引力吸引其他物体,这样的引力存在于万物之中。万有引力定律在经受了一系列实验的检验以后得到了普遍的认可,其中主要的实验是关于地球形状的实验、哈雷彗星的运行和海王星的发现等。

万有引力定律的建立把天上的运动和地上的运动统一起来,为日心说提供了有力的支持,在物理学发展史上有着重要的地位和作用。

万有引力定律是一个两体定律,它给出了一个空间力(万有引力)与物体质量和距离之间的规定,对计算一个基本的力——引力提供了一个特殊的框架,并提供了计算这个基本力的数学表述。就定律本身而言,万有引力不是一个具有逻辑上普遍性的公理,它有着有限的应用范围。万有引力实际上并不"万有",如电磁力就不属于万有引力范畴。但是,库仑在探讨两个相对静止的点电荷之间的静电相互作用力的表示式时,受到了万有引力定律的启发,以类比的方法得到了静电力的库仑定律。

牛顿对万有引力定律的贡献在于他比前人更深刻地理解离心力、向心力与引力的关系,并以卓越的数学才能完成了对引力与椭圆轨道之间相互关系的数学证明及其对万物的推广。从物理学的方法论看,万有引力定律是通过对实验现象的观察—提出相应的假设—完成数学证明—进行实验检验的方法而得出的。但是,为了解释行星的运动而引入的万有引力意味着必须放弃当时一个已经为大家公认的物体的力仅作用在与它接触的近邻上的概念,因此,在牛顿看来,这个万有引力仅仅是一个临时性的假定而已,以后还是需要用接触的近邻相互作用来取代。这种通过虚空空间的超距作用延续了较长时期,一直到法拉第(M. Faraday,1791—1867)和麦克斯韦(J. C. Maxwell,1831—1879)提出电磁场理论以后,人们才用场的观念取代了超距作用。

作为公理,牛顿三大定律并不是一个具体作用力与其他物理量的关系的表述。为了得到通常的力的作用关系,必须首先具有实验的信息(来自真实世界的知识)。只有基于实验提供的信息,利用公理进行演绎推理才能得到具体的结论。例如,牛顿利用牛顿三大定律成功地解释了行星、卫星和彗星的运动,甚至包括其运动过程中最不为人们注意的细节,此外也解释了潮汐和地球的进动,这些都是牛顿取得的伟大的演绎成果。作为公理,牛顿三大定律构成了一个完整的公理体系,万有引力定律无论在本质上、内容上还是方法上都不能归入这个体系,因而不能列为"牛顿第四定律"。

牛顿的贡献在于他"站在前人肩上",集前人之大成,构建了包括牛顿三大定律和万有引力定律在内的完整的经典力学体系。牛顿所取得的成就不仅为经典力学创造了一个在应用上和逻辑上令人满意的基础,而且直到19世纪末,它一直是理论物理学领域中每个工作者的纲领。从1687年牛顿出版《原理》,系统提出他的经典力学理论至今已经有三百多年了,牛顿的物理思想和物理方法在近百年的历史进程中一直推动着物理学的发展。

17 牛顿提出的"实验-归纳-演绎"的方法论的要点是什么?

问题阐述:

逻辑思维方法论是体现在力学中的一条方法论主线,在从运动学对物体机械运动的描述到动力学中对物体机械运动状态变化原因的描述过程中,体现了哪些逻辑思维方法?从伽利略开始,后来又经牛顿发展了把归纳和演绎相结合的"实验-归纳-演绎"的方法,从而把物理学方法提高到一个更高的层次,创建了一个完整的实验哲学的分析-综合模式科学方法论体系。"实验-归纳-演绎"的方法和"分析-综合"模式方法论的要点是什么?

参考解答：

逻辑思维方法论包括了从"特殊"到"一般"的归纳法、从"一般"到"特殊"的演绎法、从"特殊"到"特殊"，以及从"一般"到"一般"的类比法。这样的逻辑思维方法正是从运动学对物体机械运动的描述到动力学中对物体机械运动状态变化原因的描述开始渗透在大学物理的各个分支学科中的。

例如，在中学物理关于自由落体运动的教学内容中，往往会加入一段伽利略对亚里士多德提出的"重物下落得比轻物快"的论断的否定论证，这个否定论证的方法就是一种演绎推理法。再加伽利略从测量物体从斜面下滑的过程中得出路程与时间平方成正比的结论，在中学物理中是从实验中归纳推理得出的，而在大学物理力学中这个结论是通过演绎法得出的。尽管结论是相同的，但是对归纳的结果进行了演绎论证，这就体现了从伽利略开始，后来由牛顿发展的把归纳和演绎相结合的"实验-归纳-演绎"的方法论。

又如，与质点力学相比，学生对刚体和刚体力学可能会感到陌生一些，其实刚体是一个由特殊的质点系组成的物体，对刚体力学的讨论是可以通过与质点力学的类比的方法来进行的。

刚体作平动时，刚体上各点的运动轨迹是完全相同的，因此，对刚体平动的运动学的描述完全可以用刚体上任一个质点的运动学来代替。在刚体平动动力学中引入质心的概念以后也可以建立起质点动力学与刚体动力学之间的类比。正是通过这样的类比在整体上建立了对刚体运动的描述方式。首先是在运动学中实现刚体平动运动的"质点化"，然后是在动力学中计入刚体形状、大小和质量分布对运动变化产生的影响，于是刚体力学就比质点力学更接近对实际物体运动本来面貌的认识。

牛顿有一句名言："如果说我看得更远的话，那是因为我站在巨人肩上。"正是"站在伽利略的肩上"，牛顿把实验方法论和数学-演绎方法论相结合并创造性地加以发展，超越了伽利略；正是"站在培根肩上"，牛顿进一步改造了实验方法论，并用微积分的数学工具发展了数学演绎的公理方法，超越了培根。牛顿创造性地把实验和数学相结合、把数学和逻辑相结合、把归纳和演绎相结合，继承并成功地通过自己的科学实践发展了前人创建的"归纳-演绎"方法论，并用分析和综合相结合的方法把它们构筑成了一个完整的科学方法论体系，并把它们称为实验哲学的"分析-综合方法论"。

牛顿具体阐述了这个方法论的主要内容："在自然科学里，应该像在数学中一样，在研究困难的事物时应当先用分析的方法，再用综合的方法。这种分析的方法包括做实验和观察，用归纳法去从中得出普遍结论，用这样的分析方法可以从复合物论证到它的成分。从运动到产生运动的力，一般地，是从结果到原因，从特殊原因到普遍原因，一直论证到最普遍的原因，这就是分析的方法；而综合的方法则假定原因已经找到，并且把它们立为原理，再用这些原理去解释由它们发生的现象，并证明这些解释的正确性。"

牛顿的分析方法的要点是实验-归纳-演绎相结合,旨在发现定律。牛顿既坚持了培根的实验方法论,又提出了实验与演绎相结合;既肯定了归纳的重要性,又区别于培根的归纳法。演绎和推理的结合有以下两种方式。

归纳发现在前,演绎论证在后。具体地说,对于已由实验和归纳方法发现的定律,还必须利用基本原理用演绎法把它们推演出来。只有这样,它们才能取得科学定律的地位,才能纳入科学的理论体系之中。例如,开普勒的行星运动定律和伽利略的自由落体定律都是通过观察和实验以归纳方法得出的,但牛顿从他提出的万有引力定律出发,以此作为基本原理把它们推导出来。这正是牛顿把归纳-演绎方法相结合以确立定律地位而运用的科学方法。

演绎发现在前,归纳论证在后。具体地说,先通过演绎形成和发现物理定律,再通过对大量实验结果的归纳概括来验证和确定这个物理定律。例如,阿基米德认为重心是一个无体积、无质量的几何点,牛顿则赋予重心以质量,从而形成了不计形状和体积的一种理想的质点。在这些模型基础上,牛顿进行演绎推理建立起关于质心的运动定律和相关定理,这些定理后来都经过了实验的一一验证。

牛顿运用的这种"实验哲学"的分析方法取得了巨大的成功。爱因斯坦曾指出,近代科学沿着牛顿的研究纲领发展,一切物理事件都要追溯到服从牛顿运动定律的物体上,然后把关于力和运动的物理定律加以扩充以得出普遍的规律。

牛顿的综合方法的要点是确立原理进行演绎——建立理论发现定律——实践检验证实真理。牛顿的综合方法包括以下两个方面:一是根据已发现的一般定律,运用公理和数学演绎法建立数学化理论;二是对理论的定理——一般定律的推论作实践检验,由此证实一般定律的真理性。

牛顿以牛顿三大运动定律作公理,用关于质量、动量、惯性、力等基本概念的八个定义作为初始定义,运用数学推导得到数十条可作为定理的普遍命题。于是,这些公理、定义和定理就构成了牛顿力学的公理体系。

牛顿在《原理》中写下的"哲学的推理原则"为建立公理体系提供了法则。在牛顿看来,在实验的自然科学中,研究的出发点是经验的测量结果。通过大量实验,人们可以通过归纳得到一些结论性的命题,这些命题不能说是最确定的普遍的结论,因为确实还有许多新的领域有待研究,还有许多现象尚未得到实验上的观察,已有的结论可能对这些领域和现象是不成立的,然而,它确实是得到事物本性的最好的论证方法。当然,归纳的经验领域越普遍,论证的结论越可靠。这样的结论实际上已处于公理的地位。如果以后在实验中发现了例外,就说明还存在没有被归纳的事实,这时就需要进行新的归纳,推广新的命题。因此,公理不是凭空产生的,也不是不证自明的。

牛顿正是遵循以上法则开展了对重力本性的研究。他首先从地上运动和天上运动的大量事实中发现了一种引力,并认为引力的存在是事物的普遍属性。但是在涉及引力本身的属性时,牛顿指出,我还未能从现象中发现重力之所以有这些属性的原因,我也不作假设。在这里,牛顿不是反对在科学研究中建立假设,而是这种假设不能进入公理体系成为实验科学的基础。实际上单靠归纳法,人们并不能得到可靠和完整的知识。当看到某些现象或特征在一系列实验中不断重复出现时,人们还不能马上得出结论,认为这一定就是事物的本质特性。特别是如果某些现象用已有的理论无法解释时,我们需要作出进一步的假设,再由实验来证明或修改这些假设。因此,假设是归纳推理方法中必需的一步。牛顿自己是假设的能手,如他提出过光是脉动的粒子、地球是扁平的球体等假设。这些假设的提出是为了解释已观察到的事实,并不是凭空的猜想和虚构。

牛顿公理体系在下列近似条件下可以认为是科学的:①太阳系是惯性系;②仪器对观察客体的干扰忽略不计;③自然界信号的传递速度无限大;④物质是连续可分的。

牛顿公理体系中所包含的核心假设是:①时空是均匀的;②牛顿定律在惯性系中是正确的;③万有引力定律是正确的;④伽利略变换是正确的;⑤伽利略的相对性原理是正确的。

正是从这样的公理体系出发,牛顿演绎出了大量的关于具体物理理论的定律,它们已超出了原来作为基础的公理。这正是牛顿公理体系具有巨大逻辑力量的来源。

建立理论发现定律。从方法论上看,在建立公理体系过程中,牛顿率先成功地把数学-演绎方法全面而又彻底地运用于力学,实现了经验自然科学知识理论化的理想。

牛顿致力于把数学作为自然科学的方法。在《原理》的序言中表明,数学是自然科学的方法,并说他在该书中致力于探讨有关的数学问题。

牛顿物理学的归纳法与两个世纪以前培根的归纳科学模式是不同的,培根注重观察和归纳,但忽视了演绎的作用,牛顿与笛卡儿和莱布尼茨(G. W. Leibniz, 1646—1716)的数学-演绎方法也是不同的,笛卡儿和莱布尼茨只关心数学-演绎本身的逻辑问题,而牛顿则致力于把数学-演绎法与实验和归纳法相结合并把它们应用于经验科学。

牛顿开创性地在经验科学中用数学推导完全代替了逻辑演绎。纯逻辑演绎只能提供定性的解释和结论,而一门科学只有完全用定量的方法表示出来以后,才能算是真正的科学,或才能称为精密的科学。伽利略和笛卡儿使用的数学工具是代数学,它的特征是用数与数的、静态的关系描写世界,所不同的是伽利略侧重于"数",而笛卡儿侧重于"形"。然而,牛顿发明的微积分使对事物发展的静态描述走向了动态的描述。这种描述方式第一次使数学从整理的工具成为预言的工具,并终于实现了古希腊以来自然科学家们一直追求的把握事物发展因果关系的理想,为人们提供了在人类历史上第一幅精密描绘自然界因果联系的科学图景。

实践检验和证实真理。按照牛顿的公理体系,利用数学演绎以后得到的解释和结论必须经过实验和测量来检验是否正确,这就是综合过程的第三步,也是对物理理论的一种评价。牛顿在写给英国皇家学会秘书的一封信中说:"我对你说过,我之所以相信我提出的理论是对的,不是因为它来自这样一种推论,而是因为它不能是别样而只能是这样。也就是说,不是仅仅因为它驳倒了与它相反的假设,而是因为它是从得出肯定而直接的结论的一些实验中推导出来的。"因此,只有在经过实验的检验而得到确证以后,牛顿才认为某个理论是科学的。例如,他曾根据观察来检验他的月球理论,但是观察的数据与他的计算不一致。于是,他把自己的论文束之高阁。大约过了 21 年以后,一个考察团在法国重新测量了地球的圆周,发现对牛顿计算结果进行验证时所使用的数据是错误的,而新的观测结果与牛顿的理论相符。于是牛顿才发表了自己的理论。

牛顿在科学方法上的成功在于他创造性地把实验和数学相结合,把数学和逻辑相结合,把归纳和演绎相结合,并用分析和综合相结合的方法把它们构筑成了一个完整的科学方法论体系。

现代科学的发生和发展表明,牛顿的方法论是同近代科学发展这个历史时期相适应的。从笛卡儿到伽利略,再到培根,最后到由牛顿集大成而创立的因果关系确定论的思想,后来经拉普拉斯等科学家的发展,达到了人类认识史上第一种科学——确定性科学的顶峰。第一种科学一直延长到现代科学时期,而爱因斯坦成了第一种科学的最后一位伟大的科学家。但是,我们应该清醒地看到,作为牛顿力学的延长——近代的自然科学对自然界的认识毕竟是局部的、相对的,有一定的适用范围和局限性。

18 动量和角动量究竟有哪些相似点和区别点?

问题阐述:

与动量概念相比,角动量对学生而言是一个新的概念。有了动量,为什么要引入角动量?在大学物理教学中可以把动量和角动量作一个比较,是体现物理学类比方法的一个典型的例子,那么动量和角动量究竟有哪些相似点和区别点?

参考解答:

与中学物理课程不同的是,大学物理在讨论动量以后引入了一个新的物理量——角动量。为什么要引入角动量这个物理量呢？这是因为动量和动量守恒定律只适用于讨论物体在惯性系中所作的直线运动及其变化。当人们面临讨论太阳、地球和月亮这样的天体的曲线运动时，动量和动量守恒定律就不适用了。这类运动的一个简化的模型就是质点围绕某一圆心 O 在水平面内所作的圆周运动。显然，当质点作这样的匀速圆周运动时，因质点速度的方向一直在改变，动量 $p = mv(t)$ 是不守恒的，但仍然"变中有不变"。容易证明，只要质点不受任何外力矩作用，虽然质点的动量在变化，但质点的位矢与动量的乘积 $r \times mv(t)$ 是一个恒定的矢量，它的大小为 $r \cdot mv$，方向始终垂直于水平面。定义 $L = r \times mv(t)$ 为该质点相对于圆心 O 的角动量，在匀速圆周运动中质点相对于圆心 O 的角动量 L 是守恒的。角动量总是相对于某一固定点而言的，不仅作匀速圆周运动的质点相对于圆心有角动量，且在外力矩为零时，角动量守恒；只要质点作任何的曲线运动，如只计地球和太阳之间的万有引力，地球围绕太阳的运动轨迹实际上并不是圆周，而是椭圆轨道，只要地球受到的外力矩为零，地球相对于近日点和远日点就具有角动量，且角动量是守恒的。即使作匀速直线运动的质点，相对于处在该直线以外的任意点都可以定义质点的角动量，且角动量也守恒。

从动量到角动量，再从动量定理到角动量定理的引入，体现了以下的类比方法。

（1）动量与动量定理和角动量与角动量定理的相似

质点动量和角动量都是描述质点运动状态的物理量，而且都是矢量。由于速度 v 和位矢 r 都是相对量，它们的数值和方向都与参考系的选择有关，它们都只适用于惯性系。

牛顿三大定律揭示的是力的瞬时效应，体现了力和加速度之间的因果关系。动量定律和角动量定律相应表明了力和力矩的时间累积效应，体现了力与动量变化之间的因果关系和力矩与动量矩变化之间的因果关系。动量定理表明力的时间累积效应等于动量的增量，动量矩定理表明力矩的时间累积效应等于动量矩的增量。因此，它们建立的都是某种作用的时间累积效应与所引起的质点初末状态量增量之间的关系。在这些关系中完全可以不计外界作用的瞬时变化。

虽然动量守恒定律和角动量守恒定律是从牛顿三大定律推导出来的，而且只适用于惯性系，但是动量守恒定律和角动量守恒定律并不依赖于牛顿三大定律，它们是关于自然界空间对称性的两条基本定律，具有普遍性。无论什么物体，大到星系、天体，小到原子、微观粒子，也不管物体受到的什么样的相互作用，只要物体所受的合外力为零，动量就守恒；只要物体所受的合外力矩为零，物体的角动量就守恒。

（2）动量与动量定理和角动量与角动量定理的区别

动量和角动量毕竟是从两个不同角度描述运动状态的物理量，它们的变化分别表示力和力矩对质点运动所产生的时间累积效应。

　　动量定理表示质点或质点系的动量改变与外力的关系,体现了质点或质点系所受的合外力的时间累积效应,与冲量概念相对应;角动量定理表示质点或质点系的角动量的改变,体现了质点或质点系所受的外力矩的时间累积效应,与冲量矩概念相对应。在惯性系中,一个质点的动量的变化率等于质点受到的合外力,而一个质点相对于某固定点的角动量的变化率等于质点受到的相对于那个固定点的外力矩。

　　动量守恒对匀速直线运动的质点是成立的;而对有心力场中质点的运动不成立。但在匀速圆周运动情况下,质点运动相对于圆心存在一个守恒量;在匀速直线运动情况下,质点运动相对于直线外任意点也存在一个守恒量,这个守恒量就是角动量。质点受到力的冲量,质点的动量一定改变。动量是状态量,冲量是过程量。质点受到力矩的冲量矩,质点的角动量一定发生改变。角动量是状态量,冲量矩是过程量。

　　(3) 动量守恒和角动量守恒的条件

　　质点或质点系所受合外力为零时,质点或质点系的动量保持守恒。质点或质点系对某一参考点或参考轴的合外力矩为零时,质点或质点系对该参考点或参考轴的角动量保持守恒。

　　在多数情况下,系统对某一参考点的外力矩矢量和为零时,系统所受合外力不一定为零,即系统角动量守恒时,动量不一定守恒。反之,系统所受合外力为零时,合外力矩不一定为零,即系统动量守恒时,角动量不一定守恒。

　　对于质点系而言,内力总是成对出现,大小相等、方向相反,作用在同一直线上,因此,内力的矢量和及内力对某一参考点或参考轴的力矩的矢量和始终为零,因此,内力不改变系统的总动量,内力矩不改变系统的角动量。

19 物理学的守恒定律和对称性之间存在怎样的对应关系?

问题阐述:

　　在中学物理中,不少学生对于学习动量守恒定律留下的一个较深的印象是,动量守恒定律是在遇到类似碰撞问题时可以用来解题的一种比牛顿定律更方便、更有用的方法。类似地,在许多问题中,利用能量守恒定律和角动量守恒定律可以更简便地解决牛顿定律不能解决的问题。然而,在大学物理中,这三个守恒定律包含着比牛顿三大定律更加深刻的思想,这就是物理学中重要的对称性思想。如何理解物理学中的对称性思想? 守恒定律和对称性之间存在怎样的对应关系?

参考解答：

动量守恒定律、能量守恒定律和角动量守恒定律是大学物理力学中的三个重要的守恒定律，而动量守恒定律是学生学习力学时接触到的第一个重要的守恒定律。为什么要引入动量守恒定律？它的重要性是什么？不少学生留下的一个较深的印象是，动量守恒定律是从牛顿第二定律导出的，动量守恒定律是在遇到类似碰撞问题时可以用来解题的一种比牛顿第二定律更方便、更有用的方法。由于在物体碰撞过程中力的瞬时变化十分复杂。按照牛顿第二定律根据力求出加速度变得十分困难。但是只要满足一定的条件，两个物体在碰撞前的初始运动状况与碰撞以后的运动状况之间的关系就可以通过动量守恒定律反映出来，而不必计入力的作用变化，于是，利用动量守恒定律往往就成了求解碰撞问题物体运动变化的一条简洁途径。

虽然在中学物理教材中动量守恒定律是从牛顿第二定律导出的，但是实际上动量守恒定律的提出是先于牛顿第二定律的。动量守恒定律包含着比牛顿第二定律更加深刻的思想，这就是物理学中重要的对称性思想。

对称性是物质的状态和运动规律在对称变换下的性质，它已成为物理学中一个普遍而深刻的观念。对称性和守恒定律有着深刻的联系。对称性反映的是客观物质世界结构方面的规律，而守恒定律反映的是客观物质世界运动变化方面的规律。

对称性完全符合我们的日常生活经验，其中最简单的一种对称性就是空间的各向同性和均匀性，而"运动定律在匀速运动的坐标变换中的不变性（即'伽利略变换'不变性）是一种比较复杂的对称性"[①]。通常讲的"守恒"指的就是一种对称性或不变性，它意味着物体的某个运动量（如动量或能量）在经过一定的操作过程以后（如碰撞）保持守恒或总量不变。这种对称性或不变性具有绝对性和普遍性，因此，它对物体的运动的可能情形就施加了严格的限制，这样的限制在物理上常常就以某种守恒定律的形式表现出来。

德国数学家诺特曾经得出了一个基本的定理，这个定理指出，物理系统具有的每一种不变性或对称性，都对应着系统的一个守恒定律。例如，如果在地球上一个地方完成了对一个不受外力的孤立物体（或系统）所做的关于动量守恒的实验，然后把这个实验平移到另一个地方去做，得到的实验结果是不变的，这就是空间平移不变性（空间均匀性）。从空间平移不变性一定可以得出一个守恒的物理量；由于平移有上下左右的方向之分，对应的守恒量就必须是矢量。可以证明，这个量就是动量。因此，动量是在空间平移不变性下守恒的量，动量守恒定律是与空间平移不变性这样的对称性相联系的基本定律。又如，如果在地球上某处在"今天"上午某时刻去考察一个孤立系统的运动，然后在"今天"下午的另一个时刻甚至在"明天"

① 杨振宁.杨振宁文集：传记 演讲 随笔：上册[M].上海：华东师范大学出版社,1998：78.

的某一个时刻在同一个地方再去作同样的考察,得到的结果将是完全相同的,这就是时间平移不变性(时间均匀性)。如果系统具有这种不变性,系统的能量一定守恒。因此,能量是在时间平移不变性下守恒的量,能量守恒定律是与时间平移不变性这样的对称性相联系的基本定律。

可以设想,如果没有这样的不变性,一个实验得到的结果是时时处处可变的,那么一个人在一处某一个时刻得到的实验结果在另一处另一个时刻就无法得到他人的检验,推而广之,任何实验的可靠性和有效性都将永远无法得到证实。

由时间和空间的平移不变性很自然地会联想到可能存在与转动不变性对应的守恒量,于是在大学物理课程中就有了继动量、能量及其守恒定律以后引入角动量和角动量守恒定律的逻辑必要性。角动量是相对于一点或一个转轴而言的,只要在惯性系中指定某一参照点,物体即使作直线运动,它除了具有动量外还具有相对于该点的角动量。如果固定某一个转轴,那么物体相对于这个转轴转动时就具有角动量。地球是一个转动的系统,在地球上任何一个实验室里进行的实验实际上都在随地球一起转动。尽管在地球上的观察者看来,"今天"对一个孤立系统做的实验与"明天"在同一个实验室里在相同条件下再做一次同样的实验不过是重复一次而已,由于存在时间平移不变性,实验的结果是不变的。但是,由于地球在转动,在地球外面的观察者认为,实验室已经转过了一个角度,实验是在不同的角度位置上进行的,其结果也应该是不变的,这就是空间转动不变性(空间各向同性)。由于转动是有方向性的,从这个不变性可以得出系统对应具有的守恒量必须是矢量,这个守恒量就是角动量。因此,角动量是在转动不变性下守恒的量,角动量守恒定律则是与转动不变性这样的对称性相联系的守恒定律。

一个物理系统除了具有以上提到的三种基本对称性外,还存在其他两类不同性质的对称性或不变性:一类是指某个物理系统本身具有的几何对称性,它往往在物体的空间性质上表现出来,如两个质点组成的质点系具有空间轴对称性;一个带电球体具有电荷分布和电场分布的空间球对称性等。另一类是指某个物理规律经过一定操作以后保持不变的对称性,如牛顿定律在伽利略变换操作下表述方式不变的对称性、麦克斯韦方程组在洛伦兹变换操作下表述方式的不变性、牛顿定律在 $t \to -t$ 的时间反演下表述方式不变的对称性等。

在量子力学中还存在其他的一些对称性,如与波函数的相位改变对应的对称性。如果描述一个微观粒子状态的波函数是 Ψ,按照波恩的诠释,$|\Psi|^2$ 就表示在某一时刻单位体积内在给定点出现微观粒子的概率,即概率密度。假设描述微观粒子状态的波函数从 Ψ 变换到 $\Psi e^{i\varphi}$,这里的 φ 称为相位因子,在这样的变换下,容易得到,$|\Psi^2| = |\Psi e^{i\varphi}|^2$,即该微观粒子出现的概率密度保持不变,与此有关的物理定律也将保持不变,这就是一种与相位变化对应的对称性,与这样的对称性相对应的守恒定律就是电荷守恒定律。此外,在量子力学中还有与反射变换相对应的宇称守恒定律等,显然,这些对称性在经典力学中是无法描述的。

对称性思想在物理学中有着重要的作用。物理学中有很多问题不必通过求解复杂的运动方程,从系统具有的对称性分析中就可以获得许多有用的信息。例如,带电球体具有电荷分布的球对称性,其产生的静电场也具有球对称性,于是在静电学求连续带电体产生的场强时,可以不必利用电荷元的分割和积分,只要对电荷和场的分布作对称性分析,然后利用高斯定理就能简洁地求出场强。

由此可见,在力学中讨论三大守恒定律与对称性的关系是学习和理解大学物理学中对称性思想的一个重要开端,应该列为教学的重要内容之一。

在更高的层次上,物理学中还存在物理定律的对称性,即物理定律在两个互相作相对运动的参考系中保持形式不变。这个对称性最早由牛顿在一个推理中得出,称为力学的相对性原理。这个原理表明,在两个互相作相对运动的参考系中,描述同一个物体的位置坐标和速度的表示式不同,它们之间的关系遵循伽利略变换,但是物体运动状态的变化遵循的力学运动规律在两个参考系中是不变的。后来爱因斯坦发现,在两个互相作高速相对运动的参考系中,描述同一个物体的位置坐标和速度的表示式是不同的,它们之间的关系遵循洛伦兹变换,在该变换下,不仅力学的运动规律保持不变,而且电动力学的麦克斯韦方程组也保持不变,这就是物理定律的对称性。

20 什么是力学中的"不变量"? 什么是力学中的"守恒量"?

问题阐述:

不变量和守恒量是物理教学中容易混淆的两个概念。假设一根细绳系一小球在光滑水平面上作匀速圆周运动,此时,对于小球而言,它具有确定的动能和势能(取水平面处为重力势能的零点,小球重力势能为零),从物理上看,应该表述为小球的机械能是不变量还是小球的机械能是守恒量? 假设一木块在水平面上受水平拉力和摩擦力作用作匀速直线运动,动能不变,重力势能也不变,从物理上看,应该表述为木块的机械能是不变量还是木块的机械能是守恒量?

参考解答:

首先必须认识到不变量与守恒量虽然在有些场合可以通用,但它们之间毕竟还有着不同之处,它们是两个不同的概念。

不变量往往用来指一个量自身的数值不变。在日常生活中,"不变"适用的场合很多。例如,今天的某商品价格与昨天一样,不变;今天的某外币对人民币汇率与昨天一样,不变;等等。这里没有人讲价格和汇率是"守恒"的。在物理学中不变量也经常使用。例如,物体作匀速直线运动时的特征是,它的速度大小和方向都保持不变;当一个热力学系统处在平衡态时,它的温度和压强都保持不变;等等。由此可见,不变量只是对一个量自身的大小是否有变化的比较而已,如上一个时刻速度与下一个时刻速度比较、今天的物价与昨天的物价比较、今天的汇率与昨天的汇率比较等。

守恒量是一个物理学名词。从物理学发展史上看,它是在19世纪物理学已经发展到形成很多分支学科以后逐渐出现的。19世纪早期,物理学已经成为专门用于表示采用数学方法和实验方法研究力学、热学和电学的科学。1881年,斯特洛(J. B. Stallo,1823—1900)在《近代物理学的概念和理论》中对物理学下了一个当时理论学家普遍接受的定义:"物理科学,除了研究动力学的普遍定律并将这些定律应用于固体、液体和气体的相互作用系统以外,还包括那些所谓的不可称量因素的理论,即包括所谓的光、热、电和磁等的理论。再者,所有这一切眼下都一并作为不同的运动形式来看待,即作为一样的基本能量却以不同的表述方式来加以对待。"这就表明,当时物理学家已经在寻找各种分支学科的统一理论的表述。在19世纪的物理学理论中,力学是在数学基础上加以研究的。相反,热学和电学都是以存在某种"流体"基础为假设的。人们试图用数学观点来解释热和电的问题,这是尝试统一物理学概念的一个良好开端,但是在准确性和定量化上还存在不少问题。后来下列四个方面的发展为建立统一的物理学奠定了基础。

(1) 拉普拉斯建立了既适用于力学,又适用于热学和电学中关于力的普遍性的数学理论。

(2) 傅里叶(B. J. Fourier,1768—1830)建立了热的数学表述和数学理论,对建立统一的物理学产生了深远而广泛的影响。

(3) 菲涅耳(A. J. Fresnel,1788—1827)关于光学的波动理论使物理学家试图通过建立力学模型对光学定律寻找合乎逻辑的力学解释机制。

(4) 物理学家研究了光和热的相互转化及电和磁的相互转化,确立了电力和磁力的关系。

在这些研究的基础上,逐渐出现了力或能的统一性和可转换性的学说。1850年前后,能量守恒定律的提出为在力学自然观的基础上建立物理学理论提出了一个全新的框架。

由上面的简单分析可以看到,能量守恒定律是在探讨各种运动形式的统一性的研究中逐步建立的,其中焦耳(J. P. Joule,1818—1889)提出的热功当量为建立机械运动和热运动的统一和转化奠定了基础。

由此可以看出,凡是提到守恒量都是指在"变化过程中的不变量"(有时简单称为"变中的不变")。例如,两个小球发生完全弹性碰撞前后,虽然两个小球各自的动量发生了变化,但是在碰撞前后它们的动量矢量和及能量和保持不变,这时称这两个小球组成的体系的总动量守恒和总能量守恒;在两个小球发生完全非弹性碰撞前后,两个小球的总动量守恒,但动能不守恒。在不同运动形式发生转化的过程中,既存在运动形式的转化(如机械运动转化为热运动),又可能存在运动状态的变化(如速度的变化或动量的变化)。正因为有变化,人们才会去寻找其背后的不变量,这样的不变量就是守恒量,因此,守恒就是各种运动形式统一性的表现。如果不发生这样的变化过程,也就谈不上守恒量,只能讲不变量。如果一个物体作匀速直线运动,运动状态始终保持不变,那么只能讲这个物体的速度是不变量或动量是不变量;只有当两个物体发生碰撞以后,每一个物体的运动状态虽然发生了变化,但碰撞前两个物体的动量矢量和等于碰撞后两个物体的动量矢量和,这时可以认为"碰撞前后两个物体的动量守恒"。由此可见,不变量往往只是对单个运动物体的运动状态而言,而守恒量往往必须计及多个物体或某个整体的运动状态。尤其在微观领域中,粒子的碰撞不仅会引起运动状态的变化,甚至会出现粒子产生和湮没的结果(如光子的产生和湮没)。如果对于某一个粒子而言,在某个碰撞过程以后可能该粒子"湮没"了或者在某个碰撞过程以后新产生了,那么什么不变量都不复存在,但是,在碰撞前后,守恒量依然存在,整个系统的动量守恒和能量守恒定律依然成立。

由此我们来分析"细绳系一小球在光滑水平面上作匀速圆周运动"的问题。这里并没有发生机械运动形式向其他运动形式的转化过程,小球的圆周运动半径和速度大小也没有变化,因此,虽然这里没有外力做功,也没有保守力做功,但只能认为"小球机械能是不变量",不能认为"小球机械能是守恒量"。

在上面的例子中,如果细绳是通过圆心的小孔系一小球在光滑水平面上作圆周运动,小球既具有动量,又具有相对于圆心的角动量。当外力向下拉动细绳时,小球的动量发生了变化;但是由于小球没有受到外力矩作用,小球的角动量是守恒的。当小球作圆周运动的速度逐渐变大时,运动半径就逐渐减少。这里的关键是小球虽然仍然作机械运动,没有出现运动形式的变化(如从机械运动向热运动的转化),但是在拉动绳子的过程中小球的运动状态发生了变化(半径减小,速度变大),即在这个过程中,小球的动量不守恒,但对于小球和外力的整个系统而言,小球相对于圆心的角动量是守恒量。

假设一木块在水平面上受水平拉力和摩擦力作用作匀速直线运动,动能不变,重力势能也不变。在这种情况下,尽管木块的动能和重力势能不变,但物体受到两个力的作用——外力和摩擦力,其中摩擦力是非保守力。如果只有外力,没有摩擦力,那么水平拉力做功导致木块的机械能增加,木块作加速运动。如果没有外力,只有摩擦力,那么木块的机械能减少,木块就会减速。但是在木块机械能减少的同时,木块和接触面表面的温度升高,即热能增加了。当这两种力同时作用于物体时,既有外力,又有摩擦力,表面上看,木块的动能不变,重力势能不变,机械能不变,但木块和接触面的温度都升高了,这是由于外力做功把外界的某种能量(如机械能)转化为接触表面的热能所致。于是,木块和接触表面的分子运动状态发生了变化。这里出现了两种能量形式,木块的机械能和物体表面的热能。由于木块自身的匀速直线运动状态保持不变,木块的机械能没有转化为其他能量,因此,只能认为木块机械能保持不变,而不能认为木块的机械能守恒。在这个过程中的不变量是木块的机械能(在运动过程中不变),守恒量则是木块的机械能、物体表面的热能(在运动过程中增加)和提供外力做功的某个系统的能量(在运动过程中减少)加在一起的总能量。

21 动能是从动能定理中定义的吗？究竟是先有动能还是先有动能定理？

问题阐述:

动能和动能定理是力学部分的一个重要内容。在很多大学物理教材上,动能是从计算外力对物体做功的表示式中定义的,即这个表示式在先,定义动能在后,这个结论称为动能定理,这样的处理方法可能是为了说明引入动能概念的必要性和严密性。但是,在教学上确实存在逻辑上的循环论证的问题,究竟是先有动能还是先有动能定理？动能的概念和定义是从动能定理的表示式中得出的吗？

参考解答:

为了回答上述问题,有必要先考察一下在物理学发展史上动量和动量定理是如何得出的？17 世纪中叶,笛卡儿首先提出了运动量这个词。他认为,从上帝创造物质并启动整个物理宇宙运转以后,这架"宇宙机器"就不会停止下来,因为上帝在这些物质中保持着相同的运动量。笛卡儿提出,这样的运动量必然取决于物体运动速率以外的某个量,他把这个运动量定义为质量和速率的乘积 mv,并认为任何孤立系统的运动量都是恒定的,这就是笛卡儿的"运动量守恒定律"。由于笛卡儿的运动量是一个标量,既不能确定处于同一条直线上两个物体碰撞以后的运动状况,更不能确定不处在同一条直线上两个物体碰撞以后的运动状况。1669 年,惠更斯等人以矢量的形式更完整地把物体运动量定义为物体的质量与速度矢量的乘积(这就是后来的动量),记作 $p=mv$,并提出一个系统的总动量是守恒的。从而为牛顿第二定律的提出作了重要的概念准备,这是物理学思想上的一个重大进步。

牛顿最初把牛顿第二定律表述为,一物体动量改变与它受到的动力成正比,动量改变的方向与力的方向在同一条直线上。直到 1750 年,瑞士数学家欧勒

(L. Euler,1707—1783)才指出,牛顿第二定律的表述应该是"动量的时间变化率与外力成正比"。取适当的单位用公式表示牛顿第二定律,则有

$$F = \frac{\mathrm{d}p}{\mathrm{d}t} = \frac{\mathrm{d}}{\mathrm{d}t}(m\,v) \tag{2-1}$$

写成微分形式,即

$$F\mathrm{d}t = \mathrm{d}p \tag{2-2}$$

在一段时间内的积分为

$$\int_{t_1}^{t_2} F\mathrm{d}t = \int_{p_1}^{p_2} \mathrm{d}p = p_2 - p_1 \tag{2-3}$$

式(2-3)表明,在一段时间内外力作用的总效果(冲量)等于物体动量的增量,这个关系式称为动量定理。

由此可见,在动量和动量定理的形成过程中,动量作为描述物体运动的量,首先有了明确的定义,然后才有动量定理。

在17和18世纪,围绕"运动的量度"的问题曾经在莱布尼茨学派和笛卡儿学派之间发生过一场争论。笛卡儿认为,"运动的量是运动的度量,可由速度和物质的量共同求出",功效与速度成正比,由此可以导出物体的运动量(最初称为"死力",即动量)mv,而且使力的观念成为原始的概念,并导致了 $ft = mv$ 成为基本方程。而莱布尼茨认为,功效随速度平方而变化,由此可以导出物体的运动量(最初称为"活力",即动能)mv^2,而后由科里奥利提出以 $\frac{1}{2}mv^2$ 代替 mv^2,并导出了基本方程 $fs = \frac{1}{2}mv^2$。这场旷日持久达半个世纪之久。

1793年,法国科学家达朗贝尔提出,运动的两种量度都是有效的,问题是用在什么地方。在物体平衡时,"运动物体的力"用 mv 量度,而在物体的运动受到障碍而停止时,必须用物体克服障碍能力来表示,这就需要用 mv^2 来量度。

恩格斯(F. Engels,1820—1895)在1880年或1881年指出,在不发生机械运动和其他形式的运动的转化的情况下,运动的传递和变化的情况可以用动量去量度,但在发生了机械运动和其他形式的运动的转化的情况下,应以动能(或活力)去量度。他说:"mv 是在机械运动中量度的机械运动;mv^2 是在机械运动转化为一定量的其他运动形式的运动的能力方面来量度的机械运动。"

从以上的表述可见,在笛卡儿对动量(mv)给出定义的同时,莱布尼茨对另一个关于运动的量(mv^2)也给出了定义。后一个定义显然不是从动能定理得到的,也就是说,动能的定义在先,而外力做功的表示式(后来称为动能定理)在后。

德国的赫尔曼(F. Hermann)教授曾经在20世纪80年代编制了一套德国卡尔斯鲁厄物理课程,在相应的物理教材中就提出了对能量的一个新观念[1]。赫尔曼

① HERRMANN F. 新物理教程·高中版:热学[M].朱鋐雄,译.上海:上海教育出版社,2009.

提出,同样是对运动量度的量,动量就只有一个,没有运动动量和弹性动量之分,为什么能量就有各种动能、势能之分呢? 由此他提出,能量也应该只有一个,动能是能量把运动物体作为一种"载体"表现出来的,重力势能是能量把下落物体作为一种"载体"而表现出来的。赫尔曼提出的这样的能量观念为我们思考动量和能量概念的形成提供了一个新的视角。

由此可见,从物理学的发展来看,物理学是先有量度运动的思想,再有关于运动量的相关定理的。动量定理是先有了动量的定义(作为量度物体运动的一个量),再通过牛顿第二定律(外力等于动量的变化率)得出的。动能定理也是先有了动能的定义(作为量度物体运动的另一个量),再通过做功(外力的功等于物体动能的增量)的表示式得出的。

22 为什么说牛顿实现了科学史上的第一次大综合?

问题阐述:

在大学物理课程中,一般会提到,牛顿实现了科学史上第一次大综合,为人们展示了自然界统一的物理图像。为什么说牛顿实现了科学史上第一次大综合,为人们展示了一幅自然界统一的图像? 这是一幅什么样的物理图像?

参考解答:

在牛顿时代,物理学家已经对各类运动的起因,尤其是对天体的运动积累了很多知识。面对复杂多变的物理世界,牛顿通过对重力测量数据和天文观察资料的分析,把培根、伽利略等人提出的引力的思想转变为科学的结论,他确认"一切物体无论如何都被赋予了一个相互的引力原理。因为根据这些表观现象所得出的一切物体的万有引力的论证比它们的不可入性更加有力"。这个论述表明,牛顿把各类运动的起因都归结为一种与距离平方成反比的万有引力,万事万物的运动都可以从这个关于超距作用力的定律中推导出来,这是一种超距的作用力。牛顿的经典物理学实现了人类认识史上的第一次大统一,其最大的成就就是把天上的运动与地上的运动的原因都归因于一种力——万有引力,并用万有引力去表达这些运动的统一规律。这个统一正是运用简单性法则的结果。爱因斯坦深刻地指出,所谓的简单性,当然不是指学习和精通这种体系时遇到的困难最少,而是指这种体系所包括的彼此独立的假设和公理最少。

现在虽然已经用场的观念取代了超距作用,我们如今对自然界相互作用力的认识也比牛顿时代丰富多了,但是,如同爱因斯坦指出的那样,如果没有牛顿的明晰的体系,我们到现在为止所取得的收获都会成为不可能。

不同时期的物理学呈现给人们的是不同的物理图像。作为经典力学的集大成者,牛顿在物理学的发展史上首次为人们呈现了一幅确定性的"时钟式"的自然界统一的物理图像,这幅图像具有以下特点。

(1) 物理世界是独立于人类之外的世界,它像"时钟"那样自行运转,自行其是,不受人类的影响。

在牛顿物理学中,上帝创世论已经没有立足的余地了,物理学不再给上帝留下任何位置。但是,如果物理学遇到一时还解释不了的现象,那么只好求助于上帝,这时牛顿认为上帝暂时干预了;按牛顿的说法,这不过是上帝填补空白而已。

(2) 物理世界如同"时钟"一样,一旦上了"发条",就会按部就班地遵循既定的原理一直向前走下去,不需要任何外界干涉。

在牛顿看来,这架"时钟"受到"第一推动力"以后,就会按部就班地按照既定的原理和规律运行,不受任何外界干涉。物理世界是一个有着自己运行规律的世界,人类可以依靠理性认识这个世界,但是人类不能随意地改变它的进程。

(3) 物理世界如同"时钟"那样由大量"零件"构成,组成物理世界这只"时钟"的"零件"是每一个物体,组成每一个物体的"零件"就是大量的分子和原子。要认识物理世界这只"时钟",必须从认识"零件"入手。

在牛顿看来,物理世界是一个由大量"零件"构成的、有结构的物质世界,物理学是研究物体运动形式和物质结构的学科。物理学揭示物质结构的次序是:先研究宏观机械运动的规律,再研究分子热运动的规律,其中热力学从宏观上提出唯象定律,而统计物理则从分子、原子的微观结构和能量分布上探究宏观热运动的本质。当人们研究分子、原子的微观运动规律时,提出了原子模型和核结构的模型,形成核物理、基本粒子物理等子学科来揭示物质更深层次的内部结构。为了探究宏观物质世界事物变化发展的因,为了了解物理世界这只"时钟",就需要从认识每一层次的"零件"入手,沿着"分而又分"的途径一直从具体物质追溯到分子、原子甚至基本粒子的运动。于是几百年来牛顿创立的经典力学为人们提供的认识世界的方法就是,要认识物理世界的整体,就必须先认识它的每一部分,因为整体是由部分构成的,把对部分的认识相加就可以获得对整体的认识。

(4) 物理世界如同"时钟"的分针和秒针那样严格地按时运行,物理世界中每一个物体"今天"的状态——它的位置和速度完全由它的"昨天"决定,同样,从一个物体"今天"的状态完全可以预测该物体"明天"的状态。

牛顿揭示的物理世界是一个充满着"先因后果"的严格的确定性世界。牛顿建立的物理世界告诉人们,每个事物的运动都是"因"在先,"果"在后,有一个"因"就有一个可以预测的"果"。物理学的"今天"由"昨天"确定性地演化而来,物理学也可以从宇宙的"今天"完全确定性地预测宇宙的"明天",如大到太阳星系,小到一块石头的运动都由它们的初始条件确定。在日常生活中,人们常常希望凭借各种初始条件的"因"来判断以后出现的"果"。如在体育运动中对各种球类运动的比赛胜负作预测,在气象预报中对未来天气作预测,在经济发展中对市场供需关系作预测等都是这种确定性因果关系的表现。如果人们对于观察到的现象一时无法找到全部的"因"去解释最后的"果",或者即使知道了"因"也无法预料最后的"果",如对于扔骰子实验,人们难以完全把握骰子的受力情况,无法作出对骰子运动状况的预测,于是只好采用概率统计方法作出平均值和分布等统计的结果作为补充。

牛顿为我们勾画的确定性因果关系的物理世界图像是牛顿经典物理学的重要组成部分。实际上,经典物理学描述的对象是只有少数自由度的质点或刚体系统,牛顿由此提出的确定性因果关系的物理图像只是对真实自然界的一种描述方式。热力学描述的是大量分子和原子组成的热学系统,玻尔兹曼(L. E. Boltzmann,1844—1906)、麦克斯韦等人由此提出的概率性关系的物理图像也是人们对自然界的一种重要的描述方式。以量子力学的发展为标志的20世纪物理学的发展引发了物理学中对于微观客体确定性描述和概率性描述的关系的重新思考。近几十年来,非线性科学特别是混沌动力学理论的发展揭示出确定性因果描述与概率性因果描述并不是相互独立的,而是"你中有我,我中有你"的复杂关系。现代物理学关于物理世界图像的描述如今又正在进入一个新的阶段。

牛顿是经典物理学从内容到方法的集大成者,但牛顿又创造性地实现了物理学发展史上的第一次大综合,把物理学方法论推进到以分析-综合为特点的科学发现方法论,这是物理学方法论的重大成就。

牛顿去世前对自己的一生进行了这样的回顾:"我不知道世人怎样看我,但我自认为我不过是像一个在海边玩耍的孩童,不时为找到比常见的更光滑的石子或更美丽的贝壳而欣喜,而展现在我面前的是全然未被发现的浩瀚的真理世界。"如果说牛顿站在前人肩上,实现了对前人的超越,那么面对着"浩瀚的真理世界",20世纪物理学代表人物爱因斯坦实现了对牛顿的超越。可以预料,未来的物理学也将超越爱因斯坦。

23 什么是质心坐标系?引入质心坐标系有什么物理意义?

问题阐述:

在大学物理教材中,一般都会在刚体运动一章中专门列出一节内容引入质心和质心运动定理。质心是怎样定义的?质心位置可以在刚体上,是"实"的;也可以不在刚体上,是"虚"的。定义质心有什么物理意义?什么是质心坐标系?引入质心坐标系有什么物理意义?

参考解答：

在流行的一些大学物理教材中会安排刚体运动一章，质心和质心运动定理又是其中专门单列的一节内容。仔细阅读可以发现，这些教材上一般是这样引入质心概念的。首先定义质心作为质量中心的简称，然后列出确定质心位置的数学步骤：先写出质点系中每一个质点的质量 m_i 和该质点在给定坐标系中位置矢量 r_i 的乘积 $m_i r_i$；再对所有质点的 $m_i r_i$ 求和得到 $\sum\limits_i m_i r_i$，最后除以所有质点的质量之和 $\sum\limits_i m_i$，由此来定义一个特殊的矢量——质心位矢 r_c；教材上还以一些典型的物体作为例子来计算它们的质心。有些教材还由此引入质心坐标系。

从物理上看，究竟什么是质心？为什么要引入质心？为什么需要这样定义质心位矢？引入质心对于描述刚体运动有什么重要的作用？质心与质点有什么区别？什么是质心坐标系？引入质心坐标系有什么物理意义？

把质心概念的引入放在整个力学的知识体系中看，在刚体运动这一章中，引入质心和质心坐标系的概念来描述刚体运动既符合学科本身的逻辑结构，又符合人们的认识规律，因为物理学对机械运动的描述总是遵循从简单到复杂、从讨论"点"的运动到"体"的运动这样的认识论途径展开的。

作为对作机械运动的物体进行描述的第一步，力学引入了质点的概念。质点是一个理想模型，它有质量、无体积、无结构，仅仅是质量集中的一个"点"，而当人们进一步从对理想的"点"（质点）的运动的描述进入对更接近实际物体的"体"（刚体）的运动的描述时，就遇到了比描述质点的"点"的运动更复杂的问题。因为"体"包含许多质点，处在每一个位置上的质点都具有一定的质量，而且质点之间还存在相互作用；每一个"体"除了具有"体"的总质量外，还会存在质量在"体"上各部分的空间分布问题。

刚体是一个由特殊的质点系组成的"体"：在刚体中任意两个质点之间的相对距离在刚体运动过程中始终保持不变。刚体的运动分为平动和转动两类，对刚体平动和转动的讨论也有运动学和动力学之分。

如何描述刚体的运动？假如把一颗手榴弹看成刚体，把手榴弹抛出去以后，从运动学的角度看，它的各部分在空中既有向上向前的运动，又有摇摆和翻滚的运动，显然，手榴弹已经不再可以被看成质点了。但是，人们观察到手榴弹整体沿着抛物线运动的轨迹如同一个质点的运动一样，那么，能不能用一个点的运动来代替刚体的整体运动呢？如何描述这个点的运动呢？正是在类比方法上和回答上述关于物理情景问题的过程中，质心和质心坐标系的概念就应运而生了。

质心是数学上的一个几何点，质心的位置是依据一定的物理条件来确定的，因此，在教学中可以从两个思路着手导出它的物理图像：一是从参考系变换的思路中导入质心，这是运动学的思路；二是从质点系受力产生加速度的思路中导入质心，这是动力学的思路。

运动学的思路。运动学是对质点机械运动状态及其随时间变化规律的一种描述。由于用动量描述质点的机械运动状态比单纯用速度更完整,对整个质点系运动学的描述就可以从动量的描述开始,沿着动量—速度—位置矢量在参考系之间变换的演绎思路展开。

一个质点系总包含许多质点,在选定参考系 S 以后,每一个质点都具有各自的动量 $\boldsymbol{p}_i$,因此,整个质点系一定具有一个总动量 $\boldsymbol{P} = \sum\limits_i \boldsymbol{p}_i$。能不能找到相对于参考系 S 以某个速度 $\boldsymbol{v}$ 作匀速直线运动的另一个参考系 S',以致在参考系 S' 中,观测到该质点系的总动量为零? 这样的参考系是存在的,这就是质心坐标系。

设参考系 S' 相对于参考系 S 以速度 $\boldsymbol{v}$ 作匀速直线运动,并设定在参考系 S' 中,观测到该质点系的总动量 $\boldsymbol{P}' = \sum\limits_i \boldsymbol{p}_i'$ 为零,根据相对运动的伽利略变换,即

$$\boldsymbol{P}' = \sum_i \boldsymbol{p}_i' = \sum_i m_i \boldsymbol{v}_i' = \sum_i m_i (\boldsymbol{v}_i - \boldsymbol{V}) = \sum_i m_i \boldsymbol{v}_i - m_i \boldsymbol{V} = \boldsymbol{P} - m\boldsymbol{V} = 0$$

$$(2\text{-}4)$$

由式(2-4)可以得出,只要参考系 S' 相对于参考系 S 的相对速度 $\boldsymbol{V}$(记作 $\boldsymbol{v}_c$)是

$$\boldsymbol{V} = \boldsymbol{v}_c = \frac{\sum\limits_i m_i \boldsymbol{v}_i}{\sum\limits_i m_i} = \frac{\boldsymbol{P}}{m} \qquad (2\text{-}5)$$

该质点系在参考系 S' 中就保持总动量 $\boldsymbol{P}'$ 为零,而在参考系 S 中总动量 $\boldsymbol{P} = m\boldsymbol{v}_c$。此式与一个质点的动量表示式 $\boldsymbol{P} = m\boldsymbol{v}$ 十分相似。所不同的是,对于质点而言,式中的 $\boldsymbol{v}$ 是质点本身的速度,m 是一个质点的质量;而对于质点系而言,式(2-5)中的 $\boldsymbol{v}_c$ 是两个参考系的相对速度,m 是整个质点系的总质量。

考虑到速度与位置矢量的关系,可以把 $\boldsymbol{v}_c$ 和 $\boldsymbol{v}_i$ 分别记作

$$\boldsymbol{v}_c = \frac{\mathrm{d}\boldsymbol{r}_c}{\mathrm{d}t}, \quad \boldsymbol{v}_i = \frac{\mathrm{d}\boldsymbol{r}_i}{\mathrm{d}t} \qquad (2\text{-}6)$$

由此,从式(2-5)可以导出

$$\boldsymbol{r}_c = \frac{\sum\limits_i m_i \boldsymbol{r}_i}{m} \qquad (2\text{-}7)$$

式(2-7)表明,$\boldsymbol{r}_c$ 是各个质点的位置矢量 $\boldsymbol{r}_i$ 按照其质量 m_i 为权重的一种平均,如果把 $\boldsymbol{r}_c$ 看成空间某一个点 C 在参考系 S 中的位置矢量,那么,这个点 C 就可以看成这个质点系的质量分布中心,称为质心,$\boldsymbol{r}_c$ 称为质心位矢,$\boldsymbol{v}_c$ 称为质心速度(相对于参考系 S)。容易看出,如果以点 C 为坐标原点在参考系 S' 上设立一个坐标系,这个坐标系相对于参考系 S 以速度 $\boldsymbol{v}_c$ 运动,这就是质心坐标系。在质心坐标系中,观测到该质点系的总动量是零。

质心是一个特殊的几何点,有些刚体的质心位于刚体上(如一个质量分布均匀的实心球体的质心就位于球体的球心),是"实"的;有些刚体的质心并不位于刚体

上(如一个质量分布均匀的球壳的质心位于球面所包围的球体空间的球心),是"虚"的。引入质心以后,在参考系 S 中刚体总动量的表述可以类似简化成如同质点动量的表述一样。

动力学的思路。刚体的运动可以分为平动和转动两类,刚体运动状态的改变一般可以分解为某个"点"("基点")的平动和围绕这个"点"的转动。由于刚体是一种特殊的质点系,质点的距离在平动过程中保持恒定不变,只要确定这个"点"的运动就可以确定刚体的平动,刚体的平动依赖于"点"的运动。而要确定"点"的运动,就必须分析它受到的外力和其他质点对它作用的内力。由于质点系由许多质点组成,质点之间存在着复杂的相互作用内力,于是确定这样的"点"的运动显得非常困难。能不能找到一个"点",它的运动仅由外力确定,而与质点之间的相互作用无关?尤其是当质点系受到的外力为零时,这个"点"能不能保持静止或作匀速直线运动?这样的"点"是存在的,这就是质心。

按照式(2-5),如果把质心看成一个假想的质点,并在质心位置上赋予质点系的总质量,那么作为一个特殊的质点——质心的动量就等于质点系的总动量,即 $\boldsymbol{P}_c = \boldsymbol{P}$。又根据质点系的动量定理,所有合外力的时间累积效应等于质点系动量的增量,即 $\boldsymbol{F}\mathrm{d}t = \mathrm{d}\boldsymbol{P}$,从而得出

$$\boldsymbol{F} = \frac{\mathrm{d}\boldsymbol{P}}{\mathrm{d}t} = \frac{\mathrm{d}\boldsymbol{P}_c}{\mathrm{d}t} = m\boldsymbol{a}_c \qquad (2\text{-}8)$$

式(2-8)就是质心运动定理。这个定理表明,引入质心以后,质心的运动只取决于合外力,而与其他质点之间的内力无关,在参考系 S 中刚体平动的动力学表述可以简化成类似一个质点的动力学运动表示式 $\boldsymbol{F} = m\boldsymbol{a}$ 一样,所不同的是,$\boldsymbol{a}_c$ 是假想质点——刚体质心的加速度,$\boldsymbol{a}$ 是质点的速度。手榴弹被抛出以后在空中运动时,如果只计重力的作用,那么,它的质心的运动就如同一个质点一样,呈现出抛物线的运动轨迹。

可以证明,引入质心以后,刚体动量定理的表述和角动量定理的表述等都可以类比成如同质点的相应定理的表述一样,所不同的是,这里是用刚体的质心代替了质点,用刚体的总质量代替了单个质点的质量,而且总质量集中在质心上,而不是某一个质点上。任何刚体运动都可以分解为刚体质心的运动和刚体其他部分相对于质心坐标系的运动,也就是可以把"质心"的运动与刚体其他部分的运动分开处理,这也就是设立质心坐标系的意义。

在惯性参考系中,对于一个质点而言,其可以存在动量定理,但是,由于在质心坐标系中,质点的动量始终为零,不存在动量定理。在惯性参考系中,如果刚体围绕某一固定轴转动,存在角动量定理,即外力矩等于角动量的变化率。可以证明,在质心系是非惯性参考系中,如果刚体穿过质心的固定轴转动,在质心坐标系中,角动量定理依然成立。同样,可以得出,不管质心系是惯性系还是非惯性系,动能定理都是成立的。

最后指出,对于一般的小尺度刚体,它的重心与质心是重合的。由于小尺度刚体上各部分受到的重力是平行的,它们的合力就是整个刚体受到的重力。对该物体,可以找到一个位置,在这个位置上施加一个力,使它与整个刚体的重力相平衡,这个位置就是该刚体的质心,也就是与重力平衡的力一定通过刚体的质心。但是,对于大尺度的刚体,刚体上各部分受到的重力明显不平行,虽然它们的合力仍然是整个刚体受到的重力,但是,要对这样的刚体确定一个位置,使在这个位置上施加一个与重力相平衡的力,这个位置显然不再是质心所在的点。也就是在这样的情况下,与刚体的重力相平衡的力并不通过质心,此时重心的位置与质心就存在偏离。

24 质量和转动惯量有什么联系和区别?

问题阐述:

在讨论刚体定轴转动时,为什么要引入转动惯量这个物理量?转动惯量的物理意义是什么?在经典力学中,物体的惯性是不变的,物体的质量也是不变的。在刚体转动力学中,刚体的转动惯性是固定不变的吗?刚体的转动惯量是固定不变的吗?为什么?如果把质量和转动惯量做一个类比,质量和转动惯量有什么联系和区别?

参考解答:

大学物理的刚体力学部分主要讨论刚体的平动和定轴转动。在讨论刚体的平动中引入了一个新的概念——质心,于是就有了与质点运动学和动力学类似的质心运动定理、质心动量定理、质心动能定理等。刚体的定轴转动包括运动学和动力学两部分。在转动运动学中用角量(角位移、角速度、角加速度等)取代了平动运动学中的线量(位移、速度、加速度等)。在转动动力学中用转动取代了平动,然后,用"力矩""角动量"及"转动惯量"等取代了平动动力学中的"力""动量""质量"等物理量,于是就有了刚体的角动量定理、刚体动能定理等。

与在刚体平动中引入质心概念相似,在刚体定轴转动中引入转动惯量来描述刚体的转动,也是符合学科本身的逻辑结构和人们的认识规律的。

力学中引入的质点是一个理想模型,有质量、无大小、无结构,是一个质量集中的"点",不存在实际物体的大小形状及质量分布问题。而"体"包含许多"点",处在每一个位置上的"点"都具有一定的质量,而且"点"之间还存在复杂的相互作用;每一个"体"除了具有总质量外,还会存在"点"的质量相对于转轴的空间分布问题。

如果有两扇质量和大小形状都相同的大门,设第一扇大门的转轴(设转轴方向竖直向上)固定在门框的一边,第二扇大门的转轴(设转轴方向竖直向上)固定在门的正中间,那么,生活经验告诉我们,从静止开始,在这两扇大门门框的一边施加同样的一个力矩引起的大门转动状况的改变是不同的,施力者对大门转动难易程度的感觉也是不同的。影响两扇大门转动状况变化不同的原因是什么呢? 这两扇大门质量相同、形状相同,唯一不同的是转轴的位置不同,从而导致两扇大门各自对于转轴有着不同的质量分布。那么,从动力学的角度看,当刚体受到外力矩以后,不同的质量分布对刚体的运动会带来什么样的影响呢?

在质点动力学中,牛顿第二定律揭示了外力与加速度的关系,引入了质量的概念,把质量看成对物体运动惯性的量度。从类比的角度看,描述刚体转动状态的物理量是角动量,必须讨论外力矩与角加速度之间的关系。正是从这样的类比方法着手,常用的大学物理教材一般从计算刚体总的角动量的表示式中引入转动惯量的概念,把转动惯量看成对刚体转动惯性的量度。

首先计算刚体相对于固定转轴(假设转轴方向沿 z 轴)的总角动量。因为在质点动力学中已经定义了一个质点的角动量,所以,可以从计算一个质点的角动量入手。假设这个质点的质量是 m_i,它离开转轴的垂直距离是 r_i,围绕转轴转动的角速度是 ω_i,那么,它相对于转轴 z 的角动量大小就是

$$L_{zi} = r_i \times p_i = r_i m_i v_i = r_i m_i \omega_i r_i = m_i \omega_i r_i^2 \qquad (2\text{-}9)$$

由于所有质点的角速度大小相等,其方向以及角动量的方向都沿 z 轴,对刚体上所有转动的质点的角动量求和,得到刚体的总角动量是

$$L_z = \sum_i L_{zi} = \sum_i m_i \omega r_i^2 = \omega \sum_i m_i r_i^2 \qquad (2\text{-}10)$$

式中,$\sum_i m_i r_i^2$ 是一个只与刚体各个质点的质量及质点离开转轴的距离平方有关的物理量,这个物理量就定义为刚体相对于这个转轴的转动惯量,用 J 表示为

$$J = \sum_i m_i r_i^2 \qquad (2\text{-}11)$$

事实上,刚体的质量是连续分布的,式(2-11)的求和应改为积分形式,则有

$$J = \int_V r^2 \, \mathrm{d}m \qquad (2\text{-}12)$$

利用转动惯量 J 的定义,可以把刚体定轴转动的总角动量写成

$$L_z = J\omega \qquad (2\text{-}13)$$

式中,转动惯量 J 是标量,它的大小取决于三个因素:一是转轴位置,对于不同的转轴,各个质点的 r_i 是不同的;二是各个质点在刚体上的分布情况,对于不同的质量分布,$\sum_i m_i r_i^2$ 的求和结果是不同的;三是刚体的总质量,对于不同的总质量,刚体的转动惯量也不同。

定义了转动惯量以后,就可以发现刚体的角动量表示式(2-13)与质点的动量表示式十分相似。所不同的是,在刚体定轴转动的角动量表示式中,相对于固定转轴的角动量 L_z 代替了质点的动量 P,转动惯量 J 代替了质点的质量 m,角速度 ω 代替了质点的速度 v。因此,与质量是对物体运动惯性的量度相类比,转动惯量是对刚体转动惯性的量度。

质心和转动惯量都是为描述刚体转动而引入的物理量。在描述刚体平动时,可以设想把刚体的全部质量集中于质心上,因此,可以把质心看成一个体现刚体质量分布"集中度"的物理量。在描述刚体定轴转动时,刚体的角动量可以表示成与质点动量相似的形式,但是要用转动惯量代替质量,因此,可以把转动惯量看成一个体现刚体质量分布"分散度"的物理量。

质量和转动惯量都是度量物体运动惯性的物理量,但是,在经典力学中,物体的惯性是物体不变的内在属性,质量是不变的;而在刚体力学中,对于具有确定质量和形状的刚体,相对于不同的转轴,刚体具有不同的转动惯性。

对于刚体,有一个很有用的定理,就是平行轴定理。这个定理表明,刚体相对于一系列平行的转轴具有不同的转动惯量,其中相对于通过质心的转轴的转动惯量最小,相对于其他转轴的转动惯量等于通过质心转轴的转动惯量加上刚体的质量与这两个转轴之间距离平方的乘积。这个定理为在讨论刚体转动过程中计算刚体相对于不同转轴的转动惯量提供了很大的方便。

25 什么是力学中的线性关系和非线性关系?

问题阐述:

长期以来,人们从力学开始形成的两个根深蒂固的观念是线性和确定性,即在给出初始条件以后,人们期望从以线性化形式呈现的牛顿力学方程中确定性地求得物体随时间演化的运动状态。在物理学发展史上的很长一段时间内,寻找线性和追求确定性曾被人们看作完美的理想目标。什么是力学中的线性?力学中体现的线性主要表现为哪些方面?如今,近代物理学的发展已经显示,非线性正在取代线性,一门新兴的研究各类系统中非线性现象共同规律的交叉学科——非线性科学正在蓬勃发展中。什么是力学中的非线性?力学非线性的主要表现有哪些?

参考解答:

长期以来,人们从力学开始形成的两个根深蒂固的观念是线性和确定性。从物理上说,只要给出每一个物体的初始状态,就能从对物体运动建立的线性运动方程中确定性地求出物体在以后任意时刻的运动状态。宏观领域中的牛顿运动方程体现了这样的确定性,大到太阳、地球等天体,小到地面上的石头、子弹等物体,无不由确定性支配着它们的运动。即使在日常生活中,确定性的观念也影响着人们的思维方式。例如,在体育运动中,运动员凭经验调整发力大小和方向(初始条件)以提高投篮的命中率(最终结果)等。如果在设定的条件下,一件预先计划好的事情出现了意外的结果,人们常常会感到措手不及或发出无可奈何的感叹,给定了初始条件,确定性的结果怎么不出现了呢?与之相反,如果对一件计划好的事情事先就充分估计到会出现各种可能的不确定性结果,并做好应对的准备,那么事情的发展往往就会更顺利一些。

自古以来,在探究自然界各种物质运动形式和物质结构奥秘的道路上,人类一直没有停止过前进的步伐。面对着呈现出千姿百态的物质大千世界和纷繁复杂的物态运动变化,物理学首先提供了从本质上认识和描述事物状态和与运动变化规律的两条简化的研究途径,这两条途径在力学中体现得较为明显:一是在建立物理量之间的关系时,采用理想模型来代替实际事物,找出物理量之间存在的线性函数关系,如力学中的质点、刚体就是这样的理想模型。对这样的理想模型,物理学中已经有了许多以线性函数关系出现的确定性的定律和定理。例如,在质量不变的条件下,质点所受外力与加速度之间的关系;在转动惯量不变的条件下,刚体受到的外力矩与产生的角加速度之间的关系等都是一种线性函数关系。只要知道初始条件,就能够求得质点或刚体在以后任意时刻的运动状态,这就是一种确定性。二是忽略次要因素,列出作为主要因素的物理量随时间变化的动力学方程。例如,在弹性限度范围内,弹簧的伸长与外界拉力之间近似地可看成正比关系,于是在忽略其他阻力的条件下,对弹簧列出的运动方程就是一个二阶线性微分方程,由这个方程可以确定性地解出弹簧位移随时间的变化关系。又如,在摆角很小的条件下,自由单摆的运动方程也是一个二阶线性微分方程。

一般说来,力学上提到的线性问题主要体现在以下三个方面。

(1) 静态的因果观。在物理量的因果函数关系上,原因和结果成正比关系,在数学上的典型函数表示式是 $y = ax + b$。

(2) 动态的 ε-δ 观。在初始条件变化与结果变化的关系上,初始条件的微小误差 δ 只引起最终结果的很小偏差 ε。

(3) 结构的层次观。在整体(宏观)结构和局部(微观)结构的关系上,整体可看成由局部相加组成。要认识整体,先要认识局部。

线性函数关系表述的是物理量之间的静态关系,线性微分方程表述的是物理量的变化之间的动态关系,它们都只是对真实自然界的一种近似描述,而且必定伴随着一定的成立条件和适用范围。用线性关系和用线性近似方法解决问题的结果只不过是对客观事物真实状态的一种简化表述而已。非线性的函数关系远比线性函数关系丰富得多,而非线性微分方程则比线性微分方程更为复杂难解。就对客观世界的认识而言,显然,也正是因为丰富和复杂,对事物的非线性描述将比线性描述使人们更接近于揭示出自然界的本来面目。

从认识论角度看,面对错综复杂的自然界,从建立线性函数关系开始或从求解线性运动方程入手的处理方法对于人们认识世界是十分必要的,也是认识客观世界的一条行之有效的简化途径。尽管人们知道实际事物并不真正与其相符,但是,这样的近似在很多场合仍然是有用的计算工具,也不失为在教学上引入主题的有效方法。

早在 20 世纪初量子论诞生之前不久,法国数学家、物理学家庞加莱(H. Poincare,1854—1912)就对只包含两个物体(如理想状况下的地球和月亮)的牛顿的线性确定性运动方程的解提出了挑战:如果计入了太阳对地球和月亮的引力作用,方程从两体变成三体,牛顿运动方程从线性变成非线性,由这样的方程还能得出精确的确定性的预测解吗? 他发现,在这样的引力作用下,即使对原有的方程中的力只是加上微小的一个"扰动",只要时间足够长,某些行星轨道也会偏离原来的预计轨道,变得不可预测,甚至完全飞出太阳系,由此就引出了太阳系是否稳定性的问题。但是,他的想法如此奇怪,连他自己最后也没有耐心去仔细研究它们,以致这场本来可能推动物理学发展的挑战最后偃旗息鼓了。直到 20 世纪 60年代,他的思想才被发掘出来,于是非线性和反馈、非平衡与有序等问题就构成了当代非线性科学最活跃的前沿领域。

实际上非线性问题不是一个近期才提出的新问题,也不是一个新的科学概念。在数学上对线性和非线性问题早就有了明确的数学分支和模型。冠以非线性开头的学科早已进入自然科学的各个领域中,例如非线性光学、非线性电子学等。

由于非线性的表现远比线性的表现丰富得多,因此,对付非线性问题需要的理论和方法也就显得比线性的复杂得多。长期以来,当人们尚没有理解和掌握处理非线性方程的方法时,非线性问题总是与复杂性、偶然性、不可预测性等问题联系在一起的。

与线性问题相对应,可以把物理学上提到的非线性问题也归结为以下三个方面:

(1) 在物理量的因果函数关系上,原因和结果不成比例关系,这个关系在数学上的典型表示式:$Y = ax^2 + bx + c$;

(2) 在初始条件变化与结果变化的关系上,初始条件的微小差别会导致结果的很大偏差;

(3) 在整体(宏观)结构与局部(微观)结构的关系上,部分相加可以大于整体,在质的层次上可以高于整体。部分包含整体,不认识整体,就不能认识局部。

以单摆的运动为例。在不受任何驱动力和阻尼力作用的情况下,当摆的偏角很小时,单摆就作来回振荡的简单周期运动。单摆的运动遵循线性微分方程,由摆长和摆的质量可以对摆的运动作出完全确定性的预测。这是一个典型的线性问题。

当摆角逐渐增大时,在 $\theta < 90°$ 范围内,单摆运动的周期变化不大;但一旦在 θ 趋近 180° 时,单摆运动的周期迅速变得无限大;在 $\theta = 180°$ 的倒立位置是单摆的一个不稳定平衡点。设单摆正好达到倒立位置所必需的能量为 E,则单摆接近该点但又不超越该点时的周期变得无穷大。如果摆的能量大于 E,则单摆的运动不再呈现出来回振荡的摆动,而是围绕悬挂点作正方向和反方向的转动。转动的变化变得不可预测。单摆运动从线性走向了非线性,而从倒立位置开始的单摆运动对初始条件的微小变化存在敏感性,这正是非线性运动形式区别于线性运动的一个显著特点。

在物理学发展史上的很长一段时间内,由于寻找线性与追求平衡一样曾被人们看成完美的、理想的追求目标,于是对于物理量之间存在的非线性函数关系,只要有可能(如找到一个小参量),就利用级数展开的方法取低阶近似,把这样的非线性函数关系纳入线性处理框架中去,首先解出相应的线性方程,然后对线性方程的结果进行一定的修正,这种方法在许多领域已经取得了较大的成功。

如果不从线性近似入手,把所有影响物体运动的因素都列入方程,"眉毛胡子一把抓",那么求解这样的方程要比求解近似的线性方程困难得多,直到目前人们还难以找到求解各类非线性方程的一般方法。另外,影响物体运动的所有因素根本就是无法"一把抓"的。以力学上的单摆为例,理想单摆只计入重力,不计其他任何作用力。实际上除了受到重力外,单摆必然受到摩擦力、空气阻力,还有被认为是可以忽略不计的不可估量的许多其他力的作用,如处于单摆附近的由于空气的随机流动产生的阻力涨落等。这些力对单摆运动的影响关系是无法用确定性的关系表述的,也是难以一览无余地写入方程中的。

对简单的非线性问题,虽然已经有了许多线性近似方法来处理,但是这样的近似只能解决很小一部分问题。随着科学的发展,特别是计算机技术和实验技术的发展,在各种极端条件下(如高温、高压、强磁场等)出现的实验结果和发生的自然现象所体现的物理量之间的关系十分复杂,线性近似的方法完全失效。不考虑非线性因素,不建立描述非线性现象的特有方法,就很难揭示这类自然现象的基本特征及其变化规律。近几十年来,各门学科的交叉综合发展及实验和计算机技术的进步也使人们已经有可能建立一门新兴的综合性学科来讨论一般的非线性问题,这个新兴学科就是非线性科学,其中对混沌、分形和对孤立子和神经网络的研究是这门学科中的重要领域。混沌是在确定性非线性系统中呈现的一种动力学行为,它打破了确定性与随机性对立的认识,建立了从确定性中产生随机性的理念。分形的出现打破了从部分认识整体的观念,建立了不认识部分就不认识整体、不认识整体也不认识部分的理念;孤立子出现在非线性方程中,它呈现出在宏观层次上的波动——粒子的二象性,从而为人们提供了对一些物理现象更深刻的认识。

第3章

热学

1 热学与力学有哪些区别？

问题阐述：

从力学课程进入热学课程，一些教师常常感到热学比力学难教多了。不少学生往往觉得热学的内容既不像运动学那样，有一套相关的路程公式；也不像动力学那样，有着完整的牛顿三大定律，热学似乎没有系统性。确实，热学和力学有着很大的不同，但热学的内容与力学之间也存在互相的联系。那么，热学与力学究竟有哪些区别？

参考解答：

在大学物理中，力学在宏观层面上讨论质点和刚体的运动，而热学在宏观和微观两个层面上讨论气体分子的热运动，因此，在大学物理热学课程的开始，分析热学与力学在研究对象和研究方法方面的区别是十分必要的。

作为热运动的宏观理论，热学与力学在研究对象和研究方法方面存在的主要区别表现为以下几个方面。

从研究的对象看，力学研究的是一个质点或质点组和刚体，质点与质点之间的相互作用是万有引力。热学研究的是由大量分子、原子组成的系统，它们相互之间存在复杂的电磁相互作用，这些分子和原子的运动仍然遵循经典力学的规律。

热学研究的对象是一个系统。一般系统论的创始人贝塔朗菲提出，系统"可以确定为处于一定的相互关系中并与环境发生关系的各组成部分（要素）的总体（集），这在数学上的表述是各种各样的"。系统作为科学概念，是指一个由许多相互联系、相互作用又相互依赖的要素按一定规则构成的、具有一定结构和功能的有机整体。

有系统，就一定会有外部环境。环境可以对系统输入信息，系统也可以对环境输出信息。系统和环境是相对而言的。例如，一个人可以看成一个系统，对这个人有某种关系或影响的人就是他所处的环境。一个国家可以看成一个系统，这个国家周边的其他国家就是这个国家所处的环境。人的思维活动也可以看成一个系统,影响一个人思维的其他因素,如这个人阅读的书籍报刊、观看的电影电视、与周围其他人的交谈等就是他所处的环境。由于系统是无处不在和无时不有的,系统与周围环境之间存在着相互作用的关系。因此,系统这个科学概念是对自然界一切事物和现象所具有的某些共同特征(如系统与外界的关系、整体与部分的关系、结构与功能的关系、有序与无序的关系、反馈与控制的关系等相互作用)的高度概括。

按照系统论的观点,可以按照是否简单和是否具有有序的组织功能对系统进行分类:把有序(有组织)-无序(无组织)作为一个维度,简单-复杂作为另一个维度构建两个维度的空间(图3-1),于是这个空间被划分出来的四个象限分别代表了四种系统。其中力学研究的质点或刚体就处于有序简单系统象限Ⅳ中,热学所讨论的处于热平衡下容器中的气体或液体就处于无序简单系统象限Ⅲ中。

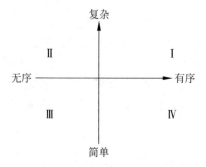

图 3-1　系统示意图

第Ⅰ象限:有序(有组织)复杂系统;第Ⅱ象限:无序(无组织)复杂系统;
第Ⅲ象限:无序(无组织)简单系统;第Ⅳ象限:有序(有组织)简单系统

20世纪中期发展起来的非平衡态热力学理论表明,一个开放热力学系统可能在与外界交换物质和能量的条件下呈现出宏观上的自组织时空有序结构,这种开放系统在上述两个维度空间里就处于有组织的复杂系统象限Ⅰ中,而对于无组织的复杂系统象限Ⅱ,目前人们对它们的运动和演化发展方面的认识甚少。

有系统,就必然涉及外界环境。热学除了讨论系统的状态及其变化外,又自然地引出了系统与外界环境的相互作用问题。

按照系统与环境的相互作用的不同,可以把热学系统划分为三大类:第一类系统与外界环境完全绝缘,既不交换能量也不交换物质,这是孤立系统;第二类系统与环境只交换能量,不交换物质,这是闭合系统;第三类系统与环境既交换能量又交换物质,这是开放系统。

大学物理热学所涉及的系统主要是由单一化学组分构成的简单的气体或液体系统。虽然气体或液体由大量分子、原子组成,分子还具有更小的微观原子结构,但处在热平衡条件下的气体或液体完全可以用几个确定的宏观状态参量来描述。简单热学系统状态的改变主要通过做功或热量传递的准静态过程来进行,由于不涉及物质的交换,不涉及非平衡态过程,简单热力学讨论的系统不会如同开放系统那样在空间和时间上显示出具有某种组织功能的宏观有序结构。

从自由度的数目上看,力学研究的对象,无论质点或刚体往往只有少数几个力学的自由度,而一个热学系统包含大量的分子、原子,因而具有大量的力学自由度;但是,从热力学上看,确定一个处于平衡态的简单热力学系统的宏观状态只需要两个独立的状态参量,因此可以认为,这个系统只具有两个热力学的自由度。

从研究的方法看,解决力学问题的一般步骤是:首先对质点或刚体作受力分析,然后列出运动方程,最后通过求解运动方程来获得在以后任意时刻下质点或刚体的运动状态。运动方程一般是常微分方程,必须在一定初始条件和边界条件下才能求解,因此,这是一种从初始条件得出最后结果的经典确定性的研究方法。如果照搬力学的研究方法,试图对热学系统中的每一个分子或原子都列出一个运动方程进行求解,由于分子、原子的数目极大,它们之间存在复杂而随机的相互作用,对每一个分子列出这样的方程及找到相关的初始条件和边界条件是不可能的,而且即使列出这样的方程,对其进行求解也是不可能的。显然,经典力学的确定性的研究方法就不再适合于热力学系统,于是,以统计平均值表示热力学量和引入统计分布函数的概率性的研究方法就进入了热力学。

从相互作用的结果看,力学中所讨论的物体与物体的相互作用产生的结果只是在物体之间发生了机械能的传递和转化,而一个热力学系统与环境的相互作用还可能有机械能与内能的传递和转换。开放的热力学系统还与环境有物质的交换。能量和物质的传递和转换的结果是,开放的热力学系统可能进入一个新的具有时空结构的高度有序状态。

因此,与力学相比,热学有着与力学不同的研究对象,热学具有与力学不同的知识体系和研究方法,热学不仅在内容上而且在物理思想方法上比力学有了进一步的发展。

❷ 作为一门学科,热学有没有它的学科知识体系?

问题阐述:

与力学相比,热学的内容在中学物理课程中占的比例较少,类似地,在大学物理课程中热学的课时也不多。不少学生学习了大学物理以后,往往对力学的内容还能有些印象,而对于热学的内容则基本上没有留下多少可回忆的东西。他们的一个理由是觉得热学的"公式太复杂,内容太零碎,没有系统性"。与力学相比,大学物理中的热学内容是太零碎、缺乏系统性和关联性的吗？作为一门学科，热学有没有它的学科知识体系？热学的内容和学科体系结构怎样既体现与力学的衔接，又体现从力学的提升？

参考解答：

中学物理课程中热学部分内容很少，中学生学习热学以后留下的印象大概就是宏观上的三个实验定律（玻意耳·马里奥特定律、盖·吕萨克定律和查理定律）和理想气体物态方程及其解题的一些方法，还可能知道一些微观上的气体动理论的三个基本假设。

类似地，在大学物理课程中热学的课时也不多，有些学生在多少年以后谈起大学物理的学习时，会觉得自己当初"在大学物理中最没有学好的、最没有印象的"就是热学部分；在课时较少的情况下，为了保证力学和电磁学的教学，有些大学物理课程中还以热学没有系统性和关联性为由删去了热学的内容。大学物理的热学"公式太复杂，内容太零碎"，没有系统性和关联性吗？热学缺乏它的学科知识体系结构吗？答案当然是否定的。

大学物理的热学往往是紧接在力学之后学习的内容，因此，热学的内容和学科知识体系既必须体现与力学的衔接，又必须体现从力学的提升。

从内容上看，力学的内容是以绝对时空观为"核心"、以牛顿三大定律为"主体"而演绎展开的一个公理化体系，描述的对象主要是具有少量自由度的质点和刚体。无论是动量的定义和动量守恒定律，还是能量的定义和能量守恒定律，都是通过牛顿定律演绎推理得到的重要结论。由于动量守恒定律和能量守恒定律的普遍性，一些运用牛顿定律求解的比较复杂的习题，常常可以应用这两个守恒定律加以解决。求解力学习题时，只要不是盲目地掉入"套公式，对答案"的"题海"，通过从一般到特殊的演绎推理，就可以从解题过程中感悟到渗透在力学内容中的演绎推理的逻辑思维方法。

与力学不同，热学的内容和知识结构不构成公理化的体系，热学没有类似绝对时空这样的"核心"，也没有牛顿三大定律这样的"主体"。此外，力学只从一个宏观层次上描述机械运动，而热学从宏观和微观两个层次上描述热运动。在宏观上，热学从大量实验事实出发，归纳得出热力学基本定律，再通过演绎推理得出热力学过程中物理量之间的关系；在微观上，热学从关于气体分子结构的弹性小球的假设模型出发，提出气体动理论，以一种向力学还原的方式得出压强和温度的微观解释，引入统计方法得到麦克斯韦速度分布，再导出能量按自由度均分定理。与中学物理相比，大学物理热学不仅增加了很多热学知识的内容，而且更加系统化，体现出热学自身具有的知识结构体系。

从学科知识体系上看，每一门学科在它的形成发展过程中都必然会形成自己独立的学科知识体系，以体现知识之间的互相关联性和它的内在系统性，力学如此,热学也如此。

热学是一门研究热现象的理论。人们对热现象最朴素的认识是从感觉开始的。虽然古人在远古时代就已经学会通过取火来煮熟食物和使身体温暖,但是毕竟由于当时生产力低下,不能积累足够的经验和知识以形成一门关于热运动的学科。人们通过大量感觉经验和观察实验现象,逐渐产生了对物体冷热程度进行定量测量的需求,尤其是18世纪初蒸汽机的出现大大促进了人们对热现象的研究。

这些研究的一个重要方面是从观测和实验中得出热现象的宏观规律,涉及的问题是怎样测量一个物体的冷热程度?究竟什么是热,什么是温度?正如爱因斯坦指出的那样,在热学发展史上,一开始人们对热和温度这两个基本概念是分不清的,但是后来"一经辨别清楚,就使科学得到了飞速的发展"。热力学第一定律和第二定律的发现就是19世纪热学发展史上最伟大的成就之一。

这些研究的另一重要方面就是探讨和追求热现象的微观本质。什么是热的本质?根据摩擦生热的现象,基于希腊的火元素的学说,18世纪人们就提出了关于热的本性的热质说。热质说认为,热是一种不可称量的热质,一个物体是热还是冷,完全取决于它包含的热质的多少。两个物体互相接触时,热质可以从一个物体进入另一个物体。虽然热质说也能解释一些现象,但是人们不能肯定热质是否如同其他物质一样具有质量。到了18世纪后期,虽然热质说依然十分流行,但是并没有得到科学界的普遍承认。一些科学家根据摩擦生热和撞击生热的现象提出热不是一种不可称量的流质,而是一种运动的表现。18世纪末,美国物理学家本杰明·汤普森(B. Thompson,1753—1814)(后人称为伦福德伯爵,C. Rumford)从炮筒钻孔的实验结果中直接指出,这个结果用热质说是完全无法解释的。热不可能是一种物质,只可能是一种运动。而另一位化学家戴维(H. Davy,1778—1829)做的两块冰块摩擦使之完全融化的实验更是深化了伦福德的实验结果,对热质说提出了进一步的挑战。但是由于这两个实验只是指出了热质说的困难,并没有建立完整的热的本性的理论,热质说还是统治了很长一段时间,一直到后来能量守恒定律建立以后,人们对热的本质的认识才完全搞清楚。

热学学科知识本身的系统性正是热学发展简史的一个缩影。人们对热现象从宏观到微观的认识、从实验观测到理论的描述过程形成了热学这门学科的系统性和逻辑性的内在基础。爱因斯坦说:"科学的目的,一方面在于尽可能完备地从整体上理解感觉经验之间的联系,另一方面在于通过使用最少原始概念和关系来达到这一目的(只要有可能,便力求找出世界图景中的逻辑统一,即逻辑基础的简单性)。"爱因斯坦提出了一个包含多个层次的学科知识的金字塔结构体系[①]。他把从日常思维中获得的原始概念及把它们联系起来的定理作为第一层次,在这个层次上的知识体系尚缺乏逻辑性。然后保留第一层次的原始概念,通过建立不再与

① EINSTEIN A.爱因斯坦晚年文集[M].方在庆,韩文博,何维国,译.海口:海南出版社,2000:63.

感觉经验直接相关的概念和关系作为基本概念来达到第二层次,在这个层次上的科学知识体系具有更高的逻辑统一性。在这个层次中,第一层次的原始概念仍然得以保留,但是它们不再基本,而是逻辑上的导出关系。对逻辑上的统一性很自然地引起再追问:第二层次的基本概念是不是也是更高层次上基本概念的导出关系?于是就有了第三层次,甚至可以一直发展下去,直到达到一个这样的体系:它最大限度地具有可以想象的统一性及最少的逻辑基本概念,并与人们感觉所做的观察一致(图 3-2)。

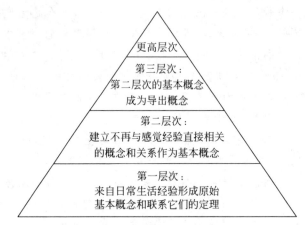

图 3-2　包含多个层次的"学科知识"的金字塔结构体系示意图

大学物理课程的热学分为宏观的热力学部分和微观的气体动理论(后来发展为统计物理学)部分,整个热学学科体系结构从宏观到微观正是体现了这样的三个层次。

从宏观上看,如同在力学中需要首先确定物体机械运动的状态一样,在热学中也首先需要确定热力学系统的状态及状态量之间的关系,于是就引入了热力学平衡态和物态方程两个概念。人们在日常生活中早已产生了对冷和热的感觉经验的判断,也产生了关于温度和压强等的原始概念。在这些原始概念基础上人们分别得到了关于实际气体的三个实验定律。这三个定律都体现了系统的两个热学量的关系(如在等温过程中压强和体积的关系等),但三个定律之间存在什么样的逻辑关系是不清楚的,这就是热学宏观描述的第一层次。

在建立了平衡态和状态方程以后,从三个实验定律的延伸推理中得到了理想气体的物态方程,于是三个实验定律就不再成为基本概念,而成了理想气体物态方程在一定条件导出的过程(等温过程、等体过程、等压过程等)方程,这就是热学宏观描述的第二层次。

平衡态和物态方程都是对气体状态的静态描述,进而需要建立对气体状态变化过程的动态描述。于是就需要讨论引起热力学系统状态发生变化的两个主要途径——做功和热量的传递与系统状态的改变的关系,这个关系式就是热力学的基本定律。这是热学宏观描述的第三层次。

热学宏观描述层次体现的是这样的逻辑体系：从经验和实验测量出发建立对状态和状态方程的静态描述；从做功和热量传递出发建立对热力学过程的动态描述，得出热力学基本定律；从基本定律解释各种热现象的热运动，揭示热力学量的关系。

从微观上看，在气体动理论中，一开始把压强和温度作为基本概念，对宏观的压强和温度作出微观解释，压强是大量无规则运动的分子碰撞器壁产生的统计平均效应，温度是无规则运动分子平动动能的统计平均效应，这些都是统计方法"集中度"的表现。这就是气体动理论的第一层次。

后来麦克斯韦在速度空间利用两个假设得出了处于平衡态的热力学系统的分子速度概率分布函数，这是统计方法"分散度"的表现，它比粗粒化的统计平均更细致地体现了分子运动的无规则性。压强和温度不再成为基本概念，而是成为从这个分布函数得到的导出概念，这就是气体动理论的第二层次。

麦克斯韦-玻尔兹曼在分子相空间（μ 空间）建立了相应的能量的统计分布律以后，麦克斯韦的速度分布律就成了从能量统计分布律导出的结果。吉布斯在系统相空间（Γ 空间）提出系综理论以后，玻尔兹曼能量分布律也就成了从系综统计分布导出的结果，这就是气体动理论进入统计物理的第三层次。

从学科体系的结构上看，热学不是没有系统性和关联性，而是没有力学那样的系统性和关联性。如果看不到这些区别，以学习力学的方式学习热学就会产生一种不适应感，甚至排斥感，从而感到学习热学比学习力学更困难，产生热学缺乏系统性和关联性的感觉。

3　热学平衡态体现的物理学思想是什么？

问题阐述：

在热学中，为什么首先需要定义热学平衡态？热学平衡态与力学平衡态相比，究竟有什么不同？从"动"和"静"的统计意义上看，热学平衡态体现的物理对称性思想是什么？

参考解答：

什么是力学平衡态？力学平衡态指的是，当一个物体受到的合外力为零时，一直保持原来静止或作匀速直线运动的状态（牛顿第一定律对此给出了最确切的表述，并蕴含着存在一个绝对惯性系，物体在这个惯性系中具有保持静止或匀速直线运动的本质属性——惯性)。

与力学一开始建立对质点机械运动状态的描述类似,热学一开始也需要建立对状态的描述,为此定义了一种特殊的理想的状态——热力学平衡态。一个孤立的热力学系统,不管它原来处于什么状态,经过一定的时间以后,总会趋向于一个不随时间改变的宏观态,这个宏观态就称为热力学平衡态。热力学平衡态表现为系统不与外界交换热量和物质,系统内部也没有发生物质和热量的流动,系统内部的温度、压强、密度等物理属性处处相等,这是一种宏观上"静止"的状态。

但是,处于平衡态下的热力学系统内的大量分子、原子并没有处于力学的平衡态,它们仍然在不停地运动着。由此引起系统的微观状态瞬息万变,微观运动所体现的瞬时宏观总效果也随时间急速地发生变化。不随时间变化的宏观热力学平衡态实际上指的是这些微观运动产生的统计平均效果不随时间变化。因此,从微观上看,宏观上的热力学平衡态是一种在"静止"中包含着"运动"的热动平衡态,是比力学平衡态更高层次的平衡态。确定简单热力学系统的热动平衡态只需要两个热力学状态参量,这两个热力学状态参量称为热学自由度,这是在"磨平"了大量分子的力学自由度以后出现的一种新的自由度。

在热学中还有一种宏观上"静止"的状态。例如,把一根置于空气中的铁棒的两端与两个不同温度的热源接触,经过一段时间以后,铁棒可以处于一个宏观上不随时间变化的状态。但是,铁棒与热源和周围的空气发生着热交换,铁棒内部存在着热量的流动,铁棒上各点的温度也不同,因此,这个铁棒所处的状态不是热力学平衡态,而是热力学稳恒态。

虽然按照平衡态的定义,系统的热力学平衡态不随时间改变,但是实际上随着系统微观态的不断改变,系统并不终止在一个宏观状态上,而是呈现出很多宏观态,这些宏观态都会以一定的概率出现。每一个宏观态都对应于许多微观状态,而每一个微观态就是大量分子处于各种能级上的一个分布,因此,宏观态出现的概率取决于每一个宏观态对应的微观状态数。一个宏观状态对应的微观状态数越多,这个宏观态出现的概率就越大。在一定的压强和温度的条件下,热力学系统会存在一种出现概率极大的宏观态,它所对应的微观状态数也极大,此时,大量分子处于各种能级上的特定的分布称为最概然分布。与出现概率极大的宏观态相比,其他宏观态出现的概率很小,这些出现概率很小的宏观态表现为对这个与最概然分布对应的、出现概率极大的宏观状态的一种偏离,这种偏离称为宏观态的微小涨落。在平衡态热力学中,这样的微小涨落是被"磨平"的、不予考虑的,于是,就微观运动产生的统计平均效果而言,与最概然分布对应的、出现概率极大的宏观态就被看成不随时间改变的宏观热力学平衡态。因此,以热动平衡为特点的热力学平衡态就是一种统计意义上的平衡态,它建立了系统宏观上的"静止"的状态与系统微观上的"运动"的状态之间的一种既对立又共存的统计意义上的关系。

4　为什么建立温度的概念需要热力学第零定律？

问题阐述：

在热学中，温度是一个需要定义的重要物理量。热学中对温度的定义是按照这样的步骤展开的：首先定义热力学平衡态和物态方程，然后从实验现象中提出热平衡定律（热力学第零定律），然后由这个定律得出温度的定义。热平衡定律看起来似乎很简单也很平常，为什么这个定律被列入热力学的基本定律之一？热平衡定律是经验事实的概括还是逻辑推理的结论？为什么建立温度的概念需要这个定律？定义温度的方式与定义力学物理量的方式有哪些不同？这样的定义方式体现了怎样的物理思想？

参考解答：

温度是一个与人们的衣食住行密切相关的词汇，温度计也早被人们应用在各种场合。尽管温度这个名词如今在日常生活中已经被人们作为衡量物体冷热程度的常用词汇，似乎没有讨论的必要。但是从日常生活经验上看，当人们仅依靠感觉对物体的冷热程度作出判断时，明显地会感到给出温度的科学定义的必要性。在热学中，温度、压强和体积是描述热力学状态的三个基本物理量，其中，压强和体积可以从力学的角度理解并加以定义，唯独温度不能从力学中给以定义。

在日常生活中，人们可以凭主观感觉直观地判断物体的冷热程度，但是这样的主观感觉程度是因人而异、因地而异的。如果对物体的冷热程度没有统一的评定依据，显然会给人们的生产生活和科学研究带来很多麻烦。况且，有时物体的冷热程度是不能直接测量得到的，人们无法通过主观感觉对物体的冷热程度进行判断，只能借助其他物质的一些物理属性的变化来判断，这种物质常常被称为测温物质；但是不同的测温物质对同一个物体测出的结果可能是不同的。而且一旦在具体测量和用数值表示物体冷热程度时，又必须设定可测的原点或起始点，在不同的原点或起始点下，表示物体冷热程度的数值是不同的。由此可见，为了科学地测量物体冷热的程度，必须确定公认的描述系统状态的物理量，给出对这个物理量的科学定义和表述方式，这个物理量就是温度。

确定了公认的测温物质以后，还必须建立一个温度的定量表示方式，这种表示方式就是温标。有了温度和温标才能表示出系统的其他热力学状态函数（如内能、熵等）和由于做功和热传递引起的热力学状态的改变。

　　爱因斯坦指出："没有一种归纳法能够导致物理学的基本概念。"①作为热学中出现的第一个物理量——温度的定义必须体现人们对"感觉经验之间的联系"的理解,但是,光凭对日常生活中的冷热的感觉经验是无论如何也归纳不出温度的概念的。因此,如何给出温度的定义并建立相应的温标就成了热学开宗明义首先要解决的问题。

　　温度能按照力学中的速度和加速度的定义方式来定义吗? 为了更好地理解温度定义的形成过程,不妨回顾一下力学中速度、加速度等物理量是怎样定义的。力学中有三个基本量:路程、时间和质量。有了路程和时间,才可以定义速度和加速度。但在实际测量中,人们得到的总是与一段时间或一段路程有关的平均速度、平均加速度,再精密的实际测量都存在路程和时间的测量下限,无法得出某一时刻或某一位置的瞬时速度和瞬时加速度,为此,牛顿以时间趋于零的极限假设(公理)提出了瞬时速度和瞬时加速度的定义。与力学相比,热学既没有基本量,也没有假设(公理),因此,温度不可能基于假设以数学演绎推理来定义。

　　此外,与力学中的长度和时间相比,温度具有明显不同的特征。在长度测量上,把两把 1m 长的米尺连结在一起的长度肯定比每一把米尺长,这是长度的延伸性或可加性,因此,对长度可以进行自然的连续操作。在时间测量上,如果观察一块具有一定质量的冰从开始融化到完全融化需要 1h,那么,在完全相同的条件下,观察两块相同质量的冰依次从开始融化到完全融化就需要 2h,这是时间的延伸性或可加性,因此,对时间也可以进行自然的连续操作。温度是反映物体冷热程度的物理量,把两杯温度相同的水混合在一起显然不会得到比混合前每杯水的温度更高的水,因此,与力学的长度和时间相比,温度不具有数学上的可加性特征,对物体的冷热程度不存在"自然的"连续操作。

　　正是由于以上的区别,温度的定义方式与力学量的定义方式完全不一样。在热学中,温度是以实验定律——热平衡定律为基础通过演绎性推理来定义的。

　　作为热力学基本定律的热平衡定律(热力学第零定律)是这样表述的:如果系统 A 和系统 B 分别与系统 C 的同一个状态处于热平衡,那么当 A 和 B 接触时,它们也必定处于热平衡。这个热平衡定律在日常生活中似乎是理所当然、不言而喻的结论,定律的表述又是十分简单的,为什么却被归入了热学基本定律的行列? 在温度还没有定义之前,在上述定律的表述中"两个系统处于同一个状态"的这个状态是用什么物理量来描述的? 从这个定律中又是如何演绎得出温度的定义的?

　　首先,人们通过实验事实得出这样的假定(或公理):对于一个给定质量的处于平衡状态下的热力学简单系统,只要知道压强 p 和体积 V 这两个物理量就能完全确定系统的性质。于是仔细分析上述热平衡定律的表述可以按照逻辑的次序演

---

　　①　EINSTEIN A. 爱因斯坦文集:第一卷[M]. 许良英,李宝恒,赵中立,等编译. 北京:商务印书馆,1976:495.

绎得出这样的结论：

对一个系统而言，每一个处于平衡状态下的热力学系统，都存在确定的压强 p 和确定的体积 V。

对两个系统 1 和 2 而言，每一个系统各自处于平衡态时，分别存在相应的压强 p_1、p_2 和确定的体积 V_1、V_2。当它们较长时间互相接触达到共同的热平衡状态时，经验事实表明，这四个物理量 p_1、p_2、V_1、V_2 不能任意取值，它们之间必定存在某个数学关系，即

$$f_{12}(p_1, V_1, p_2, V_2) = 0$$

对三个系统 1、2、3 而言，如果系统 1 和系统 3 各自处于热平衡，分别有自己的压强和体积，设为 p_1、V_1 和 p_3、V_3，当它们较长时间接触互相达到热平衡以后，它们处于一个共同的热平衡状态，这四个物理量 p_1、V_1、p_3、V_3 不能任意取值，它们之间必定存在某个数学关系，即

$$f_{13}(p_1, V_1, p_3, V_3) = 0$$

由此可以解出

$$p_3 = F_{13}(p_1, V_1, V_3) \tag{3-1}$$

同理，对于两个互相达到热平衡的热力学系统 2 和 3 而言，类似地，可以得出它们处于一个共同的热平衡状态时，四个物理量之间存在的某个数学关系，即

$$f_{23}(p_2, V_2, p_3, V_3) = 0$$

由此可以解出

$$p_3 = F_{23}(p_2, V_2, V_3) \tag{3-2}$$

根据热平衡定律，如果系统 1、2 都与系统 3 互相达到热平衡，那么式(3-1)和式(3-2)同时成立，于是式(3-1)和式(3-2)相等

$$F_{13}(p_1, V_1, V_3) = F_{23}(p_2, V_2, V_3) \tag{3-3}$$

又根据热平衡定律，系统 1 与系统 2 必然达到热平衡，由此得出

$$f_{12}(p_1, V_1, p_2, V_2) = 0 \tag{3-4}$$

式(3-3)中的 V_3 在等式两边可消去，式(3-4)应该是式(3-3)的直接结果，且与 V_3 无关，由此得到

$$g_1(p_1, V_1) = g_2(p_2, V_2) \tag{3-5}$$

式(3-5)表明，互为热平衡的系统 1 和系统 2 分别存在一个状态函数 $g_1(p_1, V_1)$ 和 $g_2(p_2, V_2)$，而且两个状态函数的数值相等，这个状态函数就是温度。温度的数值表示方式称为温标。在热学发展史上，对温度曾经建立过多种温标，现在人们常用的摄氏温标就是其中一种。

作为一个实验定律，热平衡定律的建立既提供了对实验事实的抽象概括，又包含着对实验事实的演绎推理，这个定律具有一般性和普遍性，于是它就成为热力学的一个基本定律。按照以上方式定义的温度，不再是一个物理实体，而是一个与系统的物态组成(是气体还是液体)无关的、体现热力学平衡态性质的、抽象的物理

量,并常常用符号 t 或 T 表示。从热平衡定律出发进行的演绎推理体现了物理学的一种抽象化的符号判断的思想。

根据热平衡定律和确定的温标可以制造出各种温度计(图3-3),温度计也就成了与热力学系统本身无关的测温科学仪器。因此,没有热平衡定律就不可能得出温度的定义,没有热平衡定律也就失去了制造温度计的依据。

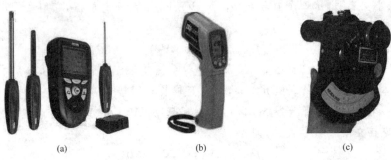

图 3-3　各种温度计

(a) 热敏温度计;(b) 红外温度计;(c) 光学高温计

一个在如今的日常生活中已经为人们普遍使用的温度概念,居然经过了这样推理的过程才得以确立,从而成为描述物体冷热状态的重要物理量。这就表明,从建立热平衡定律中得出温度定义的过程不是"多此一举",而正是体现了热学与力学不同的下定义的方式。如果说,对速度和加速度下定义的方式体现的主要是从假设开始的演绎推理的思想,那么对温度下定义的方式体现的是基于热平衡定律的演绎推理思想。一旦通过演绎推理定义温度以后,温度就成了对处于平衡状态时热力学系统平衡性质的一种抽象的符号表述。

5　什么是热学中的状态参量?什么是热学中的强度量和广延量?

问题阐述:

在热学中,当系统处于平衡态时一定具有某些确定的属性,这些属性是可以用确定的物理量来表征的。其中有一些物理量称为状态参量。为了描述热力学平衡态,就需要确定相应的状态参量。什么是状态参量? 按照是否具有可加性分,热力学量又可以分为强度量和广延量,什么是强度量? 什么是广延量?

参考解答：

　　根据热力学平衡态的定义,处于热平衡状态的热力学孤立系统,在不受外界影响的条件下,它的宏观状态不随时间发生变化。在平衡态系统内部,不存在物质的流动和热量的传递。既然平衡态系统的宏观状态不随时间改变,那么,经验告诉我们,系统处于平衡态时一定具有某些确定的属性,这些属性是可以用确定的物理量来表征的。如同在力学中,对一个具有三个自由度的质点,只要确定了它的三个独立的坐标分量就足以描述该质点的位置状态一样,在热学中也需要若干个可以独立改变的、足以完全确定系统的平衡态的热学物理量来表征平衡态,而其他物理量是这些独立物理量的函数,这些可以独立改变的物理量称为状态参量,这里的独立参量数就称为平衡态系统的热力学自由度。

　　一般地,从物理量是否具有可加性上分,热力学量还可以分为两大类:一类物理量具有广延属性,具有可加性操作,称为广延量。上面提到的长度和时间就是广延量。此外,体积、质量、熵和内能等也都是广延量。另一类物理量具有强度属性,不具有可加性操作,称为强度量。上面提到的温度就是强度量。此外,压强、张力等也都是强度量。在讨论外力做功引起热力学系统体积改变的过程中,元功的表示式只能是强度量压强 p 乘以广延量体积 V 的变化 $p\,\mathrm{d}V$,而不可能是广延量 V 乘以强度量 p 的变化 $V\,\mathrm{d}p$。

6 状态方程和过程方程两大类方程体现了怎样的物理思想?

问题阐述：

　　在热学中,继引入压强、温度等状态参量以后,作为一个重要内容,往往就开始讨论物态方程和过程方程两大类方程。例如,理想气体物态方程及等温过程方程、等体过程方程、等压过程方程等。为什么要讨论这两大类方程? 在这两大类方程后面隐含着怎样的物理思想?

参考解答：

　　在热学中,不仅气体有物态方程,液体和固体也都有相应的物态方程。实际气体物态方程都是从实验的测量和归纳总结得出的,如由气体的三大实验定律及阿伏伽德罗定律可以得到实际气体的物态方程,而理想气体的物态方程是在一定的极限条件下对实际气体状态方程进行推理得出的。

　　物态方程虽然以物理量之间的函数关系呈现,但实际上体现的是对系统热学状态量相互关系的一种物理约束。这种物理约束意味着一旦对热力学系统确定了独立的状态参量的取值以后,其他热力学量的取值就受到了限制,不能取任意的数值。例如,对于简单的理想气体系统,如果一旦系统确定了作为状态参量的压强 p 和体积 V 的取值,系统的温度 T 就被物态方程加以限定,不再可以取任意数值;类似地,如果确定了作为状态参量的压强 p 和温度 T 的取值,系统的体积 V 就被物态方程加以限定,不再可以取任意数值。

　　除了物态方程外,在热学中还经常讨论过程方程,如等温过程方程、等体过程方程、等压过程方程等。从物理约束的角度看,过程方程不过是对状态方程再加上一个约束条件而已。与力学中的约束问题相似,如果热学系统存在一个物理约束,系统的独立参量数就会减少一个。简单的理想气体物态方程中有三个物理量,但是由于存在物态方程这一个物理约束,气体系统就只有两个独立的状态参量,如果再加上关于过程的另一个约束条件,每个过程方程就只有一个独立变量。例如,等体过程方程中虽然有压强和温度两个变量,但是只有一个量是可以独立变化的。

　　正是有了气体物态方程的物理约束,在确定了气体的温度和体积后,气体的压强就相应地被确定在某一个数值上,失去了取其他数值的可能性。当人们从温度计上通过水银柱高度读出相应的温度读数时,实际上就是利用物态方程的物理约束从体积和压强得出了温度。

　　物理约束的思想不仅表现在热力学系统内部各个物理量之间,还表现在系统内部物理量与边界条件之间。例如,在求解关于热传导物理问题的二阶常微分方程时必须列出边界条件和初始条件才能得出系统的温度随时间变化的特解和通解。在不同的边界条件和初始条件下,由方程得出的解是不同的,这也是一种确定性的物理约束关系。

　　这样的物理约束思想不仅表现在处于宏观平衡态时的热学的物理量之间,还体现在微观分子速度的统计分布上。例如,在确定温度的平衡态下,理想气体分子的速度分布函数的形状就被确定了,由此可以得出气体分子的平均速度、方均根速度和最概然速度。分布函数就是对平均速度等平均量的一种物理约束,这是一种统计性的物理约束关系。

　　除了量和量的物理约束关系外,在热力学理论中还进一步把物理量之间的物理约束(状态方程)发展为体现一个物理量的变化与另一个物理量之间变化的物理约束,这就是平衡态热力学理论中的麦克斯韦关系式。从麦克斯韦关系式出发,可以得到可测物理量与不可测物理量之间的联系。例如,对于只具有两个状态参量(如 p 和 V)的简单系统,有些物理量是可以直接测量的,如温度、压强、比热等;有些物理量是不可直接测量的,如熵。麦克斯韦关系式正是提供了这样的物理约束,把不可测量的物理量的变化与可测物理量的变化甚至与物态方程联系在一起,通过数学推理得出了热力学系统各种平衡性质之间的关系。

7 为什么对温度作定量表示时需要建立各种温标？

问题阐述：

在力学中,长度和时间是两个基本的物理量,确定长度和时间的定量表示时,不需要讨论各种长标和时标;在热学中,体积、压强和温度是描述处于热力学平衡态系统的基本热力学量,确定体积和压强的定量表示时,也不需要讨论什么体标和压标,为什么唯独对温度作定量表示时,却需要建立各种温标？

参考解答：

在大学物理课程中,热学是继力学之后的一门分支学科。力学中描述物体机械运动状态的基本物理量是长度和时间;而热学中描述处于平衡态的热力学系统状态的物理量是体积、压强和温度,其中体积描述系统本身的几何性质,称为几何参量;压强描述系统的力学性质,称为力学参量。对于简单的、化学纯的热力学系统,一旦确定了体积和压强作为两个独立参量,温度就作为这两个参量的函数出现。在描述系统热学性质时,体积和压强并不是热学中特有的物理量,只有用体积、压强和温度的全体才能完整地描述热力学系统的状态,这是热学区别于力学的一个重要特征。

从物理属性上看,体积和压强毕竟是属于可以归入力学属性的物理量,而温度是打开热学教科书第一个必须归入热学属性的物理量。虽然温度如今已经被人们视为日常生活中常见的一个量,但是作为衡量物体冷热程度的物理量,在物理学发展史上,温度在热学中一直有着重要的地位和作用。很长一段时间以来,人们一直认为温度是衡量物体所包含的热这种物质多少的一个物理量。一个医生可以从温度计上读出患者的体温,但是,温度计所包含的热量显然不等于患者身体中所包含的热量。因此,温度和热是两个不同属性的物理量。生活实例表明,温度的高低是不能凭主观感觉来判断的。在热力学中,物体处于平衡态的温度是通过热力学第零定律来定义的。

除了明确物体温度的基本属性外,为了确定温度的定量测量,需要采用指定的温标,其中包括指定测温物质、规定零点和作出对温度定量表示的方式等。一旦指定了温标就可以制成各种温度计。在物理学发展史上,曾经指定过几个不同的温标,摄氏温标就是其中一种常用的经验温标。

为什么确定长度和时间的定量表示时,不需要讨论各种长标和时标,而在确定温度的定量表示时,需要指定温度的温标?

首先,从物理属性看,在力学中,作为两个基本物理量的长度和时间与热学中的温度是有着各自不同属性的物理量。长度反映了物体的空间尺度大小,属于量的范畴,可以直接用数学符号表示出来。它的单位是从长度自身选用一个标准的长度来规定的。例如,1983年,第十七届国际计量大会规定1m是光在真空中在1/299 792 458s内所经过距离的长度。有了长度单位,长度就有了可以比较大小数量的标志,并具有可以把若干个长度相加的可加性。时间也属于量的范畴,它的单位也是从时间自身选用一个标准的时间来规定的。例如,1967年,第十三届国际计量大会规定1s是^{133}Cs原子基态的两个超精细能级间跃迁时所吸收或放出的电磁波周期的9 192 631 770倍。有了时间单位,时间就有了可以比较大小数量的标志,并具有可以把若干个时间相加的可加性。因此,对长度和时间的测量得到的数值只要相应地确定了公认的长度单位和时间单位就可以得出长度和时间的定量表示了,不需要其他的表述方式,因此,不存在长标和时标的问题。对长度和时间的测量是用公认的一个长度自身的标准去测量另一个长度,用公认的一个时间自身的标准去测量另一个时间,这样的标准称为"自我测量器"。

热学中的温度反映的是物体的冷热程度,属于强度量的质的范畴。温度不能直接用数学符号表示出来,无法选用自身的某一个温度标准作为公认的温度单位,因此,温度本身没有可以比较大小数量的标志,也不具有若干个温度相加的可加性。对温度的测量必须借助于其他测温物质的物理属性的变化来表示。例如,可以把水银作为测温物质,利用水银柱的高度变化(长度)来表示温度,由此制成的仪器就是水银温度计。由于温度计是用其他测温物质的物理属性的变化来表示温度的,这样的测量计称为"非自我测量器"。

其次,从描述方式看,大学物理从力学进入热学,由于描述的对象从质点和刚体进入了由大量分子、原子组成的热力学系统,因此,在量的描述和质的描述方式上又有了新的提升。

在对机械运动的描述中,从运动学到动力学,力学量的定义是从量的描述(把运动看成纯粹的量,用量的组合来描述,如定义速度和加速度,不涉及运动物体本身质的任何属性)到量和质结合的描述(把运动看成属于物质的质,用具有这种质的物体和它自身的运动来描述,如定义动量和动能,它们是既有物体本身的质量多少又有物体速度大小的量,不涉及质的任何强度)而展开的。

在对热运动的描述中,热力学量可分为两大类:一类是只用量来描述的热学量(广延量,具有可加性),另一类是体现质的强度的热学量(强度量,不具有可加性),由此就提出了怎样把对热运动的描述从量的描述提升为建立质的强度与数量的对应关系的描述问题。

量的描述和质的描述各自具有什么特征呢?如何建立它们之间的对应关系?

量的描述。一是相等。两个量可以视为相等,用数学符号可以表示为$A=B$。

二是可以比较大小或多少。两个量的大小用符号可以表示为 $A>B$ 或 $A<B$。三是可以进行两个或多个量的相加运算。两个或多个量的相加用数学符号可以表示为 $A+B+C+\cdots=S$。凡是能够比较大小的或可以相加的量都必须有相同的单位。有了单位,这些量的表示可以是整数或分数,可以是有理数或无理数。力学中定义的速度、加速度、动量和能量等物理量都是对物体机械运动状态及其变化的描述。

质的描述。热运动是物体内部分子作无规则运动的本质属性,温度正是作为热学中第一个描述热这个质的强度量出现的。一个物体很热,一个物体不热,这只是一个对质的强度的定性的衡量。能不能对质的不同的强度进行定量的描述呢?作为热学的开始,用热力学第零定律作为第一个基本定律来定义温度就是要传递这样一个信息,即在物理学中除了从量的方面描述物理现象外,还可以从质的方面描述物理量,即对这样的物理量(同一个质的强度)同样可以用数量来描述,但需要建立质的强度与数量的对应关系。热力学第零定律与温度的引入正是体现这种物理思想的典型例子。现在,通过温度计的读数来描述一个物体的温度,已经成为人们在日常生活中的习惯做法。读取温度计上读数的物理背景实际上就是用温度来描述受热的程度,即作为一种质的强度。这样的关联是必须建立在以下两个规则基础上的。

(1) 如果要比较两个物体受热的强度,就要建立热的强度与温度的下列对应:如果物体 A 与物体 B 一样热,就可以说,这两个物体的温度一样高,用表述温度的数写成等式就是 $T_A=T_B$;如果一个物体 A 比另一个物体 B 更热,就可以说,物体 A 的温度比物体 B 的温度高,用温度写成不等式就是 $T_A>T_B$。

(2) 如果要比较三个物体的热的强度,就需要建立热的强度与温度的下列对应:如果物体 A 与物体 B 一样热,就可以说,物体 A 和物体 B 的温度一样高,用温度可以写出等式 $T_A=T_B$;如果物体 B 与物体 C 一样热,就可以说,物体 B 和物体 C 的温度一样高,用温度可以写出等式 $T_B=T_C$;由此就可以得出,物体 A 与物体 C 一样热,物体 A 和物体 C 的温度一样高,用温度可以写出等式 $T_A=T_C$。如果物体 A 比物体 B 热,物体 B 比物体 C 热,由此可以得出,物体 A 比物体 C 热,物体 A 的温度比物体 C 的温度高,用温度可以写出不等式 $T_A>T_C$。

这两个规则既可以表示温度的相互关系,也可以表示热的不同状态。实际上,从以上两种关联的规则得到的正是热力学第零定律。

对量的描述不仅需要数字,还需要有关量的标准的具体知识——单位,对质的强度的描述比对量的描述有更高的要求。由于无法从热的自身给出作为单位的具体标准,因此,只能通过建立温度与热的对应来表示热的强度,这里不仅需要把热的不同强度作为呈现不同温度的原因,并给出定量结果,还需要对相应的温度的大小作出规定,给温度的表示式以物理意义。这里,与长度作为一个量的表示其单位来自长度自身不同的是,温度作为一个热的表示方式,它的单位不是来自热的本身,而是选取了其他物质(如水银)的某个量(如水银柱的高度),而且对这个量的基本要求是,可以选定一个固定点作为温度的起始点,并随着热的强度变得更强,这个量也变得更大(如随着热的强度的增大,水银柱的高度成正比地增大),这种温度的表示方式就称为温标。没有温标,就不可能对温度得出数值的标志。由于实际使用中可以选用不同的测温物质和温度的起始点,因此,对一个物体的冷热程度用温度来加以标明时,必须说明是在什么温标下的表示。在热学发展进程中曾出现过几种不同的温标,在不同温标下,测量同一个物体的温度得到的结果也是不同的。有些温标,如热力学温标是不需要任何测温物质的。

在一定温标下,温度本身是不具有相加性的。例如,在摄氏温标下,如果用水银温度计测出两杯水开始时温度都是 50℃,再把它们放在一起(如倒入一个大容器中等),结果得到的水仍然是 50℃,而不是 100℃,因此,我们不能说,一个温度更高的物体的温度是由两个温度较低的物体的温度相加而成的。

作为热学的开始,讨论热力学第零定律并定义温度,用温度作为第一个描述热的物理量并建立相应的温标,在物理上是完全有必要的。从力学到热学,不仅描述的运动形态从机械运动提升为高一个层次的热运动,物理学的描述方式也相应地从一个层次提升到另一个更高的层次。一旦从热学进入电磁学,物理学研究对象又从实体扩展到场,于是物理学的描述方式又进入了一个新的、更高的层次。

8 温度微观意义的两种表述方式各自包含着哪些不同的物理意义?

问题阐述:

在如今流行的大学物理教材中,对温度微观意义的表述通常有两种方式,第一种方式是,先导出压强的微观意义,利用已经从实验演绎推理得到的理想气体物态方程,导出温度与分子平均动能的关系的表示式。这里,温度的微观意义是从压强和物态方程中通过数学推理得到的。第二种方式是,先从互相处于平衡态的两部分气体中得出它们的分子平均动能本身就具有温度属性,再导出压强的微观意义,最后得到理想气体状态方程。这里,温度的微观意义是从两种气体或一个容器中的两部分气体处于平衡态条件下从物理图像中导出的。在大学物理教材中,对压强微观意义的表述基本上只有一种方式,但是对温度微观意义有以上两种表述方式。在热学中,为什么要用这样的方式讨论温度的微观意义? 温度微观意义的两种表述方式各自包含着怎样不同的物理意义?

参考解答：

进入 19 世纪以后,虽然,热学逐渐成为一门独立于力学的学科,但机械的自然观仍然有着很大的市场,人们依然相信动力学理论是唯一可靠的理论,其他理论只有还原为动力学理论才是正确的理论,在探讨热现象和机械现象之间的理论研究中,不仅提出了用力学观点对温度、内能和熵等物理量的微观解释,而且麦克斯韦和玻尔兹曼从力学的基本概念出发导出了理想气体物态方程。于是,在物理学发展史上由此形成了热力学向力学的一种还原。

在大学物理中,用力学的观点讨论压强和温度的微观意义正是体现了这样一种还原。那么,为什么在大学物理教学中要采取这样的还原表述?

费恩曼(R. P. Feynman,1918—1988)在他的著名的物理学演讲中对这个问题做了系统的精辟阐述。在关于气体动理论一章开头,费恩曼就明确指出,研究由大量分子、原子组成的物质的性质"显然是一个困难的课题"。困难在于,对于一般从低年级开始学习大学物理热学的学生而言,在物理上这部分内容没有像力学那样可以求解的基本定律和基本方程,在数学上又缺乏必要的概率论知识的数学基础,也无法精确地了解原子、分子究竟是怎样运动的及其产生了哪些具体的效应。费恩曼认为,对于这样的一个"困难的课题",从力学的观点探讨原子分子的运动,在把热学向经典力学作出这样还原的过程中,可以获得对热运动的大致认识,这是从物理观点出发考虑实际问题的一种途径。另外,原子、分子的运动实际上并不遵循经典力学规律,而是量子力学规律。为了以后更好地学习量子理论,首先要了解用力学观点处理问题的初步结果,多掌握一些物理概念,这对于理解量子力学与经典力学的界限是十分必要的。这不是无奈的权宜之计,而是从物理图像上认识热运动的必经之路。费恩曼明确地提出,真正的成功来自从物理观点出发考虑问题的人,他们知道什么是重要的,什么是次要的,怎样作正确的近似,从而在获得用经典力学处理分子运动这样复杂问题取得成功结果的同时,也获得了对经典力学还存在某些局限性的认识。即使这样的结果和认识不完全、不精确,也是很有价值的。

1845 年,英国科学家瓦特斯顿(J. J. Waterston,1811—1883)首先把气体分子、原子假设为弹性小球,并用弹性小球互相碰撞产生的无规则运动来解释热现象的宏观规律,这是人们为了试图用力学的思想方法来解释热现象而架起的一座"桥梁"。在大学和中学物理课程中,提到的理想气体本质上就是一种在力学意义上由弹性小球构成的理想模型。

以弹性小球的假设作为模型,热学的气体动理论对与热力学系统平衡相对应的微观粒子的运动状态提出了关于分子个体行为的三个基本假设和关于分子集体行为的三个基本假设。

关于分子个体行为的三个基本假设如下:

(1) 分子本身的大小线度与分子之间的平均距离相比,可以忽略不计。

(2) 分子之间除了碰撞以外,在运动过程中分子之间及分子与容器壁之间没有相互作用。

(3) 分子之间及分子与器壁之间的碰撞是完全弹性碰撞,即在碰撞前后分子的动量和动能守恒。

关于分子集体行为的三个基本假设如下:

(1) 当系统处于平衡态时,每个分子仍然处于无规则运动状态,每一个分子的运动速度不相同,而且在碰撞过程中每一个分子的速度都会发生变化。

(2) 当系统处于平衡态时,系统内分子处于容器内部各个位置上的机会相等,即分子在容器内按照位置的分布是均匀的。

(3) 当系统处于平衡态时,系统内分子的速度指向任何方向的机会相等,即分子速度在容器内按方向的分布是均匀的。

把微观粒子看成这样的弹性小球模型,热学就可以向力学作出还原。在还原的过程中,由于压强本来就是一个力学的概念,利用力学的碰撞理论容易得出压强的微观意义,在很多教材中基本都采用了同一种表述方式。而温度是一个热学的概念,在得出温度微观意义时,在大学物理教材中却有着两种不同的还原表述方式。

大学物理热学部分通常的内容安排是,首先基于热平衡定律从宏观上对温度给出定性的定义,建立温标,对温度给出定量的表示,然后从实验上得到理想气体状态方程,再基于气体动理论导出压强的微观意义,最后利用压强公式和理想气体物态方程得到温度的微观意义。这是大部分热学教材中采用的方式。这里,气体的压强被看成大量无规则运动的分子对器壁发生完全弹性碰撞时产生的总效果,数值上等于各种气体分子频繁地与器壁碰撞时传递给器壁上单位面积的冲量。由此可以得到气体动理论的压强公式为

$$p = \frac{2}{3} n \bar{\varepsilon}_t \tag{3-6}$$

式中,

$$\varepsilon_t = \frac{1}{2} m \bar{v}^2 \tag{3-7}$$

称为分子的平均平动动能。式(3-6)和式(3-7)表明,压强和平均平动动能都具有统计的意义。有了压强公式,再利用由实验结果和理想气体温标得到理想气体物态方程

$$p = nkT \tag{3-8}$$

最后就可以得出

$$\bar{\varepsilon}_t = \frac{3}{2} kT \tag{3-9}$$

式(3-9)表明,分子的平均平动动能与热力学温度成正比,这就是温度的微观意义,这个结论是从压强和理想气体状态方程中推导出来的。式(3-9)表明,与压

强一样,温度也具有统计的意义。

有些热学教材采取的是另一种方式。先基于分子动理论按如上所述方法导出压强的微观意义,然后得出分子的平均动能具有温度的特征,再假定分子的平均动能与温度之间存在正比的关系,最后推导出理想气体物态方程。

利用分子碰撞的理论可以证明,如果在一个被可移动活塞分成两部分的容器中装有某种单原子气体,一开始虽然由于两边气体分子对活塞的碰撞会使活塞来回移动,但是经过一段时间当它们最终达到热平衡时,两边的分子必定具有相同的平均动能。既然两部分气体处于平衡时具有相同的分子平均动能,从这个意义上说,分子平均动能就体现了热平衡的特性,这个物理量完全可以直接作为温度的定义。但是,温度早已通过热平衡定律给出定性的定义,通过建立温标给出定量的表示,因此,平均动能只能以温度的函数形式出现,它们之间最简单的函数关系就是正比关系,在适当选择的比例系数下可以写成

$$\bar{\varepsilon}_t = \frac{3}{2}kT \tag{3-10}$$

有了分子平均动能的表示式,再利用压强公式,就可以推理得出理想气体的物态方程

$$p = nkT \tag{3-11}$$

比较以上两种表述温度微观意义的方式可以看到,第一种方式得到的温度微观意义是从压强微观意义和理想气体状态方程中推理得到的,其结论是分子平均动能与温度成正比,温度标志着物体内部分子运动的剧烈程度,温度越高,物体内部分子热运动越剧烈,因此,温度可以看成对分子平均动能的量度。在这种方式中,压强的微观意义是从力学理论导出的,理想气体物态方程是从实验推理得出的,而温度的微观意义是从压强和状态方程中推理得出的一个结论。第二种方式通过对处于平衡态下的两部分气体进行力学的分析论证,得出它们的平均动能相等的结论。由于热平衡定律表明,两个互相处于平衡态的物体一定具有某个共同的属性——温度,由此得出,分子的平均动能本身就具有温度的特征,它就是温度的一种特性。在这种方式中,压强微观意义是从力学理论导出的,而分子的平均动能与温度成正比是作为一种假设提出的,理想气体的物态方程是从压强公式和温度的微观意义表示式中通过数学推理得出的一个结论。

这两种表述温度微观意义的方式各自描述了怎样的物理图像呢?从教学角度看,在第一种表述方式中,导出压强的微观意义在物理上运用的是力学中关于碰撞的理论,数学上借用了归纳推理方法,先讨论一个分子对器壁的一次碰撞作用施加给器壁的冲量,再扩展到讨论一段时间内所有分子对器壁的碰撞施加给器壁的冲量,最后根据压强的定义得出压强的微观表示式。由于推导压强公式运用的是力学图像,而理想气体物态方程又是从实验定律推理得到的。由此导出温度的数学过程都比较简单,容易为学生接受,因此,很多大学物理教材采用了这种方式。但

是,在这样的表述方式中,温度与分子平均动能的关系是从压强公式和物态方程中导出来的,容易被学生误解为温度的微观意义似乎是一个数学公式,而不是物理结论。在第二种表述方式中,先讨论两个分子碰撞以后沿空间各个方向运动的可能性,再讨论活塞两边大量分子沿各个方向对活塞的碰撞所产生的效果,从而得出在相同温度下,两边分子必定具有相同的平均动能,这就表明,分子平均动能本身具有温度的特性,并且假设它与温度的关系可以写成一个最简单的正比例关系。正是利用这个正比关系和压强公式导出了理想气体物态方程。这里温度和压强的微观意义都是通过从还原的角度对物理图像进行分析得出的,而物态方程是由数学推导得出的结果。理想气体物态方程已经从实验定律推理得到,两者得到的结果相符证实了压强和温度微观意义表述的正确性。显然,这样的表述方式在关于温度微观意义的物理图像上比第一种方式更为清晰。但是数学推导步骤较多,且需要利用更多的统计知识,因此,只有一部分教材采用了这样的方式。

从物理学发展的进程看,一直到19世纪中期,物理学家曾一度相信,不仅热学向力学的还原,物理学其他领域的成果也都可以归结到力学,物理学进入了"力学帝国主义"的时代[①]。然而,到了19世纪后半叶,场的概念的引入使这种还原在电磁学领域面临着不可逾越的困难,这个"力学帝国主义"时代终于结束了。爱因斯坦敏锐地洞见了物理学发展史上的这一重大转折,他明确指出,牛顿的公理式方法已经不适用了,于是"在研究电和光的规律时,第一次产生建立新的基本概念的必要性"。人们对电磁学的研究不再采用力学的概念,而是以场为主线,从研究的对象、研究的方法等各方面"从头开始",创建了电磁学理论,物理学的发展进入了新的阶段。

❾ 准静态过程在热力学中有怎样的地位和作用?

问题阐述:

热学在建立了对状态的描述以后,就建立了对状态的改变过程——热力学过程的描述,引入了理想的过程——准静态过程。为什么需要定义准静态过程?从"动"和"静"的统计意义上看,从定义热力学平衡态到定义准静态过程,它们各自体现的关于"动"和"静"的物理对称性思想有什么不同?准静态过程在热力学中有着怎样的地位和作用?

---

① NAGEL O. 科学的结构:科学说明的逻辑问题[M].徐向东,译.上海:上海译文出版社,2002:403.

参考解答：

如果自然界各个系统只处于宏观静止的热力学平衡态，那么按照定义，任何系统一旦处于平衡态（如气体、液体的平衡态），系统的状态就永远静止，没有运动，没有过程，系统的状态不再随时间发生变化，于是也就不会有人们如今看到的万物生长千姿百态的充满着勃勃生机的自然界。

自然界中无处不在的物体运动和物态变化都是对平衡态的破坏。处于平衡态的热学系统在受到外界扰动以后就从一个平衡态变化进入非平衡态，在经历了一系列非平衡态的过程以后，系统又可能达到另一个新的平衡态。在这样的实际热力学过程中，系统的每一个状态都是非平衡态。过程一旦结束，系统需要一段时间（称为弛豫时间）才能达到另一个平衡态。弛豫时间越短，说明系统偏离平衡态越近，越能较快地达到平衡态。由于描述整个系统的热力学量都是空间和时间的函数，状态变化的丰富性和复杂性使描述这样的非平衡态变得十分困难。为此，热力学必须对这样的动态过程作出某些理想化的处理，以得出热力学过程的基本规律。

为了更好地认识热力学过程的本质和特点，热学在定义了"静中有动"的平衡态以后，又从静到动，对涉及状态的改变引入了一个理想化的"动中有静"的过程，这就是进行得无限缓慢的准静态过程。在这个过程中，系统所经历的任意中间状态都无限接近平衡态。

从做功与状态量的变化关系上看，在热力学中对做功过程引入准静态过程是与力学中引入动能定理的一种类比思想的具体体现。力学中的动能定理表明，外力做功的大小等于物体动能这个状态函数的增加量，即功是用物体本身状态函数的变化来表示的。由此自然会提出这样的问题：热学中外力对系统做的功是否也能用热学系统本身状态的变化来表示？对这个问题的回答是肯定的。

当外力对系统做功时，系统的状态就会发生变化，系统必将经历一个过程。由于在过程的每一个中间阶段系统都处于非平衡状态，无法用确定的热力学状态量的变化来表征这样的状态。为了能够类似力学那样，以系统本身状态量的变化来表示外界对系统做的功，就必须使系统在过程中每一个中间阶段都有确定的状态量（如压强和体积）。显然，这个要求只能在外力对系统实施无限缓慢的做功过程中才能实现，因为在这样的过程中，系统体积改变 ΔV 所经历的时间远大于系统从非平衡态恢复平衡的弛豫时间，系统有足够的时间恢复平衡。如果没有摩擦阻力，外界对系统做的功就可以用描述系统平衡态的状态参量的变化来表示。

对于热量传递的过程也可以作类似的分析。在系统由于加热而引起温度变化的热量传递过程中，必须使系统在每一个中间阶段都有确定的状态量。这个要求只能在系统连续与温差无限小的极其多个热源无限缓慢交换热量的过程中才能实现。

于是，基于物理上取近似的研究方式，热学中就引入了一个理想过程——准静态过程。当实际过程进行得很缓慢时,就可以把它看成对这种理想过程的一个近似。系统实际过程进行得越缓慢,对准静态过程的近似程度就越好。

准静态过程的理想过程在热力学中有着非常重要的地位。在热力学第一定律讨论各种单一过程和循环过程中吸取热量和做功大小时经常会利用状态曲线来描述一个过程。例如,在 p-V 图上画出等温过程曲线,并利用这个曲线上来计算系统从一个平衡态到另一个平衡态的等温过程中对外做的功。实际上在画出这样的曲线时,已经默认了一个假定:这个等温过程必须是准静态过程。因为如果不是经历准静态过程,系统在过程中的每一个中间状态就不能看成平衡态,不存在确定的压强和体积,也就不可能建立系统在这个过程中所经历的每一个状态与状态图上某一点的对应关系,因此,这样的过程就不可能用实线在状态图中被表示出来。类似这样的过程曲线还有等压过程、等体过程、绝热过程等,利用这样的过程曲线,可以方便地计算出外界对系统做的功及系统与外界交换的热量等。尤其是,当一个热力学系统经历了从一个平衡态 A 到达另一个平衡态 B 的准静态过程,那么,不仅在初始状态 A 和终结状态 B 可以定义内能这个状态函数,而且由于在准静态过程中,系统每一个中间状态都无限接近平衡态,对每一个中间状态都可以定义内能这个状态函数,于是就可以在准静态过程的任意两个状态之间应用热力学第一定律。

从物理意义上看,准静态过程是一个中间状态无限接近平衡态的理想过程,它不仅可以应用于热力学简单系统,还可以应用于用电磁参量(如电介质的极化和磁介质的磁化)来描述的热力学系统。由于只有在准静态过程中,才可以计算得出系统对外做的功及与外界交换的热量,因此,准静态过程的引入必然对外界与系统的做功和热交换的相互作用过程给出了一定的限制(无限缓慢的过程),这样的限制在实际过程中当然是不可能发生的。但是,如同在力学中引入质点这个理想模型描述机械运动及其状态变化的一般规律那样,在热学中引入准静态过程这个理想过程可以描述热力学系统状态变化的一般规律。

准静态过程的提出建立了系统宏观状态的动态变化与在过程中的任意时刻系统处于平衡态的静止状态之间的一种既对立又共存的关系。准静态过程是"动中有静"的过程,这是比机械运动的过程更高一个层次的运动过程。

凡是经历一个过程,就一定涉及系统状态的变化,这是动态的;但在准静态过程中的任意时刻,系统又无限接近平衡状态,可以当作平衡态处理,这是静态的。因此,在准静态过程中的每一个中间阶段的动态都包含了静态。如果说,热动平衡是在静止中包含了运动,从而建立了系统表面上的静止的状态与系统内部的运动状态之间的一种对应的关系,这是一种统计意义上的关系。那么,准静态过程则是在运动中包含了静止,建立了系统状态变化的运动与系统无限接近平衡态的静止状态之间的一种对应关系,这仍然是一种统计意义上的关系。从动和静的统计意义上看,热学平衡态体现的是"静中有动"的思想,准静态过程体现的是"动中有静"

的思想,这正是物理学的对称性思想在热学中的表现。实际上这样的对称性思想贯穿在整个物理学的发展进程中。例如,在电磁学中电产生磁和磁产生电所表现的电和磁相互转化的对称性,在原子物理中粒子和波所表现的物质存在方式的对称性,等等。因此,在热学中学习平衡态和准静态过程的概念正是认识和理解物理学中对称性思想的一个开端。

10 为什么热学中定义了准静态过程,还要引入可逆过程?

问题阐述:

热学在引入准静态过程并讨论了热力学第一定律以后,又定义可逆过程并讨论热力学第二定律。为什么有了准静态过程,还需要定义可逆过程?可逆过程与准静态过程各自有什么特征?它们之间有什么区别和联系?为什么说可逆过程在热力学中有着重要的地位?

参考解答:

在热学讨论状态变化的动态过程中,定义了准静态过程这一理想过程,在分析了做功和热量传递与系统状态量的变化关系以后,又引入内能,它们三者之间的相互关系就是热力学第一定律。

继讨论了热力学第一定律以后,热学又定义可逆过程这一理想过程,在分析了自然界过程的方向性后,得出了对不可逆过程的两种典型表述,这就是热力学第二定律。

可逆过程是相对于不可逆过程而言的,当一个热力学系统经历一个过程时,本身状态和外界状态都发生了变化。如果存在另一个相反的过程,使该系统和外界都恢复到初始状态,那么,热力学系统经历的这个过程就称为可逆过程。反之,如果用任何方法都不能使系统和外界恢复到原来的状态,该过程就称为不可逆过程。自然界实际发生的各种过程都是不可逆的。可逆过程是理想的,不可逆过程才是实际发生的。

准静态过程的特征是,过程进行得无限缓慢,以致每一个中间状态无限接近平衡态,引入准静态过程的重要物理意义在于可以计算得到系统对外做功和与外界交换的热量,准静态过程对于热力学第一定律的应用有着重要的作用。而可逆过程的特征是,在反向进行过程中,系统和外界环境都能恢复原状。引入可逆过程的重要意义在于可以计算得到理想热机的效率,也可以计算熵变,可逆过程对于热力学第二定律的应用有着重要的意义。

　　容易看出,准静态不涉及过程的方向,它是以平衡态为基准,对过程中的状态作出限制。可逆涉及的不仅是过程本身,还涉及过程中的每一个状态。它要求通过反向过程,系统经历的每一个状态和外界都要恢复原状。可逆既以过程的进行方向为基准,对过程本身作出了限制,又包括对过程中间每一个状态的限制,因此,可逆是一个比准静态更严的限制。只有过程中每一个中间状态都是确定的平衡态,并在反向过程中都恢复原状,可逆才有明确的意义。因此,可逆过程一定是准静态过程,而准静态过程不一定是可逆过程。

　　为什么要引入可逆过程这个概念?这个问题的提出是与当年卡诺为了提高热机的效率所作的努力紧密相连的。

　　1824年,卡诺(N. L. S. Carnot,1796—1832)指出,每一个热机都必须具有两个不同温度的热源,而提高热机的效率就是尽可能地排除热量的耗散,把热量转化为输出的功,因此,首先必须想象一个完全没有任何热传导和任何摩擦的理想化的热机的情形,因为热机没有热传导,就不会向其他物体传递热量;热机没有摩擦,就不会在运行过程中因为克服摩擦而发生热量的散失。另外,他还假定,无论对于什么工作物质,热机通过一个完全的循环过程以后仍然恢复到起始的状态。显然,这样的理想热机是一台可逆的理想热机。经验表明,在这样的热机循环过程中,有可能把从高温热源中吸取的一定量的热转变为功,但是要把从高温热源吸取的全部热量都转变为功是不可能的,这样就提出了热机的效率问题。一个卡诺热机的效率可以表示为

$$\eta = \frac{Q_1 - Q_2}{Q_1} = \frac{T_1 - T_2}{T_1} \tag{3-12}$$

式中:Q_1 和 T_1 分别是系统从高温热源吸取的热量和高温热源的绝对温度;Q_2 和 T_2 分别是系统向低温热源放出的热量和低温热源的绝对温度。卡诺定理表明,当两个热源的温度确定以后,理想热机的效率都可以用式(3-12)表示,而一切实际热机的效率都小于理想热机的效率。卡诺定理的重要意义就在于不但可以使工程师把提高热机效率的努力放在坚实的基础上,而且在许多方面大大推动了现代物理学和化学的进步。

　　此外,可逆过程的提出与熵变的计算密切相关。在定义了熵这个物理量以后,任意系统发生的过程的熵变公式就是

$$\mathrm{d}S \geqslant \frac{\mathrm{d}Q}{T} \tag{3-13}$$

　　式(3-13)称为热力学第二定律的数学表示式。而当系统从状态1到状态2进行一个有限的过程时,系统的熵变就是

$$S_2 - S_1 \geqslant \int_{Q_1}^{Q_2} \frac{\mathrm{d}Q}{T} \tag{3-14}$$

　　式(3-13)和式(3-14)中的等号对应于可逆过程,不等号对应于不可逆过程。式(3-14)表明,对于可逆过程,可以应用热力学第二定律来计算可逆过程的熵变。

对于不可逆过程,虽然不等式提供的信息只能告诉我们熵变大于某个数值,但是,由于熵是状态函数,可以设计一个其初态和末态与不可逆过程相同的可逆过程来计算熵变。

11 为什么热力学第一定律被称为能量守恒和转化普遍定律的一个具体体现?

问题阐述:

热力学第一定律是热力学的基本定律之一,在物理学发展史上具有重要的地位,是大学物理热学教学的重点内容。热力学第一定律是怎样提出的? 第一定律的本质是什么? 为什么热力学第一定律被称为是能量守恒和转化普遍定律的一个具体体现?

参考解答:

热力学第一定律是关于热力学系统状态变化与外界作用关系的基本定律之一,在物理学发展史上具有重要的地位,是大学物理热学教学的重点内容。热力学第一定律的表述虽然并不复杂,但是包含着深刻的物理意义。

热力学第一定律表明,引起热力学系统状态发生变化的两个主要途径是做功和传热。

做功。力学的动能定理告诉我们,外力做功可以引起物体的运动状态和动能发生改变。在不计任何摩擦的情况下,外力做的功等于物体动能的增加量。那么在热学中,类似地可以提出这样的问题:当外力对系统做功时,热力学系统的状态发生怎样的改变? 系统的什么能量发生变化?

传热。也可以类似地提出这样的问题:当系统与外界发生热交换时,热力学系统的状态发生怎样的改变? 系统的什么能量发生改变?

在实际热力学过程中,做功和传热这两种方式往往是组合在一起实现的,它们在引起系统状态改变的质和量上有什么联系和区别? 它们分别引起的状态变化和能量改变有没有等当性和转化性? 正是热力学系统运动状态的丰富性和多样性引发了人们对这些热力学过程背后隐藏的变化规律和守恒量的探讨。

自 18 世纪起,人们对热现象的研究开始进入精确的实验科学阶段。1798 年,美国物理学家 B. 汤普森对金属炮筒进行的钻孔实验否定了热质说,提出了"热是机械运动的一种形式"的观点。1799 年,英国化学家戴维做的冰块实验支持了热是一种运动的观点。到了19世纪40年代以后,德国医生迈尔(R. Meyer,1814—1878)首先提出了运动互相转化的思想。英国物理学家焦耳在总结前人实验的基础上运用电磁方法、机械方法和化学方法等进行了一系列精确的实验,特别是通过实验确定了热功当量,从而有力地说明了热和机械功可以互相转化。实验表明,做功和传递热量分别可以引起系统状态的改变,它们之间存在着质的可转化性和量的等当性。做功和传递热量的总量与系统宏观状态的改变之间存在本质上的联系和定量的关系。以上这些实验的成功为热力学第一定律的提出奠定了基础。

1850年,两位德国物理学家亥姆霍兹(H. L. F. von Helmholtz,1821—1894)和克劳修斯(R. J. E. Clausius,1822—1888)从多方面论证了能量守恒和转化定律。1850年,克劳修斯完整地用数学形式表述了能量守恒定律,他全面分析了热量、功和系统某一个状态的特定函数之间的关系,人们就把这个函数称为系统的内能。但是,克劳修斯一开始按照热质说的理论认为热量是守恒的,后来才认识到这个理论是错误的。W. 汤姆孙(W. Thomson,1824—1907)在1851年更明确地把这个函数称为物体所需要的机械能。特别是,亥姆霍兹把力学和电学现象、热和功都归入了普遍的能量守恒定律的表达式中,于是就形成了能量守恒定律。热力学第一定律既是人们在认识普遍的能量守恒及其转化定律的道路上较之于力学中的机械能守恒定律认识的深化,又是普遍的能量守恒及其转化定律的具体体现。

能量守恒和转化定律是一个在大量实验基础上通过非经验的哲学思考和科学演绎而形成的关于自然界事物发展运动的普遍规律,任何对具体运动形式中的实验归纳和数学推理是无法得出这个基本规律的。

在大学物理力学中,虽然已经讨论过机械能守恒定律,但它并没有被说成是普遍的能量守恒和转化定律的具体表现,为什么大学物理中热力学第一定律却被称为是能量守恒和转化普遍定律的一个具体体现呢?

第一,机械能守恒和转化只涉及同一种能量形式(动能和势能都是机械能)的守恒,不涉及不同能量形式的转化,而且机械能守恒定律是从牛顿定律中推导出来的,因而,机械能的引入还没有体现能量这一概念在物理学中的重要意义。正是从热力学第一定律开始才涉及至少两种不同能量形式(机械能和内能及其他形式的能量)的转换和守恒,能量在物理学上的重要作用才得以充分体现。

第二,一个运动物体的机械能满足守恒定律时,物体的动能和势能之间的互相转化是由保守外力做功实现的,也就是说,在力学中应用机械能守恒定律实现的动能和势能的转化是有条件的。而热力学第一定律中的功是广义的功,守恒和转化不限在机械运动和热运动之间,机械能可以转化为内能或其他形式的能量。因此,它在普遍的意义上揭示出,在量上各种运动形式互相转化而不会发生损耗;在质上各种运动形式具有固有的、不会消失的互相转化的能力。一个实际的单摆从起始的周期运动到最后停止摆动就是一个典型例子。单摆在运动的过程中除了受到重力(保守力)外,还受到摆绳的拉力和其他阻力(非保守力)的作用,因此,单摆的机械能不守恒。然而,从热力学第一定律分析,在单摆摆动的过程中实现了从一种能量(机械能)到另一种能量(热能)的转化,整个过程的总能量守恒。

第三,学习力学中的机械能守恒定律只是在牛顿定律范围内初步建立能量守恒的入门概念,尚未真正涉及不同形式能量的守恒和转化,而学习热力学第一定律将是在力学基础上对能量守恒和转化规律在认识上的一种提升。

能量守恒和转化的思想是物理学的重要思想,能量守恒和转化定律是自然界的基本规律之一,它揭示了各种不同运动形式在互相转化过程中体现的质和量的关系,它与达尔文的进化论及细胞学说并列为自然界的三大发现。物理学发展史表明,物理学中的各种守恒定律,包括能量守恒定律、动量守恒定律、角动量守恒定律及其他守恒定律都是人类在不断深化对自然界认识的过程中所体现的聪明才智和智慧结晶,是物理学思想宝库中极其重要的财富。

在大学物理课程中,这些守恒定律的内容是遵循着由近及远、由浅入深、从只讨论单一的机械能转到讨论多种能量再过渡到建立对普遍的能量守恒定律的认识原则而逐步上升和展开的,而热力学第一定律正是这个认识链上的重要环节,学习热力学第一定律对于深化对能量守恒定律普遍性的认识起着承前(承接力学中的机械能)启后(电磁学中还要讨论电磁能)的重要作用。

12 热力学第二定律是怎样提出的?

问题阐述:

热力学第二定律在物理学发展史上具有重要的地位,热力学第二定律也是热力学的基本定律之一,是大学物理热学教学的重点内容。第二定律的表述虽然并不复杂,但是包含着深刻的物理意义。热力学第二定律是怎样提出的?热力学第二定律的微观本质是什么?

参考解答:

热力学第二定律的提出和发展与提高热机的工作效率有着密切的关系。法国物理学家、工程师卡诺注意到当时虽然热机已经得到广泛应用,但是热机的效率很低,对于如何提高热机效率的理论研究工作也很薄弱,为此卡诺致力于设法提高热机效率。他从理论上思考这样的问题:热产生的动力是不是无限的?怎样才能提高热机的效率?人们能不能把热机的效率提高到一个无法超越的上限以制造出最好的、最有效的热机?卡诺设计了一部理想的热机,利用循环过程来研究它的效率,还用文字形式提出了关于提高热机效率的卡诺定律。卡诺所做的理论分析为热力学第二定律的提出奠定了重要的基础。特别是卡诺认识到,热机必须有温度差才能工作。卡诺的不足之处是,他是在热质说的前提下研究关于热机的理论的。他认为,如同水轮机运转时水的总量守恒一样,热机在做功过程中作为不可称量的流体的热量虽然从高温物体流向低温物体,但是热的总量是保持不变的。由于热质说的束缚,卡诺没有能够得到能量转化的思想。因此,他的理论与当时焦耳提出的关于热和机械功的等价性及热可以转化为功的热功当量理论是矛盾的。克劳修斯在1850年发表的"论热的动力及能由此推出的关于热本性的定律"一文中分析了卡诺理论,肯定了卡诺关于热量从高温物体流向低温物体的原理,认为这个原理才是卡诺理论的真正核心。他指出,这两部分热量与热机做的功的量存在某种明确的数量关系,于是就把卡诺理论和焦耳理论建立在协调一致的基础上。克劳修斯明确肯定了热功相当的原理和热机在循环过程中对外做功的原理。W. 汤姆孙在1851年以更加明确的方式提出了两个命题:一个是命题 I(焦耳),它涉及的是热和功的等当性;另一个是命题 II(卡诺与克劳修斯),它涉及的是热转变为功的转换性。W. 汤姆孙提出了一条公理,并证明了他的公理与克劳修斯的公理是相通的。他根据克劳修斯对卡诺理论的修正认为,热量在从高温热源流向低温热源的过程中,只是一部分热量转化为功,但这部分热量仅仅是耗散,并没有毁灭。这两个命题后来实际上就成了构成热力学基础的、两个独立的定律:一个是热力学第一定律,它表达了能量的守恒性,即不可毁灭性;另一个是热力学第二定律,它表达了能量转化的方向性,即耗散性。

从宏观上看,热力学第一定律揭示了自然界中各种运动形式的能量可以通过宏观过程互相转化的普遍规律,深化了人们对能量守恒和转化定律的认识。但对能量传递和转化过程进行的方向并没有给出任何限制。大量实验和观察告诉人们,任何实际发生的自发的宏观过程都具有方向性,即在这个守恒性之外,运动形式的转化过程还具有一种方向性。这类方向性过程在热力学中称为不可逆过程。自然界中一切与热现象有关的实际宏观过程都是不可逆过程。各种不可逆过程的一条重要规律是:它们是互相依存的,即一个宏观过程的不可逆性保证了另一个过程的不可逆性。

在热力学发展史上,热力学第一定律表示了能量守恒和转化,而热力学第二定律在能量守恒性之上表明了能量的耗散性,这是人们对自然宏观过程能量转化不可逆性认识的深化。克劳修斯正是以能的对应物在1865年引入了熵的概念来表示能量的耗散性和物理过程的方向性。英国物理学家 W. 汤姆孙认为:"能量仅仅是'耗散',而不是'消灭',因此,热力学第一定律和热力学第二定律仍然是互相协调的"[1]。

自然界实际过程的演化必须满足热力学第一定律,但是不能自发发生,而能够自发发生的热力学过程必须同时满足热力学第一定律和热力学第二定律。因此,

---

① HARMAN P M.19 世纪物理学概念的发展[M].龚少明,译.上海:复旦大学出版社,2000:2.

在热力学中热力学第二定律的地位高于热力学第一定律,热力学第二定律是人们对自然宏观过程能量转化方向认识的深化。

从微观上看,任何热力学过程总是包含着大量分子的无规则运动,通常把分子无规则运动的有序和无序状态与分子排列分布数目的多少相联系。热力学第二定律正是从微观上揭示了在自然界不同运动形式的自然转化过程中,大量分子无规则运动总是沿着无序性增大的方向进行。例如,在气体向真空自由膨胀的过程开始前,气体分子处于容器的某一部分,而自由膨胀结束后气体分子处于整个容器中。初始时分子呈现的可能排列分布数少于结束时分子呈现的可能排列分布数,而每一个可能的排列对应于系统的一个微观状态,排列分布数目较少,微观状态相应也较少,系统就显得较有序,膨胀结束后,分子呈现的可能排列分布数目多,微观状态就多,系统就显得较无序,因此,气体向真空自由膨胀的过程在微观上就是分子从较为有序的无规则运动走向更无序的无规则运动的过程。

13 熵的概念究竟是怎样得出的?

问题阐述:

熵是由热力学第二定律引入的,与内能相比,熵的概念在热力学中有着更重要的地位,但熵的概念显得比较抽象,往往是教学中的一个难点。从物理学发展史看,熵的概念是怎样得出的?

参考解答:

在大学物理热学中,热力学第一定律引入了内能,热力学第二定律引入了熵。在热力学中熵的概念显得比能量概念更抽象、更不可捉摸,但是在热力学中熵的地位比能量的地位更重要。

在现有的大部分大学物理教科书上,熵的概念都是从可逆卡诺热机的效率中通过推理的方法得到的。这样的引入方式虽然比较直接,但很容易造成的一种理解是,熵的概念似乎是从热机效率中通过高等数学的积分方法推导出来的。在初学者看来,熵似乎不是一个物理概念,而更像是一个数学概念。与内能的概念相比,熵的物理含义显得难以捉摸。

熵的概念是怎样得出来的? 在热学发展史上,对熵的起源可以追溯到法国物理学家卡诺关于热机循环的研究工作。卡诺第一次指出热机在高温热源和低温热源之间运行时,必然会对外输出一定量的功,对完全可逆的卡诺热机而言,对外输出的功只取决于高温热源和低温热源的温度差。他的成果不仅在实践上为热机的设计和提高效率指明了方向,更重要的是在理论上提出了在热转变为功的过程中,如果其唯一效果是一定量的热全部转变为功,这个热力学过程实际上是不可能发生的。

1850年,德国物理学家克劳修斯首先提出了热转化的方程,在该方程中引入了一个后来称之为内能的状态量。1854年克劳修斯进一步提出,热的变换过程有两种方式:一是热传递变换,即热量传递的过程;另一种是热转换变换,即热转换为功的过程。克劳修斯发现,这两种变换过程都有两个可能的方向:一个是自然方向,即变换过程可以自发地沿这个方向进行,如在热传递变换过程中,热量可以自发地从高温物体传到低温物体,这个过程是沿自然方向发生的;另一个是非自然方向,即变换过程不可能自发地沿这个方向发生,如热量不能自发地从低温物体传给高温物体,因为这个过程是沿非自然方向发生的。但是,如果受到外界影响,热量可以沿这个非自然方向从低温物体传给高温物体。在热转化过程中同样也存在自然方向和非自然方向。几乎同时,英国物理学家W.汤姆孙注意到了在热转换过程中,虽然热转化为功是沿自然方向进行的过程,但是热不可能全部转化为功,还有其他力学效应所引起的热的损失总是无法避免。他提出,在多数情况下,在热能沿自然方向转变为功的过程中虽然能量的总量依然守恒,但是只有一部分热能转化为功,而另一部分能量逸散了,这部分能量失去了能量的有用性,即不能再用于做功了(能量的贬值)。

克劳修斯和W.汤姆孙提出的思想虽然分别来自两个不同的物理过程,但是实际上体现着一切自发发生的热力学过程的共同规律:在自然界一切自发发生的热力学实际过程都是不可逆的,这个规律就是热力学第二定律的实质。在分析了各种不可逆过程以后,人们发现,如果系统经历了一个不可逆过程到达某一个终态,那么,从这个终态出发不可能沿任何途径回到原来的初态,因此,对不可逆过程而言,初态与终态之间必定存在重大的差异,正是这个差异决定了过程的方向,也正是这个差异,促使克劳修斯等物理学家去寻找与不可逆过程初态和终态相关的态函数,通过这个态函数的变化来描述不可逆过程的共性。作为态函数的熵就是在这样的物理背景下提出来的。

在热机循环过程中既有某些热量转化为功的热转换变换,又有一部分热量传递给低温热源的热传递变换,由此,在1854年,克劳修斯开始着手建立一种定量的变换理论。他认为,在可逆热机中所发生的这两种变换过程中一定存在着相应的等价量,并假设这个等价量与各自所传递的热量成正比。基于这个假设,他首先在热机循环的正向循环中得出等价量的表示式。由于循环过程是可逆的,在逆向循环中也可以得出等价量的表示式。正是沿着这样的思路,克劳修斯得到了等价量的表示式 $\dfrac{\Delta Q}{T}$,然后对任意可逆的循环过程求和,由此得到 $\oint \dfrac{\mathrm{d}Q}{T}$。他证明了,对可逆循环过程,$\oint \dfrac{\mathrm{d}Q}{T} = 0$。但是,在这里 T 是作为温度的未知函数引入的,等价量没有被完全明确为状态函数。直到1865年,克劳修斯在承认内能 U 作为状态函数的同时,明确表示 T 就是绝对温度,这个等价量就是熵,并选择了字母 S 表示熵这个

态函数,它的微分形式记作

$$dS = \frac{dQ}{T} \tag{3-15}$$

把以上在两个热源之间运行的热机得出的结论推广到在多个热源之间运行的热机,从而得出,在从初始状态 a(熵记作 S_a)到终结状态 b(熵记作 S_b)的可逆过程中,熵的增加量(差值)是

$$S_b - S_a = \int_a^b \frac{dQ}{T} \tag{3-16}$$

由于熵是状态函数,只要确定了初态和终态,那么这个熵的增加量(差值)是不变的,即它与路径无关,只取决于起点和终点。对任意的循环过程,有

$$\oint \frac{dQ}{T} \leqslant 0 \tag{3-17}$$

式中,等号适用于可逆过程,不等号适用于不可逆过程。

熵的引入在热力学发展史上有着重大的意义。由于自然界发生的不可逆过程是多样的,热力学第二定律也有多种表述方式,其中最典型的就是克劳修斯表述和开尔文表述。引入了熵以后,可以得到对所有可逆过程和不可逆过程的统一表述,因此,式(3-17)也称为热力学第二定律的一种数学表述式。

在一个孤立系统所发生的任何过程中,系统的熵都不可能减少,即 $dS \geqslant 0$,如果发生的是可逆过程,那么 $dS = 0$,即熵保持不变;如果发生的是不可逆过程,那么 $dS > 0$,即熵增大,这就是熵增加原理。

长期以来,两个状态之间的熵差被看成确定的,但某一个状态的熵被看成是没有意义的。直到热力学第三定律提出以后,能斯特(W. H. Nernst,1864—1941)假设,在绝对零度时,任何物体的熵为零,于是相对于绝对零度时的零熵,物体在某一个状态下就有了确定的熵值。

引入了内能这个物理量以后,热力学第一定律告诉我们:宇宙的总能量是守恒不变的;类似地,引入了熵这个物理量以后,热力学第二定律告诉我们:宇宙的熵始终不断在增加。

14 熵与内能有哪些区别?

问题阐述:

熵与内能是一对既有关联又有区别的、重要的热力学概念,熵与内能有哪些区别?在怎样的过程中,热力学系统的熵变化了,但是内能没有变化?在怎样的过程中,热力学系统的内能改变了,但熵没有发生变化?

参考解答：

熵是热力学中很重要的一个概念，但又是热力学中比较难以理解的一个概念，熵的概念甚至被说成热学教学中"最伤脑筋"的一个难点。

熵与内能是一对既有关联又有区别的重要的热力学概念。

首先，克劳修斯在提出熵这个名词时提出了一个著名的表述以指出两者之间的区别。克劳修斯这样写道："如果我们要给 S 找一个特殊的名称，我们可以像把对量 U 所说的称为物体的热和功的含量一样，对 S 也可以说是物体的转换含量。但我认为更好的是，把这个在科学上如此重要的量的名称取自古老的语言，并使它能用于所有新语言之中，那么我建议根据希腊字母 $\eta\tau\rho\sigma\pi\eta$，即转变一词，把量 S 称为物体的 entropie（熵），我故意把词 entropie 构造得尽可能与词 energie（能）相似，因为这两个量在物理意义上彼此如此接近，在名称上有相同性，我认为是恰当的。"能量和熵都是系统的状态函数，在孤立系统中，系统的内能保持不变，系统的能量守恒，而系统的熵不存在守恒原理，反而趋于极大。系统的任何一种能量在空间分布得越不均匀，系统的熵就越小，反之，系统的能量分布得越均匀，系统的熵就越大；一旦系统的能量在空间呈现完全均匀分布，系统的熵就达到极大。

其次，从热机的运行过程看，如果在两个具有有限热容量的热源之间运行一台热机，并且其中一个热源的温度高于另一个热源，那么，热机就会从高温热源吸取热量并输出功，同时将一部分热量向低温热源放出。热机运行的结果是原来的高温热源的温度降低，而原来的低温热源的温度升高，只要两个热源还存在温度差，热机就能输出功，这个过程将一直持续到两个热源的温度相等为止。尽管此时两个热源的能量可能都很大，但是显然在这两个热源之间运行的热机已经丧失了输出功的能力，两个热源的能量已经降低了它们做功的品质，此时整个系统的熵达到极大。因此，克劳修斯指出，自然界中的一个普遍规律是：能量密度的差异倾向于变成均等，换句话说，熵将随着时间而增大。考察自然界实际发生的不可逆过程可以发现，能量转换和利用的后果总是使一部分能量从能够做功的形式变为不能做功的形式，即发生了能量的耗散，从而成为品质上退降的能量。与此同时，系统的熵却得到了增加，退降的能量大小与熵的增加成正比。一个系统的熵越大，其能量能够转化为有用功的可能性就越小，因此，一个系统的熵的增大就意味着这个系统的能量贬值，或称为系统的能量退降。自然界实际发生的过程都是不可逆过程，伴随着这些不可逆过程，系统的熵逐渐增大，一旦系统经历的不可逆过程结束，系统达到的最后的平衡态就是熵取极大值的状态。虽然所有不可逆过程的实际效果可以达到总能量依然守恒，但总有一部分能量从能够做功的高品质退化为不能做功的低品质。因此，从这个意义上说，熵的增加是能量品质退降的量度。

从宏观上看，内能是一个热力学系统的状态函数。一个热力学系统的内能可以通过外界对系统做功或通过输入热量而增加，也可以通过系统本身对外做功或输出热量而减少，它们之间的本质关系就体现在热力学第一定律中，热力学第一定律是普遍的能量守恒和转化定律在热力学系统中的表现。能量在数量上既不能被创造,也不能被消灭,各种形式的能量在一定条件下可以互相转换。从宏观上看,熵也是一个热力学系统的状态函数。由于自然界实际发生的过程都是不可逆过程,不可逆过程的本质就体现在热力学第二定律中,热力学第二定律是普遍的熵增加定律的表现。自然界的实际热力学过程不仅需要满足热力学第一定律,从数量上看,能量的总量必须守恒,从形式上看,不同形式的能量可以互相转化;而且必须同时满足热力学第二定律才能发生。正是内能和熵两者的竞争才决定了一个热力学系统所处的状态。

以上讨论的熵的概念和熵增加原理都是就孤立系统而言的。实际上孤立系统是理想化的,孤立也是相对而言的。如果把放在空气中的一杯水完全封闭,又裹上理想的绝热层,那么这杯水就成了一个孤立系统。一旦去除绝热限制,这杯水就不再是孤立系统,因为它可以与外界空气发生热交换。但是如果把这杯水和周围空气组合成一个大系统,这个大系统就可以看成一个孤立系统。

对一个孤立的系统而言,其内部实际发生的过程都是不可逆的,因为孤立,所以系统的内能始终不变;因为不可逆,所以系统的熵增大。例如,把一个被绝热层包围的封闭容器内部用隔板分割成两部分,一部分充满理想气体,另一部分为真空,一旦抽去隔板,气体就会向真空发生自由膨胀,这样的过程就是一个典型的不可逆过程。在这个过程中,理想气体的内能不变,而熵却在增大。

对一个非孤立系统而言,假设一物体在压强恒定的条件下处于温度 T_1,并从温度恒定为 $T_2(T_2 > T_1)$ 的外界热库吸收热量,并不对外做任何机械功。从分子动理论看,物体吸收热量,温度升高,分子的平均动能增加,从而引起物体的内能增大。当物体的温度从 T_1 升高到 T_2 时,可以证明,在这个不可逆过程中,物体的熵也增大,由物体和热库组成的大的孤立系统的熵也增大。

假设用一系列温差很小且温度逐次升高的 n 个热库代替温度为 T_2 的热库,物体依次从这些热库中吸收热量,从 T_1 升高到 T_2,则可以证明,当 $n \to \infty$ 时,即物体从温度相隔无穷小且温度逐次升高的数量无限多的热库中依次吸收热量,从 T_1 升高到 T_2,那么物体和热库组成的大的孤立系统经历的将是一个可逆的绝热过程,于是,由物体和热库组成的大的孤立系统的熵保持不变。

15 什么是熵和信息之间的相互关系?

问题阐述:

熵和熵增加原理的提出,导致了物理学概念上的深刻革命。热力学第二定律本质上是关于概率的定律,玻尔兹曼公式表明了熵和热力学概率的关系。当代信息论表明,熵的概念又是与信息的概念密切相关的,什么是熵和信息之间的相互关系?

参考解答:

熵和熵增加原理的提出,导致了物理学概念上的深刻革命,物理学以前不计入时间方向,无论是在力学还是电磁学的动力学规律中,如果用$-t$代替t,这些规律都是时间反演不变的。而如今物理学需要计入时间方向,如在热传导方程中,如果用$-t$代替t,热传导规律不再具有时间反演不变性。从力学规律具有时间反演不变性到热力学规律不再具有时间反演不变性,这种宏观过程的不可逆性究竟从何而来?这个问题自克劳修斯提出不可逆性以后,就引起了物理学家的关注。

奥地利物理学家和化学家洛施密特认为,微观上可逆的动力学不可能导致宏观不可逆的热过程。庞加莱提出了再现定理,他认为,热力学的微观基础是从一些或然的假设中推导出来的,而不是从动力学中推导出来的。只要经历足够长的有限时间,每个动力学系统总会返回它的初始状态,所有状态总会再现。只要等待时间足够长,热量从温度低的物体传到温度高的物体的过程就会自然发生,因而,熵就会减少。针对这些观点,玻尔兹曼敏锐地抓住了它们的要害,把统计思想引入了热力学,他指出,"热力学第二定律的分析论证只有在概率论的基础上才能成立""热力学第二定律是关于概率的定律,所以它的结论不能靠一条动力学方程(来检验)"。他还根据计算证明,即使对于一小瓶气体,从平衡态的高熵状态恢复到初始的低熵状态,时间上也需要以年为单位的天文数字的量级。在理论上,要使宇宙中的总熵显著降低,需要的时间约为$10^{10^{10}}$年,因此,我们根本不需要去考虑出现这种状态的可能性。1877年,玻尔兹曼得出了熵S和热力学宏观状态出现的热力学概率W(即微观状态数)之间关系的一个著名的公式,即

$$S = k \ln W \tag{3-18}$$

式中:S为玻尔兹曼熵;k为玻尔兹曼常数;W为热力学概率,式(3-18)称为玻尔兹曼公式。它与数学概率不同,数学概率是一个分数,而热力学概率始终是一个整数。可以证明,玻尔兹曼熵与克劳修斯熵是完全一致的。正是玻尔兹曼熵揭示了熵的微观本质:实际发生的宏观热力学不可逆过程总是从热力学系统出现概率小的宏观状态向出现概率大的宏观状态过渡,而一个热力学系统的熵越大,其相应的宏观状态出现的概率也越大,这样的状态在物理上称为无序;反之,熵越小,宏观状态出现的概率也越小,这样的状态在物理上称为有序。因此,热力学不可逆过程的微观本质就是从初始的有序状态向无序状态的过渡,这样的过渡一直达到最后进入出现概率为最大宏观状态、最无序的状态,即最概然状态,这就是热平衡状态。德国物理学家劳厄(M. von Laue,1879—1960)高度赞扬玻尔兹曼的工作,认为"熵和概率之间的联系是物理学最深刻的思想之一"。

有序与无序不仅与熵有关,还与信息有关。当代信息论表明,熵的概念与信息的概念是密切相关的。香农(C. E. Shannon,1916—2001)在1946年指出,信息是物理体系的一个属性,信息量 I 是对一个体系的统计描述的不确定程度的度量。并且证明,信息和熵具有完全相同的数学性质:它们不过是用一个概念的两个方面而已。信息量 I 的增加相当于熵 S 的减少,即信息量相当于负熵。

熵和信息的关系可以通过一个简单的守恒定律来表示,即一个体系的信息 I 和熵 S 的和保持恒定,且等于该体系在给定条件下可能达到的最大的信息或最大熵,数学上记作

$$S + I = S_{max} = I_{max} = 常数 \tag{3-19}$$

式(3-19)表明,凡是信息有所得,熵必定有所失。

16 不可逆过程在自然现象演化过程中有着怎样的重要意义?

问题阐述:

在热学中,长期以来,平衡和可逆被看成完美的,不可逆过程被看成对这种完美的"破坏"。热力学第二定律和熵增加原理表明孤立系统必然沿不可逆过程从有序走向无序,它标志着退化的"时间箭头",而普利高津学派指出,应该充分肯定不可逆过程在自然界舞台上的主角地位,非平衡态的热力学系统可能从无序走向有序,它标志着进化的"时间箭头"。如何理解不可逆过程在自然现象演化过程中的重要意义?

参考解答:

在热学发展的早期,人们对热运动的各种形式作出了某种简化假设,对热力学状态定义了热力学平衡态的理想模型,对热力学过程引入了准静态过程和可逆过程的理想过程的概念,并得到了热力学第一定律和热力学第二定律等基本定律,由此建立了平衡态热力学,大学物理中热学部分基本上就是沿着这样的逻辑次序展开的。

自然界中实际发生的过程都是不可逆的,而且是十分复杂的。为了得到带有普遍性的认识,人们一开始提出平衡和可逆的理想模型,并作出某种简化近似是必需的,也是人们认识自然界的一条有效的途径。长期以来,平衡和可逆一直被看成是完美的,而把从20世纪中期以来不可逆热力学理论的发展看作是对这种完美性

的"破坏"。

不可逆过程真的是不完美,具有"破坏性"的吗?比利时布鲁塞尔学派的代表人物普利高津(I. Prigogine,1917—2003)及其合作者几十年如一日地致力于研究不可逆过程,他们认为,不可逆过程是普遍存的,许多建设性的作用都应该归功于不可逆过程,与此相反,可逆过程只是一种理想假定,它仅仅是人们在研究自然现象时采用的一种近似手段。我们应该为不可逆过程"正名",应该肯定不可逆过程在大自然舞台上的主角地位,或许只有它们,才能告诉我们自然界的真相。普利高津提出:"我们发现自己处在一个冒险的世界之中,处在一个可逆性和确定性只适用于有限的简单情况,而不可逆性和非确定性却是普遍存在的世界之中""不可逆性远不是一个幻影,而是在自然界中起着根本性的作用。"①

普利高津把物理学分为两大部分:一部分是存在的物理学,它反映时间可逆的动力学行为,以牛顿力学为代表;另一部分是演化的物理学,它反映时间不可逆的热力学行为,以热力学第二定律为代表。它们的研究成果大大深化了人们对不可逆过程的认识,大有时间再发现之势,体现了人类思维的飞跃,正是这样的飞跃成了普利高津提出"活"的结构——自组织耗散结构理论的起点。

普利高津首先把注意力从平衡态转向偏离平衡态不远的线性非平衡态,通常的扩散和热传导的不可逆过程都发生在这个区域。他提出了著名的最小熵产生原理,揭示了不可逆过程演化的一般规律。以后普利高津及其领导下的研究人员又花费了20多年时间把对线性非平衡态的理论推广到远离平衡态的非线性非平衡态,形成了一整套远离平衡区的自组织理论。这个理论表明,处于非线性非平衡态的非生命系统在适当条件下会呈现出空间和时间上高度有序的自组织结构(图3-4)。正是这种结构的出现使人们重新认识了热力学第二定律:自然界中既存在着自发发生的不可逆过程,使热力学系统从有序走向无序,这是一种标志着退化的"时间箭头";又存在着形成自组织结构的过程,使热力学系统从无序走向有序,这是一种标志着进化的"时间箭头",这就证实了无论是退化和进化都不违背热力学第二定律。

如果说,在线性非平衡区的最小熵产生原理使不可逆过程得到"正名",那么,在远离平衡态的非平衡区的自组织理论改变了不可逆过程的消极影响——在一个远离平衡态的非平衡系统中不可逆过程不但不会导致系统走向无序,走向熵增大,相反,它是建设者,能构造出空间和时间上有序的结构,从而使系统的熵减少。

热力学第二定律预言自发发生的不可逆过程导致一个孤立系统的熵增大,这个结论是正确的,但这个结论是从处于平衡态的孤立系统演化过程中总结得出的。

① 湛垦华,沈小峰,等.普利高津与耗散结构理论[M].西安:陕西科学技术出版社,1982:209.

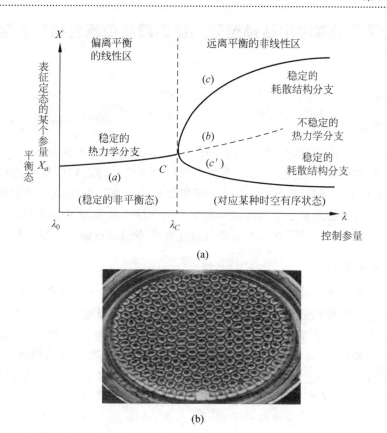

图 3-4 远离平衡区的非平衡区形成耗散结构的演化过程示意图
（a）系统状态随外界控制变量变化出现耗散结构分支示意图；（b）液体中呈现的耗散结构

在自组织结构形成的过程中，热力学系统处于开放的远离平衡态的非平衡态区，此时，整个系统的熵变，即系统的熵变不仅包括系统内部由不可逆过程产生的熵产生项，还必须包括由系统与外界环境相互作用引起的熵流项。它可正可负，在没有外界作用时为零。设想在一定时间内，外界提供给系统足够的负熵流，而且导致整个系统的熵变不是增大而是减少，于是系统演化的结果不是走向无序而是走向有序，呈现自组织的有序结构。

基于这一重要结论，普利高津得到了一个重要原理：非平衡是有序之源。普利高津提出的自组织理论不仅深化了人们对不可逆过程的作用的认识，而且在不违反热力学第二定律的条件下，把物理世界的发展演化与生物世界的发展演化统一起来，为用物理学和化学方法研究生物学以致社会学问题开辟了新的广阔前景。正是由于在创建非线性非平衡区热力学的自组织理论上的突出成就，普利高津获得了 1977 年诺贝尔化学奖。

17 热学中的弹性小球模型与力学中的质点模型有什么区别？

问题阐述：

热学中的气体动理论是从力学的观点来描述气体的宏观性质的,这个观点把分子看成弹性小球,把分子的无规则运动看成由弹性小球之间的互相碰撞而形成的,于是就有了平均自由程和平均碰撞频率这样的概念。弹性小球模型是怎样提出来的？在大学物理教学中如何说明热学中的弹性小球模型与力学中的质点模型的区别？弹性小球的模型在哪些方面体现了比质点模型更深刻的物理思想？

参考解答：

大学物理热学教材在介绍了温度的定义和建立了理想气体状态方程以后,紧接着就提出了压强和温度的微观解释,导出这个解释的理想气体模型本质上就是一种力学意义上的弹性小球模型。压强在微观上被看成弹性小球分子与器壁的力学碰撞的平均效应,而温度则被看成弹性小球分子无规则运动的平均动能。

17世纪后期,当牛顿完整地构建了经典力学的理论并在宏观领域取得了巨大成就以后,人们深受力学的影响,总觉得当时热学理论中的热量、温度、压强等物理量与力学属性没有联系是难以接受的,反之,力、速度、加速度这些力学量在热学理论中似乎无用武之地也是不能容忍的。1845年,英国科学家瓦特斯顿首先把理想气体分子、原子假设为弹性小球模型,并用它们之间互相碰撞产生的无规则运动来解释热现象的宏观规律,这正是当初人们为了试图用力学的思想方法来解释热现象而架起的一座"桥梁"。

这个模型首先是从气体动理论假设所导致的分子碰撞现象中提出的。通过布朗运动和扩散现象的实验观察,人们提出了气体分子存在剧烈运动的假设,并认为这样的热运动是由气体分子互相之间或气体分子与容器器壁在每秒时间内发生上百万次短暂而激烈碰撞造成的。不论是气体、液体和固体都存在这样的热运动,只不过在固体中这样的热运动表现为原子在某个平衡位置附近作小范围的振动而已。既然涉及碰撞,就不可避免地需要运用力学定律。虽然严格地说,宏观世界中适用的牛顿力学能不能应用于微观世界还需要经过证明,但是,牛顿力学已经取得了如此巨大的成功,以致人们相信这个理论可以用于解释气体的碰撞现象。于是,分子的弹性小球模型就应运而生了。

这个模型的提出还来自能量守恒的要求。对一个处于绝热容器中的气体而言,气体的温度和压强是恒定不变的,也就是气体的能量是守恒的。这就要求分子与分子及分子与器壁之间的碰撞必须是完全弹性的,而不是非弹性碰撞的。因为非弹性碰撞的结果会使分子的动能消失,转变成其他能量；如果分子与器壁发生非弹性碰撞,就会使一部分动能转变为热能,从而导致器壁温度升高。经过分子与器壁多次反复碰撞以后,分子总动能就会减少。而分子总动能的减少又会引起分子与器壁碰撞产生的压强减少,一旦分子动能减少到不足以用来克服分子与分子之间的相互吸引力时,气体就会凝聚成液体或凝固成固体。

1856 年,德国物理学家克伦尼希(A. K. Kröning,1822—1879)把概率引入了气体动理论;三年后,麦克斯韦研究了分子速率的分布,从而确立了统计的思想和方法在热运动研究中的地位。虽然现代物理学表明分子不是弹性小球,分子之间的相互作用也不是碰撞产生的弹性力,但是,用弹性小球这样的模型确实能够解释一些热现象,形成关于热运动的一些宏观认识,因此,很长一段时期以来,分子的弹性小球模型就成了热学中的一个理想模型。

力学中的质点模型与热学中的弹性小球都是理想模型,这两者之间有什么区别?弹性小球的模型在哪些方面体现了比质点模型更深刻的物理思想?

首先,在理想模型的实现对象上。质点理想模型是对宏观上"看得见"的物体实现的理想化,而弹性小球模型是对"看不见"的分子、原子实现的一种假设模型。例如,讨论地面上远处一辆汽车的运动时,如果只研究它的整体运动状态,即它的位置、速度和加速度等,那么在力学中完全可以把它看成质点来处理;甚至在讨论太阳和地球的相对运动时,由于它们的尺度大小远小于它们之间的距离,这两个天体也可以看成质点。这里,理想化的对象都是人们在宏观上可以"看得见"的物体。而热学中理想化的对象却是宏观上"看不见"的分子和原子。

其次,在理想模型的地位和作用上。正因为质点是对"看得见"的物体所假设的理想模型,所以基于质点的理想模型,力学主要是通过数学推理演绎得出物体的运动规律。而正因为弹性小球是对"看不见"的分子、原子所假设的理想模型,因此,热学必须从对分子、原子假设的模型出发,主要通过物理上的归纳和演绎推理得出对热运动的理性认识,并把这样的认识与已有的实验结果加以比较。与实验相符合的理论结果将反过来证实假设和模型的正确性;而与实验不符合的理论结果将反过来可能成为修改已有的假设模型和理论的起点。正是在这样不断修改模型的过程中,人们从宏观出发逐步获得了对微观分子、原子结构和微观运动的更深刻的认识。

最后,在对理想模型的研究层次上。在力学中,人们首先通过质点的运动学来揭示物体的运动"是什么",然后通过质点动力学来揭示物体运动的"为什么"。对质点理想模型的这种研究是在同一个宏观层次上进行的,是从物体与物体的相互作用上去寻找物体运动变化的原因的。这是一种确定性的描述方式。而热学把弹性小球的假设模型运用于对热运动的研究是在两个不同的层次进行的,首先需要从宏观层次上通过对实验的归纳和理论演绎得出热力学的基本定律,回答物体热运动的基本规律"是什么";其次就需要从微观层次上的统计分布上去导出热现象的规律,回答热运动的"为什么",由此建立宏观与微观之间的对应关系,这是一种统计性的描述方式。

微观层次上的统计性解释很长时间以来被看成一种由于人类无法把握大量分子、原子的力学运动规律而不得已采取的方法，是对确定性描述的一种暂时的补充。然而，经过克劳修斯、麦克斯韦等物理学家的努力，人们认识到，描述大量分子的运动，除了力学定律外，还必须应用统计规律。现代物理学的发展已经表明，确定性描述和统计性描述不仅是物理学描述客观世界的两个不同的途径，而且这两种描述是平等相通的，是"我中有你，你中有我"的。相比于确定性描述，统计性描述得到的认识更普遍，更接近于反映自然界的本来面目。

18 热学中统计平均方法和统计分布方法有什么区别？

问题阐述：

在大学物理热学中继温度和压强以后在分子动理论中讨论麦克斯韦速率分布律。为什么要在引入温度和压强以后引入统计分布？麦克斯韦速率分布律是怎样得出的？它在关于热学的统计理论上有什么重要的意义？对压强和温度的统计诠释是从统计平均的方法建立的，而建立麦克斯韦速率分布是从统计分布方法建立的。统计平均方法和统计分布方法有什么区别？

参考解答：

通常的大学物理热学中，在宏观上定义了温度这个物理量以后，紧接着就展开对压强和温度微观解释的讨论。压强和温度在中学期间就为学生所知，似乎都是很平常的宏观物理量。在实验室里测量气体对容器壁产生的压强及利用温度计测量温度都已经是学生必做的两个实验内容。大学物理为什么还要进一步讨论压强和温度的微观解释？除了需要在宏观和微观两个层次上建立对热现象的描述外，热学讨论压强和温度的微观解释还体现了哪些重要的物理思想？在热力学发展进程中，利用弹性小球模型对压强作出微观解释是克劳修斯等在气体动理论发展初期试图用力学思想去定义热学基本概念而取得的重要成果。正是这个成果打破了牛顿力学的经典确定论观念，跨出了使概率统计思想进入物理学殿堂的重要一步。学习和理解在建立压强和温度的微观解释过程中的一系列推导论证将有助于学生建立从对牛顿力学的确定性思想图景转变为对概率统计的思想图景的认识，这也是学习麦克斯韦速度分布和能量均分定理以及理解热力学定律在微观上的统计意义所需要的物理思想基础。

大学物理教材中在开始讨论压强微观解释前一般总要提出两个假设，一个是关于分子个体的，一个是关于分子集体的。关于分子个体的假设把理想气体分子看成"弹性小球",把分子之间的相互作用看成"弹性小球"之间的碰撞,这是一个力学意义上的假设。关于集体的假设是把大量分子无规则碰撞运动产生的平均效果与宏观量之间建立起一种对应,这是一个统计意义上的假设。这两个假设的思想是力学的,更是统计的,它的意义在于由此建立从力学的确定性思想到统计的概率思想的一种过渡。这样的过渡把中学物理中关于分子运动的三个基本假设从定性的表述上升到了一个新的统计理论高度——提出理想模型,运用统计思想,得出定量结果。

克劳修斯早在 1850 年就提出:"热不是物质,而是包含在物体最小成分的运动之中"。1857 年,当他看到德国物理学家克伦尼希基于分子、原子的"弹性小球"模型把概率统计的思想引入气体动理论的论文以后,深受启发,经过具体的运算,得出了气体压强 p 与分子平均动能成正比的结果,再利用理想气体状态方程,可以得出温度与分子平均动能的有关的结果,即

$$p = \frac{2}{3}n\varepsilon_k, \quad \varepsilon_k = \frac{3}{2}kT \tag{3-20}$$

式(3-20)表明,宏观上热力学系统有规则的物理性质可以从微观分子无规则运动的属性中推导出来,这是气体动理论的发展影响现代科学最有意义的途径之一。

建立在两个假设基础上推导得出的以上两个公式表明了压强和温度具有统计的意义。如果没有大量分子小球的无规则运动和碰撞,就没有碰撞的平均效果;没有碰撞就不存在压强,也不存在分子的平均动能。对分子运动速度随机量进行统计得到的压强和温度所体现的统计平均值只有在"宏观小,微观大"的时间间隔和器壁面积的前提下才有意义。如果气体只由少数分子组成,在每一个单位时间内碰撞器壁的分子数很少,不能体现出一种集体的稳定效果,因此,对少数分子甚至对一个分子讨论压强和温度是完全没有意义的。

由于分子的无规则运动,每一个分子的速度在任意方向上的分量取任意随机数值的可能性(概率)是不同的。而上述的统计平均值实际上蕴含了一个默认的假设:每一个分子的速度在任何方向的分量取任意数值的可能性(概率)都是相等的。因此,这样的统计平均值是一种算术平均值,是一种对随机量的粗粒平均。对于分子运动而言,分子运动的统计平均值体现的是随机量取值的统计集中度。

统计集中度能反映出分子速度的平均值及分子速度围绕平均值发生随机变化的大概范围,但不能反映出每一个时刻分子速度围绕平均值取其他数值的涨落变化细节,也不能反映出分子速度处于某个速度区间范围内的可能性(概率)。反映这些可能性(概率)随分子速度这个随机量的变化的特征是以分子速率的统计分布函数表示的。对分子运动而言,分子速率的统计分布函数体现的是随机量取值的统计分散度。大学物理往往在论述了对温度、压强作出的微观上的统计解释以后,就转入了对麦克斯韦速率分布函数的讨论,从教学上看,这个"转弯"似乎有点突

然,但是从统计的意义上看,这正是从统计集中度向统计分散度的自然延伸。

由于处于一定容器内的气体分子数目是大量的,从理论上讲,在一定的温度和压强条件下,容器中每一个分子处于从速率为零到速率趋于无限大的速率之间任意一个速率区间的可能性都是存在的。我们不能说,某分子在某时刻具有某种确定的速率,只能说,某些分子的速率在某时刻处于某一个速率区间内,而且处于某一个速率区间内的分子数在总分子数中占有一定的比例,形成一定的分布。在速率空间内,这样的分布就是分子速率的统计分布函数,这个分布函数是速率的连续函数。

在一定的气体温度压强下,处于平衡态的分子速率统计分布函数就是麦克斯韦分子速率分布律。麦克斯韦速率分布律是怎样得出的?它在关于热学的统计理论上有什么重要的意义?

19世纪统计理论中一个很有用的成果就是高斯误差分布律,即如果某个随机量在一定的平均值附近呈现不规则涨落,那么表示偏离平均值的频率的误差曲线应该是钟形曲线,某个随机量在平均值附近的出现的频率具有一个极大值,一旦偏离平均值,其取值就向两边急剧地减少。麦克斯韦在1860年提出自己的设想,认为气体中分子之间的大量碰撞的结果不会导致分子速率趋于平均分布,而是呈现类似于高斯误差分布律的分布方式,即分子的速率处于各个速度区间内的可能性(概率)是不同的,并存在一个极大值。基于这样的思想,麦克斯韦提出了两个基本假设:一是假设分子速度在三个空间方向上的分量是互相独立的,二是分子出现在每个方向上速度分量的概率是相同的。正是在这两个假设的条件下麦克斯韦通过数学推导得出了著名的麦克斯韦速率分布函数,即

$$f(v) = 4\pi \left(\frac{m}{2\pi kT}\right)^{\frac{3}{2}} v^2 e^{-\frac{mv^2}{2kT}} \tag{3-21}$$

式(3-21)表明,尽管每一个分子的速度大小和方向不断地发生改变,但是在给定的温度和压强下,分子速率分布律是完全确定的。这个速率分布律的统计意义就在于它给出了分子的速率处于一定速率区间内的可能性(概率)的分布,或者说,它给出了在一定速率区间内具有的分子数占总分子数的比例。从分子的速率分布曲线上可以看出,分子具有很大的速率和很小的速率的概率虽然很小,但概率不是零,也就是总有少数分子具有很大的速率,也总有少数分子运动速率很小,看起来似乎"不动"。另外,从速率分布曲线上可以得出,分子处在与曲线极大值对应的一个特定分子速率附近区间内的概率最大,这个速率就是最概然速率,在最概然速率附近单位区间内的分子数占总分子数的比例最多。

因此,虽然统计分布函数与统计平均值都体现了概率的思想,但与平均值体现的随机量的集中度相比,统计分布体现的随机量的分散度更能细致地反映出随机量的变化特征。在统计的意义上,统计集中度和统计分散度是体现热学中的统计思想的两部分不可分割的内容。

19 麦克斯韦速率分布律和能量均分定理在统计方法上有什么区别？

问题阐述：

在大学物理教材中，能量均分定理一般是安排在麦克斯韦速率分布律后的重要内容，它们都是从统计的意义上对分子运动得到的重要结论。它们在统计方法上有什么异同？怎样理解均分的含义？

参考解答：

在很多大学物理课程的热学部分，能量均分定理往往是继讨论了麦克斯韦速率分布（这是一个统计的结论）以后提出的。按照统计方法，麦克斯韦分布给出了在一定的速度区间内气体分子出现的概率。只要知道了麦克斯韦分布函数，就可以由此得出相应的三个特征速率，它们都是统计平均值。与此类似，能量均分定理也是通过一定的能量分布函数按照求平均值的方法得到的，这个能量分布函数称为玻尔兹曼分布函数，玻尔兹曼分布函数给出了在能量区间内分子出现的概率。只要知道了玻尔兹曼分布函数，就可以由此得出相应的统计平均值。

设气体的自由度是 s，气体的能量是动能 E_k 和势能 E_p 之和。动能 E_k 一般可以表示为各个平方项之和，即

$$E_k = \frac{1}{2}\sum_{i=1}^{s} a_i p_i^2 \tag{3-22}$$

式中，$\frac{1}{2}a_i p_i^2$ 就是第 i 个分子动能的平方项，如分子的平动动能可以写成 $\frac{1}{2}\frac{p^2}{m}$，系数 a_i 有可能是坐标 $q_1, q_2, \cdots, q_s$ 的函数，但不是动量 p_i 的函数，因而 $\frac{1}{2}a_i p_i^2$ 称为动能独立平方项，独立平方项的数目等于自由度数 s。利用玻尔兹曼分布函数可以得出，动能 E_k 表示式中每一个独立平方项的平均值等于 $\frac{1}{2}kT$，于是，动能 E_k 的平均值就是 s 个平方项之和，即

$$\overline{E_k} = s \times \frac{1}{2}kT \tag{3-23}$$

如果动能不能表示为平方项之和，如多原子分子的转动动能的表示式是一个二次齐式，即

$$E_k = \frac{1}{2}\sum_{i,j=1}^{s} a_{ij} p_i p_j \tag{3-24}$$

可以通过正交变换把上式转化为 s 个平方项之和,于是式(3-23)的结论仍然是成立的。势能 E_p 中有一部分也可以表示成平方项为

$$E_p = \frac{1}{2}\sum_{i=1}^{n} b_i q_i^2 + U_1(q_{n+1}, \cdots, q_s) \tag{3-25}$$

式中,$\frac{1}{2}b_i q_i^2$ 就是第 i 个分子坐标的平方项,如谐振子的弹性势能可以写成 $\frac{1}{2}kq^2$,系数 b_i 有可能是动量 $p_1, p_2, \cdots, p_s$ 的函数,但不是坐标 q_i 的函数($n < s$),因而也称为势能独立平方项。利用玻尔兹曼分布函数,可以得出,势能 E_p 表示式中每一个独立平方项的平均值都是 $\frac{1}{2}kT$。于是,可以得出这样的结论:能量 E 中任意一个独立平方项的平均值都是 $\frac{1}{2}kT$,这就是能量(按独立平方项)均分定理(这又是一个统计的结论)。

例如,对一个不处在外场中的一维谐振子而言,其自由度为1,振动动能的平方项是一项,但还具有一项弹性势能的平方项,它们的平均能量各自都是 $\frac{1}{2}kT$,因此,这个谐振子的平均能量是 $2 \times \frac{1}{2}kT = kT$。

在大学物理教材的热学中麦克斯韦速率分布和能量均分定理之所以成为其中重要的章节,从内容上看,不仅是因为可以从麦克斯韦分布得出三个特征速率,从能量均分定理得出单原子分子和多原子分子的理想气体的内能和热容量的表示式,而且更重要的是,麦克斯韦速度分布是从以分子速度分量张成的速度空间中得到的。而能量均分定理是从以所有分子的坐标分量和速度分量张成的分子相空间(μ 空间)中得出的,显然,速度空间仅是分子相空间(μ 空间)的一个子空间,因此,从麦克斯韦分布到能量均分定理在统计方法上是一个提升。

能量均分定理是关于大量分子热运动能量的统计规律,是对大量分子进行统计平均的结果。个别分子在某个瞬间具有的动能或势能与平均值可能会有很大的差别,每一种形式的动能和势能的平方项的平均值未必都等于 $\frac{1}{2}kT$。这里"均分"的含义是,s 个自由度的总动能的平均值均分到每一个自由度,相当于每一个自由度平均贡献 $\frac{1}{2}kT$,总能量的平均值均分到每一个独立平方项,相当于每一个独立平方项平均贡献 $\frac{1}{2}kT$。

能量均分定理的一个重要应用是计算晶状固体的比热容。设一个固体含有 N 个原子,共有 $3N$ 个自由度,其中 6 个是原子的平动自由度和转动自由度,其余 $(3N-6)$ 个是原子的振动自由度。由于 N 是一个非常大的数字,可以近似认为固体的振动自由度就是 $3N$。固体的每一个原子都能够在 3 个独立的方向下振动,而

每一个振动自由度的能量有 2 个平方项。该固体可以被视为一个拥有各自独立的 $3N$ 个简谐振子的系统,而每一个谐振子都有平均能量 kT,所以固体的平均总能量为 $3NkT$,比热容则为 $3Nk$。

20 为什么内能只包括一部分而不是所有微观状态的能量?

问题阐述:

宏观系统的内能在微观上被定义为微观分子热运动的动能和相互作用势能的总和,即分子无规则运动能量的总和。内能不包括系统宏观整体运动的动能和系统与外场相互作用的势能,也不包括更深微观层次上粒子的运动能量。能量均分定理揭示的正是被定义为内能的那一部分能量通过能量的再分配最后导致按独立平方项均分的结论。为什么对内能作出这样的定义? 为什么内能只包括一部分而不是所有微观状态的能量?

参考解答:

内能是作为宏观状态函数出现在热力学第一定律中的。首先,内能作为能量的一种形式,它必须是热力学系统宏观状态的函数,在一定的宏观平衡状态下,系统的内能是确定的。其次,在平衡态下,系统的宏观状态虽然是确定的,但是组成热力学系统的分子在不断地剧烈运动,它们的微观状态是不确定的。每一个微观状态的能量不仅由于分子无规则碰撞的相互作用发生激烈的改变,还可能由于分子与外场的相互作用而发生改变。一个是平衡态下宏观能量的确定性,另一个是微观状态下能量的不确定性,由此提出的问题就是: 能不能建立以及如何建立确定的宏观能量与不确定的微观状态能量之间的对应?

对分子、原子全部微观能量的分析表明,分子的激烈无规则热运动和互相碰撞使一部分微观能量不断地在各个微观状态之间进行着交换和再分配,以致每一个微观状态的能量发生着似乎瞬时性的变化。但微观分子热运动的动能和相互作用势能的总和的这部分微观能量在统计意义上呈现出某种不变性,从而可以把它们与统计意义上不随时间改变的宏观平衡态相对应,这部分能量后来就被定义为内能。另外一部分与分子微观运动相联系的总能量(如分子与外场相互作用的总能量、比分子和原子更深层次的粒子的能量等)一般不参与通过分子互相交换能量和再分配能量的过程,也不能保持统计意义上的总和不变,无法与确定的宏观状态对应,因此也就不再计入内能的范畴。

分子能量的互相交换和能量的再分配导致系统的内能出现了某种形式的均

分,这种均分完全是在统计意义上对分子无规则运动能量的均分。热力学中的能量均分定理揭示的正是被定义为内能的那一部分能量总和通过能量的再分配最后导致按平方项均分的结论,而那些不参与再分配的能量也同样不参与能量按平方项的均分。

21 为什么在低温下分子内能中的转动动能和振动能量不参与均分?

问题阐述:

实验测量比热比值的结果表明,只有在高温情况下,按照能量均分定理计算得到的结果才与实验结果相符。为什么在高温下,分子内能中的平动能量、转动能量和振动能量能按自由度实现均分,而在低温下,分子内能中的转动能量和振动能量却会呈现"冻结"状态,不参与均分?

参考解答:

按照能量均分定理,对于由 N 个单原子分子组成的气体系统,分子的无规则运动能量只有平动动能,而分子的平动自由度是3,按照能量均分定理,分子在每一个自由度上分配到的能量是 $\frac{1}{2}kT$,因此,这个气体系统的内能是 $\frac{3}{2}NkT$,它的等压比热与等体比热的比值 $\gamma = \frac{5}{3}$。对于双原子刚性分子系统,分子的无规则能量既包括分子的平动动能,又包括分子的转动动能,分子的平动自由度是3,转动自由度是2,因此,整个气体系统的内能是 $\frac{5}{2}NkT$。它的等压比热与等体比热的比值 $\gamma = \frac{7}{5}$。对于双原子弹性分子系统,考虑到分子振动的动能和弹性势能,整个气体系统的内能是 $\frac{7}{2}NkT$,它的等压比热与等体比热的比值 $\gamma = \frac{9}{7}$。但是,实验测量比热比值 γ 的结果表明,只有在高温情况下,按照能量均分定理计算得到的 γ 与实验结果才相符。在低温情况下,分子按照转动自由度和振动自由度均分的能量似乎发生了"冻结",转动自由度和振动的能量对整个系统的能量没有贡献,按照能量均分定理计算得到的 γ 与实验结果存在很大的差异,这样的"冻结"是怎么形成的?为什么转动能量和振动能量会呈现"冻结"状态,而不参与均分也对比热没有贡献?对此,经典理论无法作出解释。

实际上,能量均分定理是从分子动理论中得到的,而无论是平动动能还是转动动能都是按照经典力学进行计算的。面对理论与实验不符,经典理论不能解释这个问题的处境,麦克斯韦在1869年的一次演讲中说:"现在我要在诸位面前提出在我看来是分子理论上遇到的一个最大的困难。"这就表明,经典理论在这里完全失效了。一直到量子力学问世后,这个困难才得到解决。

量子力学表明,参与再分配的那部分能量只有在可以被看作经典意义上连续分布的能量时,才形成按自由度的均分,而不参加再分配的另一部分能量(如分子振动和转动的能量)往往是以分立的能级呈现的,它们在常温下一般不会对按自由度均分的能量作出贡献,即处于"冻结"状态,只有在高温下才可能参与能量的均分。为什么在低温下这部分能量会出现"冻结"?

在量子力学中,分子是以一定的概率处在一系列从低到高的离散的能级上的,它们的能量分别依次记为 $E_0, E_1, E_2, \cdots$,这里 E_0 称为基态能级,$E_1, E_2, \cdots$ 相继称为第一激发态的能级、第二激发态的能级等。计算表明,分子处于第一激发态能级 E_1 的概率 P_1 与分子处于基态能级 E_0 的概率 P_0 之比,即处于能级 E_1 的粒子数 n_1 与处于能级 E_0 的粒子数 n_0 之比为

$$\frac{P_1}{P_0} = \frac{n_1}{n_0} = e^{-(E_1-E_0)/kT} \tag{3-26}$$

假定把一个双原子分子看作一个圆频率为 ω 的谐振子,能级之间是等间隔的,每一个能级间隔的能量是 $\hbar\omega$,那么,谐振子处于第一激发态能级 E_1 的概率是谐振子处于基态能级 E_0 的概率的 $e^{-\frac{\hbar\omega}{kT}}$ 倍。当谐振子处于低温,且 $kT \ll \hbar\omega$ 时,谐振子处于第一激发态能级 E_1 的概率是极小的,也就是实际上谐振子都处在基态能级 E_0 上,它们的运动处在"冻结"状态,对能量的再分配没有贡献。

一旦当谐振子处于高温时,且 $kT \gg \hbar\omega$,谐振子就以相当的概率出现在第一激发态上,然后出现在第二激发态上,等等。当"冻结"状态一旦被"解冻",谐振子出现在各个激发态的概率相当大时,它们处于这些激发态的离散变化行为就几乎接近于连续变化的行为,此时谐振子的转动能量和振动能量就在各个自由度上实现再分配,于是显示出对热容量的贡献,呈现出与经典能量连续变化结果相同的结果。

能量均分定理是一个对大量分子运动进行统计的结论,对于一个分子而言,能量未必在各个自由度均分。整个系统作宏观定向运动的能量(如充满气体的容器在外力作用下发生的平移运动)不是统计意义上的能量;分子与外场相互作用的总能量及比分子和原子更深层次的粒子的能量虽然也是统计意义上的能量,但是,从量子力学的观点看,这些粒子之间的能级间隔 ΔE 远远大于一般温度下的 kT,粒子处于激发态的概率极小,基本上处于"冻结"状态,因此,对内能和能量按自由度的再分配没有贡献。

22 在多原子分子和低温情况下，由能量均分定理计算的结论与实验结果相比较有很大偏离。在大学物理课程中安排这样的教学内容有什么重要意义？

问题阐述：

由能量均分定理可以得到系统热容量的逻辑论证是严密的，但在多原子分子和低温情况下理论与实验结果相比较往往有很大偏离。产生这个偏离的主要原因是经典理论存在的缺陷。爱因斯坦和德拜（P. Debye，1884—1966）以量子化的离散能量表示式取代经典的连续能量表示式，由此发展出一套与实验结果符合得更好的固体比热理论。在大学物理课程中安排这样的内容，对认识和体现物理理论的不确定性有什么意义和启示？

参考解答：

能量均分定理是基于分子的经典力学假设和分子集体的经典统计假设而得出的定理，独立平方项和自由度的概念仅对经典力学意义上的分子适用。在高温条件下能量均分定理的理论推导的结果与实验相符，但该理论对低温条件下的气体系统有很大的偏离，从而暴露出经典理论存在很大的缺陷。爱因斯坦（1907 年）和德拜（1911 年）考虑了量子效应产生的影响，以量子化的离散能量表示式取代经典的连续能量表示式，以对能级的求和取代对相空间的积分等。例如，按照量子理论，一个谐振子的振动动能不再是以动量独立平方项的形式来表示，而是以能量量子化的形式呈现，即

$$E_n = \left(n + \frac{1}{2}\right)h\nu = \left(n + \frac{1}{2}\right)\hbar w, \quad n = 0, 1, 2, \cdots \tag{3-27}$$

由此不仅发展出一套与实验结果符合得更好的固体比热理论，而且更重要的是第一次为普朗克提出的量子论提供了有力的佐证。

很多大学物理教材在热学的能量均分定理内容中提到了这个定理的适用范围，当然作为大学物理课程对这个适用范围的问题不可能从经典理论到量子理论展开仔细讨论，但适当地提出这样的适用范围是精心设计的。回顾在力学中曾经提到牛顿定律的适用范围，由此引出了对狭义相对论的讨论，与此类似，在热学中提出能量均分定理的适用范围，由此为后面量子论的讨论作铺垫。在力学和热学作出这样的铺垫不仅体现了大学物理学科知识的整体性和互相联系，而且隐含着一个重要的物理思想，那就是我们必须承认，只强调课程知识体系内容的确定性是

片面的,物理课程的知识体系内容应该体现不确定性。不确定性的思想是当代物理学发展所体现的重要思想,本书的量子论部分将对此作进一步的讨论。

23 与力学的定律比较,为什么热力学基本定律可以称为"否定性"定律?

问题阐述:

热力学第一定律可以表述为"第一类永动机是不可能制成的",热力学第二定律可以表述为"第二类永动机是不可能制成的",热力学第三定律可以表述为"绝对零度是不可能达到的"。与力学的定律相比,热力学定律的这种表述方式具有什么特点?这种表述方式在物理上有什么意义?

参考解答:

热力学第一定律表明,各种不同运动形式的能量可以互相转化,热是发生在热现象过程中的一种传递性的能量,热量是在热力学过程中标志热功转化的一个重要的物理量,在转化过程中能量的总量是恒定的。而热力学第二定律表明的是,各种不同运动形式能量的转化是有方向性的。尽管转化过程中能量的量没有消失,但是能量的质在转化过程中不断丧失它的转化能力和做功的品质。在热力学第二定律中,熵是在热力学过程中标志过程转化方向的重要物理量。熵的引入给出了能量转化受限制和做功品质丧失的量度。热力学第三定律表明的是,不仅各种运动形式之间可以互相转化并存在转化的方向,而且转化存在着某个下限的不可到达的限制性。

为了有助于深化对物理世界的认识,人们经常对物理定律按照不同的特征作分类。就表述方式分,物理定律和定理的表述可以被分成肯定性和否定性两大类。

一类是肯定性的表述方式,它的基本格式是"在什么条件下可以得到什么结果"。大多数物理定律是采用这样的方式表述的。例如,力学定律都是以这种肯定性的表述呈现的。从牛顿三大定律可以得出,一个作匀速直线运动的物体,如果受到一个外力的作用,物体的运动状态就一定会发生改变。在物体受到外力的冲量作用时,物体的动量会发生改变;而当外力对物体做功时,物体的动能会发生改变。又如,在电磁学中法拉第电磁感应定律表明,只要通过闭合线圈的磁感应通量发生变化,线圈内就产生感应电动势和感应电流。这一大类以肯定性表述为特征的物理学定律告诉我们,只要给出充分的条件,人们总可以利用这些条件充分发挥主动性"去达到某种预料的结果"。

另一类是否定性的表述方式,它的基本格式是"在什么条件下不能得到什么结果"。热力学的三大定律就是采用这种方式表述的。例如,热力学第一定律的一个表述是"第一类永动机是不可能制成的"。第一类永动机指的是,热机的工作物质可以不从外界吸收任何热量但可以周而复始地对外做功。根据热力学第一定律,这样的永动机是不可能被制造出来的。与通常物理定律的表述相比,热力学第一定律的这种表述被称为热力学第一定律的否定性表述。

又如,热力学第二定律的一个表述是"第二类永动机是不可能制成的"。第二类永动机是指热机的工作物质只需要从单一的热源吸取热量,并把这些热量全部转化为功而不产生其他效果。这样的理想热机效率是100%,即它运行的唯一效果是把热量百分之百地全部转化为功。根据热力学第二定律,这样的永动机是不可能被制造出来的。与通常的物理表述相比,热力学第二定律的这种表述被称为热力学第二定律的否定性表述。

再如,接近绝对零度的任何过程都是等熵过程,也即绝热过程,因此,任何凝聚物质系统与外界没有热交换,它不能通过放出热量来降低温度;又既然是凝聚物质系统,它不能靠绝热膨胀对外做功来降温。物理学把这个否定性表述为,不可能利用有限次的实验步骤使系统的温度达到绝对零度,或简单地表述为,绝对零度是不可能达到的,这就是热力学第三定律的否定性表述。

这三个热力学定律都以否定性的表述揭示了热运动的基本规律。这类否定性定律告诉我们,在给定的条件下,人们一定不可能达到某种预料的结果。

如果说,在一定条件下出现预料的结果是一种因果性,那么在一定条件下一定不出现某种结果也是一种因果性。一个是只要存在如此的"因",就一定会出现某些预料的"果"的因果性;另一个是只要存在如此的"因",就一定不会达到某些期望的"果"的因果性。与力学相比,热力学显然在因果性的认识上提供了比力学更深刻的物理思想。

根据热力学第一定律和热力学第二定律,人们可以不断改进两个热源的温差,努力提高热机的效率,但是,任何热机的效率都不可能达到100%。根据热力学第三定律,人们可以以各种降温方式使物体的温度越来越接近绝对零度,但是,任何努力都不可能使物体的温度达到绝对零度。因此,热力学的三大定律既从对人们有利的一面为人们的努力指出了方向,又对人类的认识和行动在给定的条件下加上了限制,人们不能违背自然规律,随心所欲地去实施自己的各种行为。

随着社会的发展和科学技术的进步,物理学不断深化着对自然界各种物质结构和物质运动形式的认识。与其他学科相比,20世纪物理学已经成了自然科学发展史上一个最富于物质成果和思想成果的学科。在已过去的20世纪中期,特别是近几十年来,物理学的研究领域在空间层次上微观上已达10^{-19}m(核子)之小,宏观上已达10^{27}m(哈勃半径)之远;在时间尺度的范围也从10^{-24}s(粒子的寿命)的

短寿命层次到 10^{18} s(宇宙年龄)的长寿命层次；然而,热力学的基本定律却没有以这样鼓舞人心的语言表述,反而以特有的区别于其他物理规律的否定性的方式揭示了物理现象的规律,这不是对人类认识能力的否定和抹黑,相反,它恰恰体现了人类对自然界万事万物发展的客观规律的一种尊重,体现了在涉及人和自然界关系的认识上人类对自身主观行为的一种限制。

第4章

电磁学

1 与力学相比，电磁学需要的"从头研究"表现在哪些方面？

问题阐述：

电磁学在发展初期仍然受到了牛顿力学物理思想的深刻影响，到了19世纪中期，法拉第和麦克斯韦发现，电磁力恰恰是不同于万有引力需要从头开始研究的对象。爱因斯坦敏锐地洞见了物理学发展史上这一重大转折，他曾明确指出，牛顿的公理式方法已经不适用了，并进一步指出"在研究电和光的规律时，第一次产生建立新的基本概念的必要性"[①]。与力学相比，电磁学需要从头开始表现在哪些方面？在电磁学中第一次建立了哪些新的基本概念？

参考解答：

在大学物理教学过程中，从力学、热学到电磁学，无论在内容上还是学习方法上对学生都是一个新的转折点。虽然在学习电磁学时学生仍然从电场、电势这些中学物理中遇到过的概念开始，但是物理上场的概念的抽象性（与力学相比）及数学上处理方式的复杂性（与热学相比）似乎使学生一度对静电问题感到似懂非懂，难以把握。究其根源，还是在于学生难以适应电磁学中渗透的从头开始的物理学基本思想和数学的方法，这一点在电磁学的教学中应该引起重视并加以关注。

从头开始意味着什么？从头开始指的是对电磁力的研究需要开辟新的完全不同于对万有引力研究的道路。这主要表现为以下几个方面。

第一，对于力的起源而言，牛顿仅得出质点之间存在万有引力的表示式，没有揭示万有引力的起源，而且引力是与物体运动速度无关的；然而，在电磁学中电磁力的产生来自带电体的物质结构，它的大小和方向与带电粒子的速度是密切相关的。

第二，对于力的传递而言，牛顿把物体之间的万有引力看成一种超距作用，力的传递是瞬时的，传递速度无限大；但是，电磁力的作用不是超距的，传递速度是

---

① EINSTEIN A.爱因斯坦文集：第一卷[M].许良英，李宝恒，赵中立，等编译.北京：商务印书馆，1976：348.

有限的。

第三，对于理论体系而言，牛顿以牛顿三大定律作为公理推理出其他定理，从而建立了一整套经典力学的理论体系，但是电磁学不是基于公理体系建立起来的。相对于力学而言，电磁学从研究的对象、研究的逻辑层次到因果观等各方面所建立的理论体系，都是从头开始的。

（1）力学和电磁学的研究对象不同

力学描述的是物体机械运动的状态及运动状态的改变与外力的关系，还有动量、能量及其相应的守恒定律。力学研究的对象是质点和刚体。两个质点或两个刚体不能同时占有同一个空间位置。

电磁学研究的对象是电磁场。在大学物理中讨论电磁场总是先从静电场开始的。静电场一旦得以产生，静电学研究的对象就不再是产生电场的场源电荷，而是由场源电荷产生的场。与质点和刚体不同，多个场源电荷在空间每一点产生的场是可以叠加的。

早期的机械观认为，一切自然现象都可以归结为物质粒子之间的相互作用力。19世纪初期的物理学家也认为，场是不存在的，只有物质和它的变化才是实在的。法拉第在1837年提出的场的概念打破了超距作用在物理学上的地位，成为近距作用的核心思想。从此，人们对场的认识向着客观实在方向跨出了关键性的一步，使场的概念在物理学中占了统治地位，成为现代物理学的主角。因此，场的概念就是在电磁学中需要建立的第一个新的基本概念。现代社会中每个人几乎每时每刻都在与场打交道。在现代物理学看来，电磁场与人们坐的椅子一样实在。在大学物理教学中，对场的认识的深化与发展就是贯串于整个电磁学教学的一条主线。

（2）力学和电磁学的研究逻辑层次不同

在研究的逻辑层次上，力学先确定对质点或刚体运动状态的描述，再研究状态的变化和力或力矩的作用（这里的逻辑层次是，先定义描述质点或刚体机械运动状态的物理量；再引入力或力矩，它们是引起质点或刚体运动状态变化的原因）。

作为研究电磁场的开始，静电学一开始先从定义点电荷之间的静电力 F 开始，然后引出由场源电荷 Q 产生的场，定义了描述场的状态的两个物理量——电场强度和电势（这里的逻辑层次是，先定义场源电荷与检验电荷之间的静电力，再引入描述由场源电荷产生的电场的状态的物理量）。电场强度描述了场源电荷 Q 周围空间静电力的一种特殊性质，电场强度是空间坐标的矢量函数。电势描述了场源电荷周围空间电场能量的一种特殊性质，电势是空间坐标的标量函数。电场强度和电势都是描写电场本身性质的物理量，它们的大小只与场源电荷有关，与放在电场中的检验电荷无关。

由于开始只讨论静电场，电场强度和电势都还不是时间的函数，只与场点的位置有关。后来，当人们不仅发现了两个相对静止的点电荷之间存在静电力，还发现了与电荷运动速度有关的磁力及与电荷运动加速度有关的电动力后，牛顿理论的那种研究逻辑层次在电磁学中被完全改变了。

（3）力学和电磁学的因果观不同

在经典的力学理论中，确定论的因果观贯串在整个理论体系中，力被看成引起运动状态变化的"因"，而运动的变化是"果"。

由于静电学研究的是不随时间改变的电场，还不涉及场的变化。一旦电场发生改变，就会产生磁场，而磁场的变化又会产生电场，于是就有了原因与结果的关系。与力学不同，电磁场理论在涉及运动原因和结果关系的因果观上也是从头开始的。

法拉第在1822年推想，既然电能够产生磁，那么磁也应该能够产生电。正是基于这种对称性科学思维方法，法拉第创立了电磁感应理论。麦克斯韦系统地总结了从库仑（C. A. de Coulomb，1736—1806）到安培（A. M. Ampere，1775—1836）和法拉第等人建立的电磁学理论的全部成就。他把电场和磁场统一为电磁场，并且建立了电磁场的基本方程组——麦克斯韦方程组。

麦克斯韦方程组表明：变化的电场必然在周围空间产生一个磁场，这个磁场环绕着变化的电场闭合起来，而变化的磁场也会在其周围空间产生一个电场，这个电场也环绕着变化的磁场闭合起来。于是交变的电场和交变的磁场形成一个互相耦连着的、不间断的、旋涡状的电磁场整体。这个电磁场一旦从空间某一点开始，就会逐点相邻地以恒定的速度向外传播。这样的传播就形成了电磁波。

在电场和磁场互相转化产生电磁波的过程中，电场和磁场相继处于"因"和"果"的地位上，"因"和"果"从经典力学中单一指向的常态下的二元因果逻辑关系发展为变态下的多元因果逻辑关系。

在常态下，二元因果的逻辑次序关系可以是固定的，如力是引起物体运动状态变化的原因，而不是相反；但是，在变态下，多元因果逻辑关系是可以互相转化的，即"因"和"果"在一定的条件下是可以互相替代的。变化电场是产生磁场的"因"，而作为"果"的变化磁场又可以作为"因"产生变化的电场，由此就产生了电磁场。正是在电磁场的传播过程中，电场和磁场两者之间存在着互相既是原因又是结果的新型逻辑关系，这是一种区别于经典力学确定论因果观的、在更高层次上体现的新的因果观思想。

❷ 库仑定律的提出体现了怎样的物理学方法？

问题阐述：

在静电学内容中，库仑定律总是作为关于静电力的一条重要定律首先出现。

库仑定律是怎样得出的？在提出库仑定律的过程中，我们可以获得什么样的物理学思想方法的启示？

参考解答：

作为电磁学的一个基本定律——库仑定律是在1785年提出的。它的建立使电磁学的研究从定性的研究开始进入了定量的阶段，为电动力学的发展奠定了基础。

18世纪中期，人们已经知道了同种电荷相斥、异种电荷相吸的实验事实，于是就提出了如何定量测量电荷之间相互作用力的问题。德国柏林科学院院士爱皮努斯（F. U. T. Aepinus，1724—1802）在1759年提出假设，他认为电荷之间的相互作用力是随带电物体的距离增大而减少的，但他没有进行过实际测量。

第一个提出电力服从平方反比定律的猜测是伯努利（D. Bernoulli，1700—1782），他在1760年提出的这个猜测不是凭空想象的产物，而是基于牛顿的形而上学的自然观的结果。因为在空间均匀性和各向同性的假定下，许多自然过程遵循的平方反比定律是必然的结果。值得提出的是，早在1755年，当富兰克林（B. Franklin，1706—1790）完成"空罐实验"但一时得不到解释时，他的朋友普里斯特利（J. J. Priestley，1733—1804）就基于牛顿1687年提出的结果作出了这样的类比猜测。牛顿证明了，如果万有引力遵循平方反比定律，那么均匀物质构成的球壳对壳内物体没有作用力。由此，普里斯特利在重复了"空罐实验"以后，根据实验显示的作用力现象提出了电的吸引力与万有引力服从同一定律的结论。他的结论仅停留在猜测阶段，没有进行明确的实验验证，因此没有得到科学界的重视。1769年和1773年，罗比逊（J. Robison，1739—1805）和卡文迪什（H. Cavendish，1731—1810）先后做过测量电荷相互作用力的定量实验，确实得到了同样的结果，由于他们的工作没有及时发表，并没有对物理学的发展产生重大的影响。

1785—1789年，法国物理学家库仑在法国皇家科学院备忘录上发表了四篇关于电学方面的论文。正是在第一篇论文中，库仑通过扭秤实验（图4-1(a)）提出了"带同号电荷的两球之间的排斥力，与两球球心之间的距离平方成反比"的结论。而在第二篇论文中，库仑指出了扭秤实验的欠缺，并仍然基于与万有引力的类比设计了电摆实验（图4-1(b)），把测量得到的电摆的周期和一个钟摆在万有引力作用下摆动的周期与所受的力的平方根成反比的结果比较，得到了实验值与理论值基本相符的结果，于是库仑又提出了"正电荷与负电荷之间的相互吸引力也与距离的平方成反比"的结论。实际上，他写出的公式与实验得出的结果之间的误差达到30%以上[1]，但是库仑还是以平方反比的关系表示了他的结论。

1785年，库仑研究了两个点电荷之间相互作用力的规律，从与万有引力定律的类比中完整地提出了两个点电荷之间相互作用的库仑定律：在真空中的两个静

---

① 杨振宁.杨振宁文集 传记 演讲 随笔(上)[M].上海：华东师范大学出版社，1998：250.

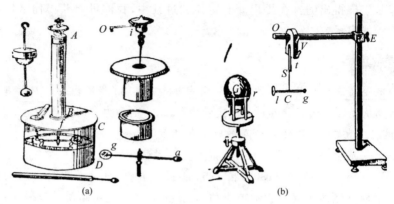

图 4-1　库仑的扭秤实验和电摆实验
（a）库仑的扭秤实验；（b）库仑的电摆实验

止点电荷之间静电作用力 F 的大小与这两个点电荷所带电量的乘积成正比，与它们之间距离的平方成反比，作用力的方向沿两个点电荷连线方向（同号相斥，异号相吸）。

作为一种相互作用力，静电力是一个矢量。两个静止点电荷之间的作用力遵循牛顿第三定律。

从库仑定律的提出过程中可以看出，人们首先必须从测量中找出有关的实验数据，有了实验数据，就需要发现和提出问题；其次对问题以合理的、科学的假设作出回答；再次借助于类比方法从万有引力定律中获得某些结论性的启示，并以数学形式写出表示式；最后经过实验的验证，把假设变成定律。迄今为止，实验表明，如果把库仑定律看成严格的反平方律，那么，从微观的 10^{-13} cm 到宏观的 10^{9} cm 尺度范围内，静电力的反平方律是可靠适用的。近代物理研究表明，如果光子的静止质量不严格为零，$m_{\gamma} \neq 0$，则静电力 F 与两个点电荷之间距离 r 的关系就不是严格的反平方关系，而是 $F \propto r^{-2 \pm \delta}$，这里 $\delta \neq 0$ 就是与静电力平方反比律偏离的修正因子；如果 $m_{\gamma} = 0$，则 $\delta = 0$。至今为止，用天体物理的方法测得光子静止质量的最强限制为 $m_{\gamma} < 10^{-60}$ g，远小于电子的质量 $m_{e} \approx 10^{-28}$ g，因此在许多问题中可以认为 $m_{\gamma} = 0, \delta = 0$。

确实，如果没有通过与万有引力定律的类比提出假设，单靠测量数据的积累是难以归纳得出电荷之间相互作用力的定量表示式的。这里，首先是从实验发现问题和提出问题，其次是类比提供了从实验可以得出某些结论的启示和假设，最后经过实验的验证才有了库仑定律。这就显示了类比在与其他方法结合在一起以后在科学发现和科学研究方面所起的重要作用。

类比方法为人们提供了从已知到未知、从熟悉到不熟悉的一个认识的立足点，特别是在材料不足难以进行归纳和演绎论证的情况下，类比不失为一种打开思路、由此及彼的认识途径。很多物理学家在自己的科学研究工作中也非常重视类比方法的作用。开普勒曾说过："我珍视类比胜过任何别的东西,它是我最可信赖的老师。"在物理学发展史上有很多通过类比方法发现或提出物理定律的例子。库仑定律的得出是物理学发展史上用类比方法认识电荷相互作用获得成功的典型例子。

　　库仑定律之所以成为定律,在电磁学中占有重要的地位,不仅是因为它来自对实验结果的归纳概括和提炼,并得到了实验的验证,而且更重要的是,库仑定律可以从电磁场的基本理论——麦克斯韦方程组出发通过演绎推理得出。正因为把归纳和演绎的方法相结合,库仑定律就更好地确立了它在电磁学中的地位。

3 与力学中的弹性力和摩擦力这类作用力相比,静电力具有哪些新的特征?

问题阐述:

　　在大学物理电磁学内容中,一般总是从讨论静电场和静电力开始,这是为什么?与力学中的弹性力和摩擦力等作用力相比,静电力具有哪些从头开始的新的特征?

参考解答:

　　在大学物理电磁学部分,一般总是从讨论静电场和静电力开始。如同在力学中从定义质点的位置矢量("静")开始引出质点位置随时间改变的速度和加速度矢量("动"),在热学中从定义热学平衡态("静")开始引出对准静态过程("动")的讨论一样,对电磁学的学习从静电场和静电力("静")开始到电场的变化产生磁场,磁场的变化产生电场("动"),然后再学习电磁场的麦克斯韦理论,这样的内容体系体现了人们对物体及其运动规律从"静"到"动"的认识次序。

　　长期以来,在力学中提到的相互作用力一直被人们看成一种接触相互作用,如力学中的各种牵引力、摩擦力、弹性力、空气阻力等。对于物体竖直下落时受到的重力,牛顿的万有引力理论提出,它是物体之间存在的另一种非接触的相互作用,它只取决于两个物体的相对位置,与物体的运动速度无关;它不需要通过任何中间介质作媒质,可以在真空中传播;它不需要任何时间,可以瞬时传播,这就是超距相互作用。虽然这种观念与当时占统治地位的接触相互作用的观念相背,但是由于万有引力理论在天体力学上取得了很大的成功,人们只得承认并接受这样的思想观念。

　　电磁学中首先出现的静电相互作用显然与力学中这一大类占统治地位的接触

相互作用不同,它是一种非接触的相互作用。当时牛顿理论体现的思想影响如此之深,以至于物理学界不仅完全接受了万有引力的超距作用的理论,而且由于在得到静电力公式的研究过程中运用了与万有引力类比的方法进行推理,人们发现在两个点电荷之间的静电相互作用在真空中也会发生,而且点电荷与点电荷之间的静电力与点电荷的运动速度和时间无关。静电力是在两个电荷没有发生直接接触时产生的,因此,静电力理所当然地被人们看成是与万有引力一样的一种超距相互作用。

在力学中,讨论的对象是运动的物体,离开了对物体受力情况的分析,就不能对物体的运动状况作出判断,力是"因",物体的运动状态变化是"果"。在静电学中,讨论的对象是电荷产生的静电场,而不是产生静电场的电荷。在一个点电荷 Q 周围空间的任一个位置上放置另一个点电荷 q 时,它总会受到 Q 对它的静电力 F 的作用。库仑定律表明,静电力 F 的大小和方向取决于两个电荷的相对位置。静电学的实验还表明,处于任一空间位置上的电荷 q 所受到的电荷系的作用力 F 与 q 的电量成正比,F 与 q 的比值只取决于点电荷 Q 的电量大小和电荷 q 在空间所在的位置,与 q 所带的电量大小无关。因此,可以认为 $\dfrac{F}{q}$ 反映了电荷 Q 周围空间中各点的一种特殊的性质,它能给出静止在各点上的电荷 Q 受到的力的作用。具有这些性质的各点集合就被称为由该点电荷产生的电场,$\dfrac{F}{q}$ 就被定义为电场强度。电场强度是空间坐标的矢量函数,在讨论电场的性质时,着眼点往往不是产生电场的电荷 Q,也不是个别点的场强,而是场强的空间分布。虽然有了电场和电场强度的定义,但当时人们还是把电荷对电荷的相互作用力看成如万有引力作用力一样是超距的作用力,电场仅仅只是某些空间点的集合而已。静电力是隔着空间传播的,不需要任何中间媒质。但是,一旦定义了电场强度,把静电作用力与各点的位置联系起来,尤其是引入场强的叠加原理以后,物理学从力学研究力对物体的作用转变为电磁学从头开始研究场的性质和场对导体和介质的作用的思想就蕴含在其中了。

4 电势梯度求电场强度的关系式蕴含着哪些深刻的物理含义?

问题阐述:

在静电学中,继讨论电场强度和电势以后,常常专门安排一节课讨论电势的梯度,为什么要讨论电势的梯度?一个比较普遍的看法是,这部分内容提供了从电势得出电场强度的一条简便的途径。这样的关系式仅仅是一种计算电场的方法吗？从电势梯度求电场强度的关系式背后蕴含着关于场的性质的哪些深刻的物理含义？

参考解答：

这里以求一个连续带电体产生的电场为例。为了求出电场强度，一个直接的方法是把带电体分割成许多小的电荷元，先计算电荷元产生的电场强度，再依据叠加原理以叠加的方法（数学上是求积分）求得电场强度。另一个方法可以先从求电势入手。一旦求得了电势，就可以利用对电势求梯度的数学方法求得相应的电场强度。这样计算确实比直接计算电场强度的过程省去了一些步骤。虽然最后又多了求梯度的微分计算，但是由于求微分一般总比求积分容易一些，计算上还是显得较为简单一些。这部分内容一般被认为提供了从电势得出电场强度的一条简便的方法。实际上，这样的关系式不仅仅是一种计算电场的方法，而是具有对场的性质进行描述的深刻的物理意义。

不妨先探讨一下力学对质点和刚体运动的描述方式。在力学中，描述质点运动状态的物理量是位置、速度等物理量，这些物理量都是质点所在空间位置的定域函数。这里"定域"的含义是指，当质点处在空间一个确定的"点"上时，该点的位置表示了质点所处的状态。当质点从一个空间位置运动到另一个空间位置时，质点的运动状态就发生了改变。位置随时间的改变得出速度，速度随时间的改变产生加速度。同样，描述刚体状态的物理量角位移和角动量等也都是刚体相对于一定的转轴转过的角度的定域函数。当刚体绕着轴线转动了一个角度时，刚体的运动状态也就发生了改变。角度的改变就是角位移，角位移随时间的改变是角速度，角速度随时间的改变是角加速度。在以上描述质点和刚体的定域状态物理量之间的关系，后者是以前者对时间的微分关系表现出来的。

静电学对场的描述与力学对质点的描述完全不同。与质点和刚体只能定域在一个"点"或很小的空间范围内不同，静电场总是分布在一定的空间范围内，特别是真空中点电荷产生的电场还可以延伸到无限远处。因此，只要存在场源电荷，它产生的场就是确定存在的。作为描述电场状态的两个物理量，电势和电场强度是所有场点的连续函数。原则上只要知道了这两个量在某一个时刻的无限多的数值，就能完全确定静电场在这个时刻的状态。

电势梯度体现的是电势的空间变化率，从电势的梯度即电势对空间的微分可以得出电场强度。反之，给定场点的电场强度，通过对空间的路径积分，在给定零电势以后，就可以得到该点的电势。这种微分和积分的运算，表明了电场强度和电势描述的电场具有空间延展性和逐点连续性，因此，作为描述电场状态的物理量，电场强度和电势是所有空间场点的非定域连续函数。这里的非定域性是指，一旦静电场得以建立，就必然存在一个延展的空间，在这个空间里，电场强度和电势具有一个确定的非定域的连续分布。作为描述静电场非定域状态的这两个物理量，后者是以前者对空间积分的关系表现出来的。

电场强度是矢量,电场强度对空间路径的线积分与路径无关,电场强度沿任一闭合路径的线积分为零(即"静电场的安培环路定理"),由此可以定义电势这样的物理量。电势是标量,从电势梯度可以得到电场强度。静电场列出专门一节讨论电场强度和电势的梯度关系不仅为计算电场强度提供了方便,还揭示了静电场的有势特征,从而与后面讨论体现磁场特征的安培环路定理形成呼应。而这两个环路定理分别在电场和磁场的有关章节中进行讨论正是为以后建立电磁场的麦克斯韦方程组做好知识上的储备。

在经典物理学中,以质点为代表的"点"是定域性的,而以电磁场为代表的"场"是非定域性的,两者的物理属性截然不同,它们的区别泾渭分明。从定域性描述到非定域性描述,从物理量之间存在的时间变化率的关系到物理量之间存在的空间变化率的关系,静电学把对经典力学中的质点或刚体状态的定域性描述上升为从头开始对电场状态的非定域性描述。

20世纪初,爱因斯坦提出的光量子的理论成功地解释了光电效应的实验结果,并揭示了电磁场的量子性,光子以电磁场能量的最小单位出现。于是,电磁场以它自身存在的场的分布而表现出"非定域性",光子作为"粒子",不再具有经典粒子的定域性,而以一种非定域粒子呈现在人们面前。光子的"波粒二象性"的提出进一步深化了人们对电磁场"非定域性"的认识。

除了电磁场以外,现代物理学已经揭示出其他场也具有表征场能量最小单位的量子。例如,固体中晶格振动场的声子,它是相互耦合着的原子系统被激发了的集体振动,不是一个单粒子。又例如,铁磁体中自旋波场中的磁子,它是一种被激发了的自旋波行为,也不是一个单粒子。量子场论表明,作为物质存在形式的场都具有粒子性,粒子总是和一个具有无穷多自由度的场体系联系在一起的,它们可以归结为量子化了的场。粒子是可以产生或消灭的,分别对应于场体系的激发和跃迁,具有非定域性的特征。

5　为什么说静电平衡是对力学平衡和热学平衡的深化和发展?

问题阐述:

在大学物理力学中讨论过力学平衡,在热学中讨论过热学平衡,在静电学中又提出了静电平衡的概念。这三种平衡各有哪些特点?如何理解静电平衡是对力学平衡和热学平衡的深化和发展?

参考解答：

当一个物体受到两个或多个外力作用时,如果合力为零,物体保持静止或匀速直线运动状态,在力学上就称这个物体处于力学平衡状态。如果把物体保持静止称为力学的静平衡,那么物体作匀速直线运动就可以称为力学的动平衡。

热学中的平衡态是指不受外界作用的孤立系统所呈现的不随时间改变的宏观状态。在平衡态系统内部宏观上没有质量流和热量流,但微观上由于系统内部分子还在作无规则的热运动,不处于力学平衡,因此,热学中的平衡态是一种热动平衡态。

热动平衡态区别于力学平衡的特点是,它是静中有动的热动平衡态。静是指不随时间改变的宏观状态,它是微观运动状态在宏观上呈现的统计平均效应;动是指微观上大量分子的无规则运动(每一个分子都不处于力学平衡态),以及由此导致宏观上围绕热力学平衡态呈现的各种宏观态的动态微小涨落。

电学中的静电平衡态是指导体在外部电场和内部电场的共同作用下,其内部处处净电荷为零,内部电场强度为零,导体表面没有电荷定向移动的状态。放置在达到静电平衡导体内部的电荷,不受任何静电力,处于力学平衡状态。

导体达到静电平衡状态的一个特点是,电荷只能分布在表面,使表面成为等势体;表面的电荷分布既与表面紧邻处的电场强度有关,又与表面的曲率有关。导体一旦达到静电平衡,导体表面的电荷分布就不再发生改变,导体表面合场强的大小与表面电荷分布密度成正比。这里特别应该指出的是,表面紧邻处的电场强度并不是仅仅由当地导体表面的电荷产生的,而是由导体表面上的电荷和导体外的其他电荷共同产生的。导体外的电荷分布发生改变,就会影响导体表面上的电荷分布,进而影响合场强,而合场强又以正比关系影响着表面的电荷分布密度,如此反复,最后使导体达到静电平衡。放置于达到静电平衡状态导体外部的任何一个点电荷或有着固定分布的电荷组都不可能达到力学平衡状态。

导体达到静电平衡状态的另一个特点是,导体表面处的电场强度必定与导体表面垂直,与导体形状无关。显然,与没有放置导体时的电场相比,放置导体后的电场分布发生了变化。电场的这个变化是由达到静电平衡的导体引起的,而导体的静电平衡又是由电场导致的。从这个意义上说,这是一种作用与反作用的关系,不过它与力学中的作用与反作用的关系不同。在静电学中,导体中的电荷受到的是通过电场传递的相互作用,而在力学中物体受到的是两个物体直接接触的相互作用;在静电学中的作用与反作用是以外电场导致导体内部电荷移动直至内部电场为零和导体影响外电场的变化而反映出来的,力学中作用与反作用则是以两个力的大小相等和方向相反并作用在两个不同物体上来体现的。

因此,与力学平衡和热学平衡相比较,静电平衡是导体外界电场和导体内部电场的共同作用及与电荷分布之间相互影响而达到的一种动态平衡。

在静和动的对称关系上比较三种平衡的概念,可以看到,在不受到外力作用时,处于力学平衡的物体或处于静(静平衡)或处于匀速直线运动状态(动平衡),两者必居其一。描述物体处于力学平衡态时只需要一个物理量:在给定的坐标系下,或物体的位置矢量不变;或物体的速度矢量不变。一旦受到的合外力不为零,物体就会失去这样的力学平衡态。

达到平衡态的热力学系统处于的是静中有动的热动平衡态,这样的热力学系统是既不与外界交换物质也不与外界交换热量的孤立系统,因此,热力学平衡态仅仅是由系统本身的内部微观分子的运动机制形成的,是微观分子无规则运动在宏观上呈现的统计平均结果。对于一个简单系统而言,描述热动平衡态需要两个独立的状态参量,如压强和温度或压强和体积等。一旦外力对系统做功或系统与外界交换热量,系统就会失去热力学平衡态,进入非平衡状态。如果系统经历的是准静态过程,系统就会从一个热力学平衡态进入另一个热力学平衡态。

达到静电平衡的导体处于的是一种处于动态平衡的平衡态。导体受到外电场作用后,导体自身的电荷分布发生改变,导体电荷分布的改变又反过来影响外电场的分布。正是在这样的外在因素和导体自身内在因素的互相作用下,导体达到动态平衡。描述静电动态平衡特征的是三个物理量:一是导体的电势,处于静电平衡状态的导体是等势体;二是导体内部的电场强度,导体内部的电场强度等于零;三是导体表面电荷密度分布,导体表面曲率越大的地方,面电荷密度越大。一旦外电场发生改变,导体的电势和导体表面的面电荷分布就会相应发生改变,从一个动态平衡进入另一个动态平衡。

不受外力作用的质点会达到力学平衡态,不受外界作用的孤立的热力学系统会达到热学平衡态,而只有受到外电场作用的导体才会达到静电平衡。与中学物理学习的内容相比,大学物理中出现的这三种平衡概念并没有简单地重复中学的内容,而是进一步用类比的方法分析三种平衡的物理成因和相应特征,从而揭示出导体的静电平衡在平衡思想上是对力学平衡和热动平衡概念的深化和发展。

6 讨论连续带电体产生的电场强度这类例题采取的"三步曲"体现了怎样的物理学方法?

问题阐述:

在大学物理教材的静电学部分,在讨论了两个点电荷之间的库仑定律,并引入了电场强度和电势以后,就会从计算电偶极子的电场强度和电势开始,延伸到计算几个典型的连续带电体产生的电场强度。为什么在静电学中常常会把讨论这类例题作为重要的内容？仔细梳理一下计算连续带电体产生的电场强度的过程,可以发现整个求解过程实际上采取的是"先分割,后分解,再叠加"的"三步曲"的具体步骤。讨论这类例题采取的"三步曲"的步骤体现了怎样的物理学思想方法？

参考解答:

在静电学中,电场强度和电势是作为描述静电场本身的物理属性而引入的,中学物理只是对点电荷产生的电场强度和电势做了简单的讨论。而大学物理不仅把对点电荷的讨论扩展到有限分布的点电荷系,还进一步对典型的连续带电体产生的电场强度和电势进行讨论。这既是对中学物理的衔接,更是对中学物理的提升。如何计算连续带电体产生的电场强度和电势？这是静电学需要讨论的一个重要内容。

在中学物理中,所讨论的静电学问题只限于计算有限的几个点电荷之间的库仑力和点电荷产生的电场强度,数学上使用的是代数方法。大学物理把这样的计算从几个点电荷发展到有限分布的点电荷系再延伸到连续分布的带电体,数学上使用的是高等数学方法。在数学计算方法提升的背后实际上体现了关于部分和整体关系的一个深刻的物理思想。

一般来说,静电学关于电场强度或电势计算过程往往是按照从点到体这样的认识逻辑顺序展开的:首先,讨论一个点电荷产生的电场强度或电势;然后,以叠加原理为根据,讨论多个点电荷组成的电荷系所产生的电场强度或电势;最后,讨论连续带电体产生的电场强度或电势。在大学物理中,求连续分布的带电体产生的电场强度的典型例子一般是三个:求无限长直带电导体、带电圆环和带电圆盘产生的电场强度。尽管每一本大学物理教材对这类问题的表述都体现了很强的逻辑性,选用的例子具有典型的代表性,但是从这里开始计算电场强度的代数方法完全失效,必须运用高等数学的微积分方法,而学生对于这种数学方法一时还不适应和不熟练,因此,在学习这部分内容时,学生往往把学习重点放到了如何去对付数学的计算上,如怎样对带电体进行有效的分割、怎样用变量替换法完成积分等,从而疏忽了对其中包含的物理思想的领悟。

以求电场强度为例。在求无限长直带电导体在电场中 P 点产生的电场强度的基本思路是,首先从导体上分割出一长度为 $\mathrm{d}l$ 的电荷元,并设置 x、y 方向的平面坐标系;然后计算该电荷元在 P 点产生的电场强度 $\mathrm{d}E$,把各个电荷元在 P 点产生的电场强度用积分方法叠加,就可以得出长直导体在 P 点产生的电场强度 E。但是由于电场强度 $\mathrm{d}E$ 是矢量,需要把各个电荷元产生的 $\mathrm{d}E$ 先沿 x、y 方向分解为 $\mathrm{d}E_x$、$\mathrm{d}E_y$ 后,再分别按分量用积分方法叠加为 E_x、E_y,最后把 E_x、E_y 合成为整个导体产生的电场强度 E。按照这样的计算方法,还可以得到均匀带电圆环和带电圆盘产生的电场强度。梳理一下计算电场强度的过程,可以发现整个求解过程实际上采取的是"先分割,后分解,再叠加"的"三步曲"的具体步骤。

求这类连续带电体产生的电势时也是从"先分割"开始,但由于电势是标量,对电荷元产生的电势就不存在"后分解"的步骤;最后仍然需要"再叠加",即把电荷元产生的电势以积分方式叠加。

仔细琢磨这样的例题计算,可以发现这样的"三步曲"不仅提供了求解连续带电体产生的静电场的具体方法,还体现了物理学的重要思想方法。

以上的计算中,第一步"先分割"是先求出"部分"产生的场强,第二步"后分解"是把"部分"产生的场强沿坐标系的分量方向分解,第三步"再叠加"是把各个"部分"产生的场强叠加,用积分得到"整体"产生的场强。这个方法看起来似乎是高等数学典型的运算方法,实际上,在这一系列"分割"和"叠加"的数学操作背后体现的是经典物理学关于部分和整体关系的重要思想:"整体"是由"部分"组成的,为了认识"整体"产生的效应(整个连续带电体产生的场强),先要认识"部分"产生的效应(一小段电荷元产生的场强),一旦认识了"部分",再从"部分"相加就能得到对"整体"的认识。

经典物理学的这个思想并不是从电学开始的,在力学部分这个思想就已经渗透到物理内容的展开过程中。例如,运动的合成、力的合成乃至求解运动微分方程时采用的从特解进行线性叠加得到通解的解题步骤等都体现了这样的思想。实现这样的物理思想有一个前提条件,那就是"部分"之间的叠加必须服从线性叠加原理,即每一个"部分"产生的物理后果都不受其他"部分"存在的影响,"部分"与"部分"之间没有相互作用。这就是静电学中在计算连续带电体的场强和电势前必须提出关于场强的线性叠加原理和电势的线性叠加原理内容的原因。在力学中讨论力的合成、速度的合成时也都同样提出了相应的叠加原理。

在物理学发展史上,关于部分和整体关系的思想可以追溯到法国哲学家、物理学家和数学家笛卡儿。他在关于自然科学的哲学本质上提出了一个心智指导法则。按照这个法则,为了解决所遇到的难题必须把它们分成几部分,从最简单的对象开始,逐步进入对复杂对象的认识。笛卡儿提出的还原思维方法的一条原则就是"把我所审查的每一个难题按照可能和必要的程度分成若干部分,以便一一妥善解决"。为了研究一个问题和解决一个问题,需要把它们分解为简单的要素。于是为了研究"整体"就必须研究"部分","部分"搞清楚了,"整体"也就搞清楚了,这就是还原思维方法对部分和整体的关系"分析-重构"的思想。笛卡儿的方法论思想经过从牛顿到爱因斯坦几百年的补充和发展而不断得以完善和系统化,从而使"分析-重构"的还原分析思维方法在现代科学方法中占有支配的地位。这种还原思维方法系统地渗透在从力学、热学、电磁学到原子物理学等物理学的各个分支中。物理学的力学部分从质点运动开始,再到质点系;电学部分从点电荷引入,再到电荷系;对于连续带电体层次上的电学的讨论则归纳为"先分割,后分解,再叠加"的一般方法。这一系列思维方法体现了"从简单到复杂"的线性简化思维原则,大大提高了人们对自然界客观事物的认识水平。

近代非线性科学的发展表明,线性系统只是对自然界的一种近似的、理想化的模型系统,非线性系统才是真实存在的实际系统。对于非线性的相互作用系统,线性叠加的原理失效,不仅从"部分"无法叠加得到对"整体"的认识,而且由于非线性系统存在的复杂性,"部分"呈现出与"整体"一样的复杂性,因此,必须发展新的复杂性思想以得到更加接近自然界真实面貌的认识。

7　用高斯定理求解连续带电体产生的电场强度的"三步曲"体现了怎样的物理学方法?

问题阐述:

在求具有对称性分布的连续带电体产生的电场强度时,一般要先介绍高斯定理,再利用高斯定理求出具有对称性电荷分布的带电体产生的电场强度。由此,有一种看法认为,高斯定理是作为一种求解具有某种对称性电场的电场强度的方法引入的补充工具,而且只能求解具有对称性电场分布的几个有限的问题。高斯定理仅仅是作为计算电场强度的一种补充工具而引入的吗?用高斯定理求解电场强度的"三步曲"步骤体现了怎样的物理学思想方法?与求无限长带电导线这类连续带电体产生电场强度的方法有什么不同?

参考解答:

静电学在讨论长直带电导体、带电圆环和带电圆盘等这类连续带电体产生的电场强度之后,就会讨论另一类特殊的连续带电体——电荷分布呈现对称性的连续带电体产生的电场,如均匀带电球面、带电球体、均匀带电直线和均匀带电平面等带电体产生的电场强度。这样的讨论和计算是通过引入高斯定理来求解的,其主要的步骤也可以归结为"三步曲",即"先分析(带电体电荷分布的对称性),后确定(合适的高斯面),再利用(高斯定理)"。于是,静电学中高斯定理被看成计算具有对称性的连续带电体产生场强的一种简便的数学方法;如果带电体的电荷分布没有对称性,高斯定理在静电学中似乎就显得没有什么"用武之地"了。

高斯定理仅仅是一个计算场强的简单数学工具吗?不是。高斯定理是麦克斯韦电磁场方程组的重要组成部分。从物理上看,高斯定理表明了在静电场中通过一个闭合面的电通量与所包围的电荷的关系,从而体现了静电场的一个特征——有源性。在静电场中提出高斯定理也是与后面讨论体现磁场的无源性特征形成的一个呼应。

在静电学内容次序上把求几个典型的连续带电体产生电场强度安排在先,把应用高斯定理求解呈现对称性电荷分布的一类特殊连续带电体产生的电场安排在后,主要是突出两者的计算方法在物理思想上形成的一个鲜明的对比:前者"三步曲"体现的是"从部分得到整体"的思想,后者"三步曲"体现的是"从整体得到部分"的思想。高斯定理中的"整体"是指带电体产生的"场","部分"是指需要讨论的电场中的某一个点或某一个区域。

"从整体得到部分"计算场强的"三步曲"的物理步骤是这样展开的:首先分析带电体及所产生电场具有的对称性,这是第一步整体的行为;其次根据对称性找出符合一定条件的合适的闭合面——高斯面,这是第二步整体的行为;最后在高斯面上应用高斯定理完成对闭合面的积分,特别是完成把电场强度提到积分号外面的运算后,再根据高斯面包围的电荷得出电场强度的表示式,这是第三步整体的行为。通过这样的"三步曲"的整体行为以后,得到的电场强度虽然仍然是一个区域上(高斯面上)的电场强度,但是由于需要求得的某一点电场强度("部分")在作高斯面时就被有意地置于这个区域中,于是,从依次考虑以上"三步曲"行为着手就可以得到所需要的"部分"结果。

大学物理电学部分列入的两种计算电场强度的方法,不仅是高等数学在大学物理中一种典型的应用,而且在这个应用背后实际上蕴含着关于部分和整体关系认识的物理思想。这两种计算方法各自体现的物理思想是相辅相成、互补的。在力学中已经触及了物理学中"从部分相加得到整体"的思想,电学则把对"部分和整体"关系的思想提到了一个更加完整和相互统一的认识论的层次上:对同一个问题(如求电场强度),既可以按照"从部分得到整体"的思路考虑,也可以按照"从整体得到部分"的思路进行分析和得以解决。

17世纪法国物理学家、数学家和哲学家帕斯卡(B. Pascal,1623—1662)是古典时代的一个在复杂性认识上起着关键作用的思想家,他在《思想录》中提出:"任何事物都既是结果又是原因,既受到作用又施加作用,既是通过中介存在的,又是直接存在的。所有事物,包括相距最遥远的和最不相同的事物,都被一种自然的和难以觉察的联系维系着。我认为不认识整体就不可能认识部分,同样地,不特别地认识各个部分也不可能认识整体。"这里,帕斯卡鲜明地提出了部分和整体不可分割的思想及施加作用者和承受作用者不可分割的思想。

当代系统科学理论揭示了系统内部的相互作用、系统与环境的相互作用,承认人类是自然界的一部分,人类与大自然的关系不是对立的主宰和被主宰的关系,而是和谐的、统一的协调共存关系。非线性科学在关于部分和整体的关系上则提出部分相加可以大于整体,在质的层次上部分可以高于整体的思想。分形几何学的自相似理论表明,只要在各个层次上系统呈现出自相似的结构,那么认识部分就与认识整体一样复杂,人们无法从局部的认识获得对整体的认识。例如,从了解流体的分子、原子结构入手是无法得到流体流动所产生的湍流现象的宏观规律的,同样从认识流体的流动规律是无法得出流体分子和原子结构的。因此,在非线性科学领域,"从部分得到整体"和"从整体得到部分"的思想不再适用。当代非线性科学正在为人们提供关于部分和整体关系的更深刻的复杂性思想的认识。

8 从真空到介质的讨论是关于真空中静电场有关思想的自然延伸,它们具体表现在哪些方面?

问题阐述:

在静电学中总要讨论导体和介质放在电场中的问题,其内容往往安排在用电场强度和电势描述电场性质内容的后面,在教学中往往被看成从真空到介质的一种应用上的延伸。实际上,从真空到介质的讨论,不仅是从真空到介质的一种应用上的延伸,还是关于真空中静电场有关思想的自然延伸,体现了物理思想的深化。它们具体表现在哪些方面?

参考解答:

在一些学时不多的大学物理课程中,"静电场中的导体"和"静电场中的电介质"的章节常常被认为不重要而被删去。实际上,这两部分内容不仅是静电学的重要组成部分,而且在物理思想上是对前面提到的关于真空中静电场有关思想的自然延伸。

在真空的静电场中,放入电场的点电荷会受到静电力的作用,这样的点电荷被看成一种自由的电荷,它们在电场力作用下,能够到达的空间范围在理论上是不受限制的。静电力对自由点电荷做功使点电荷发生相应的运动,从而电势能也发生变化。在这个过程中,并不计入该点电荷对电场产生的可能影响。

在实际应用中,电荷总是存在于导体或介质中的。一旦把导体或电介质放入静电场后,受到电场作用的对象就不再是真空中的自由电荷,而是处在导体内的电子或处在介质中被限制在一定范围内的束缚电荷。一方面,这些电荷会受到静电场的影响发生相应的运动,其结果是引起导体或介质的带电状态发生改变;另一方面,导体或介质带电状态的改变会反过来影响原来的静电场分布。导体在电场中会出现静电感应现象,导体表面的电荷会重新分布,导体内部的电场强度为零,导体外部的电场由导体表面的电荷和场源电荷共同产生。电介质在电场中会出现极化现象,在电介质表面会出现面束缚电荷,但是介质内部的电场强度不是零,介质外部的电场由面束缚电荷产生的电场和场源电荷共同产生。这样的结果正是由场对物质中电荷的相互作用导致的。

当介质放在静电场中时,介质内部电场强度是由面束缚电荷和场源电荷共同产生的,而面束缚电荷又是由场源电荷产生的电场导致的,这里就存在一个循环的因果关系。按照"先分割,后分解,再叠加"的方法计算电场强度就显得很困难,但是,一旦引入称为电位移的物理量 D,就可以导出关于 D 的高斯定理,由高斯定理可以求得介质内的场强。这就表明,"从整体得到部分"的思想方法在有介质存在的情况下仍然有效,这就再一次显示了高斯定理所体现的思想在电学中的重要地位和作用。

与真空中的静电场讨论的内容相比,这部分内容重点包括"导体和介质中的电荷分布如何受静电场作用而发生改变"和"导体和介质的电荷分布如何产生反作用以影响原来的静电场分布"两个方面,这两个方面是互相依存的,它们体现的是静电场对物质中的电荷的相互作用与这些电荷分布对静电场产生的影响的反作用关系。显然,在真空中没有任何物质,这个作用和反作用关系在真空中的静电场中是不存在的。

在现代物理学中场与物质中的电荷之间的相互作用已经成为物理学许多领域中涉及的重要思想,而静电学正是以"静电场中的导体"和"静电场中的电介质"为主题在大学物理中首先涉及了这个思想。由于导体和介质状态的改变发生在"部分",而影响电场的分布关系到"整体",在这些章节内容中应用的主要物理知识理所当然是高斯定理,而不再是库仑定律。因此,学习"静电场中的导体"和"静电场中的电介质"的内容不仅有助于进一步认识场与物质相互作用的物理思想在静电学中的表现,还将有助于进一步认识高斯定理对解决导体和介质问题的重要作用。

⑨　为什么有了欧姆定律的积分形式,大学物理还需要导出其微分形式?

问题阐述:

在中学物理中,提到了部分电路的欧姆定律 $I = \dfrac{U}{R}$,在大学物理的电磁学中又得出了欧姆定律的微分形式 $j = \sigma E$,与其对应,$I = \dfrac{U}{R}$ 就相应称为欧姆定律的积分形式。欧姆定律的本质是什么?为什么有了欧姆定律的积分形式,还需要导出其微分形式？这两种欧姆定律的表示式有什么共同之处和区别？欧姆定律微分形式为什么比欧姆定律积分形式的应用更为普遍？

参考解答：

在大学及中学物理教材中，关于部分电路的欧姆定律一般的标准表述为"在有稳恒电流通过的部分电路中，通过部分电路的电流 I，等于该部分电路两端的电压 U 除以该部分电路的电阻 R"，即

$$I = \frac{U}{R} \tag{4-1}$$

这个定律表明，在电阻 R 不变的情况下，电路中的电流强度 I 与电路两端的电压 U 成正比，这就是欧姆定律积分形式的本质。当一段导体上部分电路欧姆定律成立时，以导体两端电压 U 为横坐标，导体中的电流 I 为纵坐标，所作的曲线称为伏安特性曲线。满足欧姆定律的元器件的伏安特性曲线一定是一条过原点的直线。具有这种性质的电器元件称为线性元件，其电阻称为线性电阻或欧姆电阻。它的制成材料可以是金属，也可以是电解液等。

在交流电路中对电流的阻碍作用不是电阻，而是电容和电感，称为电抗(X)，其中电容对交流电流的阻碍作用称为容抗，电感对交流电流的阻碍作用称为感抗，容抗和感抗的代数和就是电抗，而电抗和电阻的矢量和称为阻抗(Z)。如果把欧姆定律中的电阻 R 换成阻抗 Z，欧姆定律对电容和电感依然是成立的。在室温或温度不太低的情况下，对于电子导电的导体(如金属)，欧姆定律是一个很准确的定律。当温度低到某一数值时，金属导体可能从正常态进入超导态。处于超导态的导体电阻消失了，不加电压也可以有电流。对于这种情况，欧姆定律也就不再适用了。

电流是带电粒子的定向流动。在大学物理中讨论的电流主要指导线中的电流。从物理上看，描述电荷流动快慢和流动电荷的大小的第一步就是计算单位时间内通过导线横截面的电量，这就需要引入电流强度 I 这个物理量。对于截面面积很小的导线，在单位时间内通过截面上各面积元的电量没有什么差别，电流流动方向也基本一致，因此，用电流强度 I 作为一个平均量描述流动快慢，用部分电路欧姆定律来描述电流强度与电压的关系一般已足够了。(试比较：在力学中为了描述物体在一段路程上运动的快慢程度，引入平均速度这个物理量就足够了。)

然而，对于在大块导体中流动的电荷，由于截面积较大，当电流通过时，导体中存在一个电流场，即在单位时间内通过截面面积上各面积元处的电量及电流流动的方向不一定相同，于是，就有必要引入既能更细致地反映电流流动强弱，又能反映流动方向的物理量，这就是电流密度 j。电流密度的大小在微观机制上与电子的密度和自由电子的平均自由程的平方成正比，并与外部电场强度 E 的大小成正比，方向与电场强度方向一致。它们之间的数值关系为

$$j = \sigma E \tag{4-2}$$

式中,σ 称为电导率,$\sigma = \dfrac{ne^2\tau}{m}$,这就是欧姆定律的微分形式。在 σ 不变时,电流密度与电场强度成正比,这就是欧姆定律微分形式的本质。注意,这里表述的仍然是一种正比关系,这个正比关系与积分形式的正比关系是完全对应的。当部分电路欧姆定律成立时,在欧姆定律的积分形式中,以导体两端电压 U 为横坐标,导体中的电流 I 为纵坐标,所作的曲线是一条直线,呈现出两者的线性关系。在欧姆定律的微分形式中,以电场强度 E 为横坐标,以导体中的电流密度 j 为纵坐标,所作的曲线也是一条直线,也呈现出线性关系。

欧姆定律的积分形式只适用于一段导体,描述的是流过导体横截面上各处电量大小和方向的一个平均分布。作为对横截面上电流流动的平均效果的描述,欧姆定律的积分形式适用于恒定电流的情形,在电流变化不大的非恒定情形下,欧姆定律也近似可以适用。而作为对横截面上各单位面元处的电流场的分布与电场在横截面上各点分布之间从点到点的对应关系的描述,欧姆定律的微分形式对一般的非恒定情形均是适用的。因此,微分形式比积分形式更为普遍。

无论是欧姆定律的积分形式或微分形式,它们都只适合于线性的各向同性的介质,线性指的电流强度 I 与电压 U 成正比关系或电流密度 j 与外电场 E 成正比关系。当导电材料的电阻 R 不随温度变化或当导电材料的电导率 σ 不依赖于外加电场的大小及方向时,该导电材料遵循欧姆定律。其实,所有的均匀材料,无论它们是像铜那样的导体或像纯硅或含有特定杂质的硅那样的半导体,都在一定的温度范围内或在电场值的某个范围内遵守欧姆定律。如果温度变化很大或电场过强,则在所有的情况下都存在对欧姆定律的偏离。

由于微分形式中出现了电导率,欧姆定律不仅是电路的基本定律,而且是重要的介质方程之一。在引入介质的电导率 σ 之后,电磁学还相继定义了电介质的电容率 ε 和磁介质的磁导率 μ,它们分别从导电、极化、磁化等不同角度描述了物质的不同电磁性质,相应建立的 $j = \sigma E$,$D = \varepsilon_r \varepsilon_0 E$ 和 $B = \mu_r \mu_0 H$,构成了一套介质方程组,与电磁场的方程组一起,组成了完备的麦克斯韦电磁场方程组。

从欧姆定律的微分形式 $j = \sigma E$ 上看,等式右边是一个与加速度有关的项。因为当电场 E 作用于电荷时,原来作无规则运动的电荷将受到一个定向作用力而作加速运动,但由于电子在运动过程中不断地与正离子发生碰撞,这个加速运动不是连续的,而是每碰撞一次就重新开始下一次碰撞,因此,电子的定向运动是一段一段加速运动的接替。而微分形式左边的电流密度 $j = env$ 是一个与电子运动的平均速度 v 有关的项,于是这里似乎出现了速度与加速度的正比关系。实际上,由于微观碰撞剧烈、频繁,电子加速运动只能发生在极其短暂的时间内,并不能长期保持。在一段时间内,当在宏观上观测呈现出恒定的电流时,电子的运动就可以近似视为匀速运动。

⑩ 电场线和磁感应线分别是怎样引入的？法拉第提出的磁感应线的重要物理意义是什么？

问题阐述：

在大学物理电磁学部分相继讨论电场线和磁感应线，并且引入了电通量和磁通量的概念。电场线、电通量和磁感应线、磁通量的引入通常被看成对静电场和静磁场的一种形象化的描述方式。电场线是怎样引入的？为什么说引入电场线和电通量的概念是对场的认识的重大发展？磁感应线是怎样引入的？法拉第提出的磁感应线的重要物理意义何在？

参考解答：

从学科知识的逻辑体系上看，在电场和磁场中相继引入电场线和磁感应线这些概念是为相应地建立静电场的高斯定理和建立磁场中的安培环路定律做准备的。实际上，在电场和在磁场中相继引入的力线不仅是一种描述的工具，还是人们在对电场和磁场本质的认识进程中形成的关于最初阶段电磁场物质观思想的一种体现。

场的观念是法拉第于 1837 年确立的。法拉第提出的场是一种无所不在、没有重量的介质——"弹性以太"，他把这些场设想为充满空间的某种介质，它们处于类似于弹性体扩张时的力学应变状态。电荷的相互作用是通过这样的电场传递的，不是超距的。电场赋予周围空间各点一种力的属性：如果知道了某一点或一个小区域内的电场强度，就可以由此知道任意电荷在这个位置或区域内的受力情况。于是，为了描述"以太"这样的弹性体，法拉第相继引入了力线的概念。这是物理学在关于场的概念上的重大发展。法拉第提出的力线的思想为电磁场描绘出一幅形象的图像，为以后麦克斯韦从数学上建立电磁场的理论奠定了基础。几十年以后，J.J.汤姆孙（J.J.Thomson，1856—1940）评论法拉第的成就时说："在法拉第的许多贡献中，最伟大的就是力线概念了。我想电场和磁场的许多性质，借助它就可以最简单而且富有暗示地表述出来。"[①]

从牛顿时代起，人们逐渐发现，所谓的超距作用是很不自然的[②]，人们曾经在揭示引力起源上用各种动力学理论来作出解释的努力也是毫无成果的。在这样的背景下，法拉第当时提出上述关于场的力线的思想显然是一个巨大的变革。但是，

---

① 陈毓芳，邹延肃.物理学史简明教程[M].2版.北京：北京师范大学出版社，1994：204.

② EINSTEIN A.爱因斯坦晚年文集[M].方在庆，韩文博，何维国，译.海口：海南出版社，2000：97.

实际上"法拉第这样做是半无意识的,并且是违背自己意愿的,因为他以及麦克斯韦和赫兹(H. R. Hertz,1857—1894)等三人终其一生都坚信自己是一个力学理论的信徒"[1]。因此,法拉第提出的场还没有完全摆脱牛顿绝对时空观的影响,还不是近代物理学意义上的场,但是法拉第的场的概念的提出毕竟打破了超距作用在物理学上的地位,成为近距作用的核心思想,使人们对场的认识向着客观实在的方向跨出了关键性的一步。

建立了场的概念以后,静电力就是一个电荷("场源电荷")通过静电场对另一个电荷("检验电荷")产生的作用力。与力学中接触相互作用的力相比,静电力是非接触的相互作用;与力学中的超距非接触相互作用的万有引力相比,静电力是通过电场传递的非接触相互作用。没有静电场,放置在空间的检验电荷不会受到电场力,有了静电场,但没有在空间放置检验电荷,也就不存在静电力。

一旦建立了电场,人们主要就是研究分析电场本身的性质,不再计入电荷所受的静电力,只需要用电场强度和电势等物理量就可以描述电场的性质。电场强度和电势仅仅是位置的函数,在静电场中每一个空间位置,即使不放置点电荷,该点仍然具有电场强度和电势。正是从点电荷的电场强度开始,再加上电场叠加原理,原则上就提供了计算任意带电体产生的电场强度的方法,也正是从点电荷的电场强度开始,把力学中主要从质点受力分析开始讨论质点运动的思路转变为电学中讨论电场的思路。例如,从电场强度的线积分可以得出静电场的安培环路定理,电场是有势场,在静电场中可以定义电势,而电场强度的旋度为零;从通过任意闭合面的电通量可以得出静电场的高斯定理,电场是有源场,在静电场中电场强度的散度不为零。

对静电场的讨论也为以后讨论静磁场和电磁感应埋下伏笔。一旦确定了静电场后,检验电荷受到的静电力大小只与放入电场的静止电荷所含电量的大小和离开场源电荷的距离有关,而一旦确定了静磁场后,运动电荷受到的磁场力的大小就与电荷的运动速度有关;当磁铁在闭合线圈中插入或拔出时,线圈中就会出现感应电动势,这类电动力的大小就与磁铁运动的加速度有关。

1820年,丹麦物理学家奥斯特(H. C. Øersted,1777—1851)关于电流磁效应的发现使电磁学的研究进入一个新时期。他在实验中发现,在不同的金属导体中通以电流以后,放在附近的小磁针就会发生偏转。他把有电流通过的导体周围产生的这种效应称为"电冲突"。奥斯特指出:"电冲突不是封闭在导体里面的,而是同时扩散到周围空间的"。观测还表明"这种冲突呈现圆形,否则就不可能解释这种情形,即当联结的导线的一段放在磁极的下面时,磁极被推向东方;而当置于磁极上面时,它被推向西方"[2]。正是这个"扩散到周围空间"的思想对法拉第等人后来

① EINSTEIN A. 爱因斯坦晚年文集[M]. 方在庆,韩文博,何维国,译. 海口:海南出版社,2000:97.
② MAGEE W F. 物理学原著选读[M]. 蔡宾牟,译. 北京:商务印书馆,1986:460-461.

发展起来的场的思想产生了直接的影响。

1831年法拉第基于他发现的磁电感应现象,提出了在电流和磁体周围存在一种电紧张状态,这种状态比奥斯特的电冲突更进了一步。法拉第认为,正是这种状态的出现、变化和消失,才会使导体中出现感应电流。法拉第提出了对"电紧张状态"进行描述的定量工具——磁感应线。法拉第从电介质在电场中被极化和磁介质在磁场中被磁化的现象提出物质之间的电力和磁力是需要介质传递的近距作用力。在带电体和磁体周围存在一种由电和磁产生的物质,起了传递电力和磁力的作用,法拉第分别把它们称为电场和磁场。

法拉第设想,电力和磁力就是通过相应的力线传递的,图4-2(a)就是各种不同带电体的电场线,图4-2(b)是各种不同电流的磁感应线。他认为"超距作用"是没有物理意义的。他从流体力学中形成一种类比,提出"场"由力线或力的管子组成,正是力线或力管把不同的电荷、磁体或电流联系在一起。显然,法拉第提出的"场"的思想比静电学中定义电场强度时引入的场的思想更显示出了场的物质性。

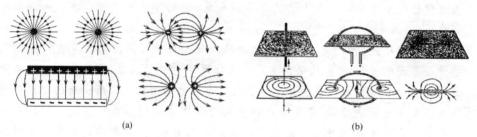

图 4-2 各种不同带电体的电场线和各种不同电流的磁感应线
(a) 各种不同带电体的电场线;(b) 各种不同电流的磁感应线

基于力的传递性和力线存在的实体性,法拉第明确地提出了场的思想。他在1855年发表的一篇文章中提出了力线实体性的四个标志:①力线的分布可以被物质所改变;②力线可以独立于物体而存在;③力线具有传递力的能力;④力线的传播需要经历时间过程。

法拉第还进一步指出,场是独立于物体的另一种物质形态,物体的运动都是场作用的结果;不管空间有没有物质,整个空间都充满了实体性的力线和力场[1]。法拉第的思想是深刻的、伟大的,但是由于他尚未把自己的思想给以数学上定量的表述,一时被科学界认为缺乏理论的严谨性。只有J.J.汤姆孙肯定了法拉第的理论,有力地支持了法拉第通过力线提出的近距作用观点。

1855—1856年,麦克斯韦发表了电磁学的第一篇论文"论法拉第力线",提出可以用不可压缩流体的流线为静电场的力线提供类比对象。1861—1862年,他发表了电磁学的第二篇论文"论物理力线",在这篇论文中,法拉第精心构想和设计了媒质的力学模型,对力线的分布及其应力的性质给予了机理性的说明。1864—1865 年,麦克斯韦在发表的著名论文"电磁场的动力学"中,完全去除了关于媒质结构的假设,以几个基本实验事实为基础,从场论的观点重建了自己的理论。他指出,"我所提出的理论可以称为电磁学理论,因为它必须涉及带电体和磁体周围的空间;它也可以称为动力学理论,因为它假定在该空间存在正在运动的物质,从而才产生了我们所观察到的电磁现象""电磁场就是包含和围绕着处于电磁状态的物体的那一部分空间"[①]。

1873 年,麦克斯韦出版了《电磁通论》,彻底地应用拉格朗日方程的动力学理论对电磁场理论做了全面、系统和严密的论述,从而引起物理学理论基础发生根本性变革。该书是继牛顿的《原理》以后树立的又一座里程碑。1887 年,赫兹的电磁波实验证实了麦克斯韦的电磁场理论。

尽管法拉第设想的场还具有机械的性质,麦克斯韦一开始为了说明电磁相互作用也把媒质想象成一些大小不等的很复杂的齿轮之类的东西,但是,毕竟一种新的物质观已经不可抗拒地登上了物理学的殿堂,它把光学与电磁学统一起来。麦克斯韦提出,原来设想的"光以太"完全没有必要存在。电磁效应的传播介质也具有传播光波的功能,光就是传播的电磁扰动。爱因斯坦对法拉第和麦克斯韦的工作给予了很高的评价:"自从牛顿奠定理论物理学的基础以来,物理学的公理基础的最伟大的变革是由法拉第和麦克斯韦在电磁现象方面的工作所引起的""这样一次伟大的变革是同法拉第、麦克斯韦和赫兹的名字永远联系在一起的。这次革命的最大部分出自麦克斯韦"[②]。麦克斯韦也被人们公认是"自牛顿以后世界上最伟大的数学物理学家"。

11 在刚体力学中,对刚体运动与质点的运动之间可以进行类比,在电磁学的教学中,对电场的描述和对磁场的描述也可以进行类比,力学中和电磁学中这两种类比方法各自有什么特点?

问题阐述:

类比的思想是物理学中的一个重要思想。在刚体力学中,对刚体运动与质点

---

① MAGEE W F. 物理学原著选读[M]. 蔡宾牟,译. 北京:商务印书馆,1986:551-552.

② EINSTEIN A. 爱因斯坦文集(增补本):第一卷[M]. 许良英,李宝恒,赵中立,等译. 北京:商务印书馆,2009:425.

运动可以进行类比,在电磁学的教学中,对电场的描述和对磁场的描述也可以进行类比,电场和磁场的类比具体表现在哪些方面? 比较力学中和电磁学中这两种类比方法,它们各自有什么特点?

参考解答:

类比的思想是物理学中的一个重要的思想方法。类比的思想可以分为两类: 一类是"异中求同",即从两个看起来不同的物体或事物的描述中对它们相同或相似的方面进行类比;另一类是"同中求异",即从两个看起来相同或相似的物体或事物中对它们不同的方面进行类比。在这方面,德国哲学家黑格尔(G. W. F. Hegel,1770—1831)曾作过一个很精彩的比喻:"假如一个人能看出当前显而易见的差别。譬如能区别一支笔和一头骆驼,我们不会说这人有了不起的聪明。同样,另一方面,一个人能比较两个近似的东西,如橡树和槐树,或寺院与教堂,而知其相似,我们也不能说他有很高的比较能力。我们所要求的,是要能看出异中之同和同中之异(图 4-3)"①。

图 4-3 "异中求同"和"同中求异"两种类比方法的示意图

在大学物理教学的相关内容中体现着类比的物理学思想方法。例如,在刚体力学中把对刚体运动的描述与对质点运动的描述进行类比。为了更好地理解刚体平动和转动的运动规律,刚体力学在提出平动与转动的不同表示的同时更多地揭示"角量"与"线量"的相似以体现类比的思想,这是在对刚体运动和质点运动这两种不同运动对象的类比中体现的一种"异中求同"的思想。

又如,大学物理的电磁学总是从对静电场的描述进入对磁场的描述,然后进入对电磁场的描述,这是逐步加深对场的认识深化的必要步骤。电场和磁场作为场,存在许多相似之处,但是,电场和磁场的性质毕竟是不同的,描述电场和磁场的物理量也是不同的,正因为它们具有不同的性质,才会存在电场和磁场的互相转化以形成电磁场。因此,在大学物理课程中需要在比较它们相似之处的同时,更多地揭示电量和磁量的差异,这是在对电场和磁场这两种场的类比中体现的一种"同中求异"的思想。

类比一:在作用力的表现方式上,静止电荷的相互作用是通过电场来传递的,

---

① HEGEL G W F. 小逻辑[M]. 贺麟,译. 北京:商务印书馆,1982:253.

电流的相互作用是通过磁场来传递的。这是相似之处。然而,电场力是两个静止电荷的相互作用,其方向总是处在两个电荷的连线方向上,电场力大小与两个电荷的电量和它们之间的相对位置有关;而磁力是两个电流之间的相互作用,其方向不沿着两个电流的连线方向;磁力的大小和方向不仅与电流的大小有关,还与电流相互放置的位置和电流的方向有关,这是它们的相异之点。

类比二:在状态描述上,静电场中先提出两个点电荷之间存在相互作用力——库仑力,然后由库仑力定义电场强度。在磁场中先提出运动电荷和运动电荷之间存在的相互作用力——磁力,并由磁力引出(不是定义)磁感应强度。这些都是与电场的相似之处。然而,在磁感应强度的定义方式与电场强度的定义方式之间却存在下列明显的相异:在定义电场强度的次序上是先有电场力大小和方向的定义以后才有电场强度的定义。某点电场强度的方向就是放在该点的正点电荷在电场中受力的方向,这个方向就在两个点电荷的连线上。电场强度的大小等于放在该点的单位正点电荷受到的库仑力的大小。在静电场空间的每一个确定位置上,电场强度的大小和方向是唯一的。

在磁场中,同样可以定义一个描述磁场性质的物理量(这个物理量由于历史上的原因被称为磁感应强度),这一点与电场强度类似,但是,对磁感应强度的定义不能照搬对电场强度定义的方式。电场强度定义的次序是先有力再有场强的定义,在对磁感应强度定义的次序上是先有磁感应强度方向的定义然后才有磁场力大小和方向的定义。

类比三:求连续带电体产生的电场和电流产生的磁场,都可以基于"从整体得到部分"的思想,从"先分割,后分解,再叠加"的方式着手,这是电场和磁场相似之处。但是在电场和磁场中,求出具有对称性场强分布利用的定理是不同的。电场是有源场,电场线"有头有尾",电场强度的散度不为零,求电场分布利用的是电场的高斯定理。这是与自然界存在正、负两种不同电荷的事实相联系的。而磁场是有旋场,磁感应线始终闭合,磁感应强度的散度为零,求磁场分布利用的是磁场的安培环路定理。这是与目前在自然界中还没有发现存在单一的磁荷这个事实相联系的。

12 为什么要把运动电荷不受到磁场力时的运动方向定义为磁感应强度的方向?

问题阐述:

由于电场的性质与磁场的性质不同,电场强度的定义方式与磁感应强度的定义方式是不同的。磁感应强度是怎样定义的？为什么要把静止电荷受到的电场力的方向定义为电场强度的方向而把运动电荷不受到磁场力时的运动方向定义为磁感应强度的方向？

参考解答：

在大学物理教材上，磁感应强度的定义次序一般是这样的：当运动电荷处于磁场中某个位置时，实验表明，由于处于该位置的运动电荷可以有不同的速度大小和方向，它受到的磁场力大小和方向也会出现不同的大小和方向。但是，实验发现，磁场中的每一点都有一个特征方向，当放入磁场的电荷在该点沿着这个特征方向运动时，运动电荷没有受到磁场力的作用，这个方向是唯一的，可以用来唯一地表征磁场的性质，于是这个特征方向就被定义为磁感应强度的方向（这里只定义了磁感应强度的方向）。实验又表明，当运动电荷沿其他方向运动时，它就会受到磁场力的作用，磁场力的方向既与磁感应强度方向垂直，又与电荷运动的速度方向垂直（但是磁感应强度方向不一定与电荷的运动方向垂直），在某位置运动电荷受到的磁场力的大小取决于磁感应强度的方向和电荷运动速度方向的夹角。当夹角从零到 $\frac{\pi}{2}$ 再到 π 变化时，磁感应强度呈现出从零到最大再到零的周期性变化。于是，可以把以速度 $\boldsymbol{v}$ 运动的电荷 q 在磁场 $\boldsymbol{B}$ 中所受到的磁力 $\boldsymbol{F}$ 三者的关系以右手螺旋法则表示。由此可见，在磁场中的运动电荷受到的磁场力既不沿运动速度方向，也不沿着磁感应强度的方向。当电荷 q 的运动速度的方向平行于磁感应强度的方向时，该运动电荷受到的磁场力为零；当电荷 q 的运动速度的方向垂直于磁感应强度的方向时，该运动电荷受到的磁场力最大，这个最大的磁场力 $\boldsymbol{F}$ 与 $q\boldsymbol{v}$ 的比值由磁场本身的性质决定，与 $q\boldsymbol{v}$ 的大小无关，于是这个比值的大小就被定义为磁感应强度 $\boldsymbol{B}$ 的大小。

为什么对电场强度作定义时，只需要确定电荷所在位置及所受的电场力即可，而对磁感应强度需要作如此定义？

为此，首先需要考察一下静电力与磁场力的区别。静电力是两个静止电荷之间的相互作用力，处于电场中的电荷的位置一旦确定以后，按照库仑定律，它受到的电场力的大小和方向就是唯一的，而且只与处于电场中电荷的位置有关。

磁场力是两个运动电荷的相互作用力，既然是运动电荷，就一定涉及电荷的运动方向，电荷在不同的运动方向上会受到不同的磁场力。也就是说，磁场力不仅与运动电荷所在位置有关，还与运动电荷的运动速度大小和方向有关，于是在磁场中就必须讨论力与电荷运动方向有关的问题。

其次，为了描述磁场的性质，与电场相类似，需要定义一个与运动电荷大小和所受磁场力大小无关、只与位置有关的物理量来表征磁场。问题是在磁场每一个空间位置上，随着运动电荷速度大小和方向的不同，运动电荷受到磁场力的方向和大小也是不同的。这就是说，即使在同一个位置上，运动电荷受到的力也不是唯一的。如何选择一个唯一的量来反映磁场的性质？实验表明，在每一个位置上只有唯一的一个特定方向，当运动电荷沿这个方向运动时完全不受磁场力的作用，于是把这个方向定义为磁感应强度 **B** 的方向（这里仅就方向而言，这个方向是唯一的）。但是，**B** 的方向确定后，在这个方向上运动电荷受到的磁场力 **F** 是零。如果在这个方向上仿照电场强度的定义方式，用电荷受到电场力来定义电场强度大小的方法来定义磁感应强度的大小显然是没有意义的。为了得到每一位置上唯一的磁感应强度的大小，必须另外相应地找到一个唯一的磁场力。在每一个位置上这个特定且唯一的磁场力只可能是最大的磁场力（这里仅就大小而言是唯一的），也就是当电荷沿着与磁感应强度垂直的方向运动时所受到的磁场力。由于在确定的一个场点位置上，最大的磁场力总是唯一的，由这个力出发就可以唯一地给出对磁感应强度大小的定义。

这就是定义磁感应强度与定义电场强度在力和场强的次序上存在的区别，这个区别完全是由电场和磁场的性质不同而产生的。

13 爱因斯坦首先发现了在感应电动势产生的两条途径上存在的不对称性，这个不对称性起源于何处？

问题阐述：

在电磁感应现象中，感生电动势的产生可以通过两条途径来实现：一条途径是导体动、磁场不动，即导体在磁场中作切割磁力线的运动，导体中产生动生电动势；另一条途径是磁场动、导体不动，即磁场随时间发生变化产生感应电场，这个电场在导体中产生感生电动势。在这两种情况下，虽然都是导体和磁体的相互作用，但使用的是两组不同的概念和方程式。爱因斯坦首先发现了在感应电动势产生的两条途径上存在的不对称性。这个不对称性起源于何处？如何认识这个不对称性？

参考解答：

上述关于产生感应电动势的两种物理途径不对称的问题是爱因斯坦在1905年9月发表的"论运动体的电动力学"中提出的。

在大学物理的电磁感应章节中，产生感应电动势的途径一般有两条，教材上一般用"导体动、磁场不动"和"磁场动、导体不动"两种方式来加以表述。在前一种情况下,电动势的产生归结为导体中的自由电子受到了非静电力——洛伦兹力的作用;而在后一种情况下,电动势的产生归结为由于变化的磁场产生了感应电场所致。在这两种情况下,虽然都是导体和磁体的相互作用,但使用的是两组不同的概念和方程式。爱因斯坦首先发现了在感应电动势产生的两条途径上存在着这样的不对称性。这个不对称性源自何方?爱因斯坦认为,这个不对称的问题实际上涉及的就是一个导体与磁场发生了相对运动时,由于坐标发生了变换,在两个参考系中描述电磁现象的麦克斯韦方程的形式是否能够保持一致的问题,即相对性原理对麦克斯韦方程组是否成立的问题。

作为物理学重要原理之一的相对性原理最早是牛顿提出的,称为力学相对性原理。设有两个参考系,一个是相对于地面静止的参考系 S,另一个是相对于参考系 S 作匀速直线运动的参考系 S'。在这样两个作相对运动的参考系中观测同一个物体的运动,所得到的物体的位置和速度是不同的,它们之间存在一定的变换关系——伽利略变换关系。然而,在两个参考系中,描述同一个物体运动遵循的牛顿定律运动形式是相同的,依靠力学实验无法判断一个系统是否在运动,这就是力学的相对性原理,是物理定律对称性的体现。

按照力学相对性原理,所有惯性系都是平权的,不存在一个特殊的绝对参考系。但是以洛伦兹(H. A. Lorentz,1853—1928)为首的物理学家明确提出,按照麦克斯韦电磁理论,光速是一个常数,而且这个光速只对绝对静止的“以太”参考系成立。于是,力学相对性原理与绝对静止的“以太”之间产生了明显的矛盾,伽利略变换在电磁领域不再保持不变性。与力学相对性原理相比,这里明显存在着一种不对称。

爱因斯坦认为,这种不对称性一定不是现象本身所固有的。他把这种不对称性的出现归根于存在绝对静止的“以太”参考系。爱因斯坦指出,绝对静止的“以太”完全是一个错误的概念。在力学中,如果一旦有了绝对静止的“以太”,也就有了相对于绝对空间的绝对运动。于是,牛顿力学中就会出现不对称性,这个不对称性的存在就使人们可以通过力学实验测定物体尤其是地球相对于“以太”的运动速度。同样,在电磁学中,如果有了绝对静止的“以太”参考系,于是,麦克斯韦方程组中也会出现不对称性,这个不对称性的存在就可以使人们在一列高速行进的火车上,利用观察到的电磁现象与火车静止时观察到的电磁现象的不同结果确定火车的前进速度,特别是可以通过适当的电学测量来确定火车相对于“以太”的绝对速度。为此,当时人们曾经进行了大量的实验来确定地球相对于“以太”的运动速度,试图证明“以太”的存在。但是这些实验全部失败了——地球根本没有任何相对于“以太”的速度,其中迈克耳孙-莫雷所做的实验得到的零结果更是对“以太”的存在给出了完全否定的结果。对此人们仍然没有怀疑伽利略变换和力学相对性原理,反而认为,为了使麦克斯韦方程组在伽利略变换下得以满足力学相对性原理,就必须对麦克斯韦方程组进行修改。然而,这些修改所预言的电磁现象根本无法在实验上得到证实,于是,这样的修改最后都被人们一一否定。

由此,人们提出了这样的看法:绝对静止的"以太"不仅在力学中是不存在的,而且在电动力学中也是不存在的;相对性原理不仅在力学中成立,而且在电动力学中也应该成立。爱因斯坦确信,在力学运动方程保持形式不变的一切坐标系中,麦克斯韦方程也应该保持不变,这就是普遍的相对性原理。为了满足普遍的相对性原理,爱因斯坦确信,需要修改的不是麦克斯韦方程组,恰恰是牛顿定律。为此,在两个参考系之间涉及对空间和时间的变换时,必须放弃伽利略变换,代之以一种新的时空变换——洛伦兹变换。在洛伦兹变换下,只要把牛顿定律中质量 m 修改为

$$m = \frac{m_0}{\sqrt{1 - \dfrac{v^2}{c^2}}}$$
(4-3)

于是在两个作相对运动的参考系中,不仅牛顿定律的形式相同,而且麦克斯韦方程组的形式也相同,符合相对性原理。因此,不仅依靠力学实验无法判断系统是否在运动,而且依靠电磁学实验也无法判断系统是否在运动,这就是普遍的相对性原理,是物理定律对称性的体现。

通过洛伦兹变换,爱因斯坦从麦克斯韦方程组保持不变的结果中得出这样的结论:电场强度和磁场强度本身并不独立地存在,在空间某一个地点是否存在电场或磁场取决于所选择的参考系。选择不同的参考系,所得到的结论就是不同的。例如,设在一长直通电导线旁边放置一矩形线圈,导线所在的面与线圈共平面,当导线和矩形线圈发生相对运动时,如果设置长直导线为参考系,那么观测者观测到的现象是矩形线圈的边在该平面内作切割磁感应线的运动,线圈中电子受到洛伦兹力产生了动生电动势。这里"导体(矩形线圈的边)动、磁场(长直导线)不动"是以长直导线为参考系观测得到的结果,动生电动势的产生是由于线圈中的电子受到了电场力所致。如果设置矩形线圈为参考系,那么观测者观测到的现象是通过矩形线圈的磁通量发生了变化,这里"磁场(长直导线)动、导体(矩形线圈)不动",磁通量的变化产生了感生电场,由此产生了感生电动势。

爱因斯坦正是通过揭示出关于产生感应电动势的两条不同途径所表现出来的不对称性的根源,提出了普遍的相对性原理,并利用洛伦兹变换建立了麦克斯韦方程组的对称性。并且爱因斯坦得出一个结论:只要是在只有速度没有任何加速度的情况下,可以把任何运动物体的关于电动力学的问题和光学的问题归结为静止物体的电动力学问题和光学问题。

14 作为物理学中第一号"最伟大的公式"的麦克斯韦方程组是怎样形成的？它在物理学发展史上具有怎样的重要意义？

问题阐述：

英国科学期刊《物理世界》曾让读者投票评选物理学上"最伟大的公式"，最终榜上有名的十个公式中麦克斯韦方程组排名第一，成为第一号"最伟大的公式"，公式中还包括著名的 $E=mc^2$、傅里叶变换、欧拉公式等。麦克斯韦方程组是怎样形成的？它在物理学发展史上具有怎样的重要意义？

参考解答：

麦克斯韦方程组是伴随着人们对电磁感应现象的认识的不断深化而发展起来的，它是经典电磁理论的一项重大成就，被称为"最伟大的公式"。

在1820年奥斯特发现电流的磁效应以前，人们已经发现电和磁之间存在一些类似的特征，如它们都有吸引和排斥作用、作用力的大小都遵循平方反比定律，但是当时许多科学家并不关注对电和磁相互关系的研究，他们更多地看到的是电和磁在其他方面存在的不同。即使是后来在电学上作出过贡献的物理学家安培当时也宣称，他愿意去"证明电和磁是相互独立的两种不同的实体"。物理学家毕奥（J. B. Biot，1774—1862）坚持认为，电作用和磁作用之间的独立性"不允许我们设想磁和电具有相同的本质"。

丹麦物理学家奥斯特受到康德批判哲学和关于基本力可以转化为其他各种具体形式力的观点的影响，一直没有放弃寻找电和磁相互关系的努力。他历经三个月通过对六十多个实验进行深入研究以后，终于得到了伟大的发现——电流产生磁效应，从而打破了电和磁不相关的传统信条，为物理学的发展开辟了一条崭新的道路。

继奥斯特以后，1820年9月安培在法国科学院例会上报告了他从奥斯特实验中总结得出的"右手定则"，为判断通电导线产生的磁场提供了简便的方法。同年10月，毕奥和萨伐尔提出了关于直线电流对小磁针作用的定律，并得出了电流元产生磁场的毕奥-萨伐尔定律。拉普拉斯假设电流的作用可以看成各个元电流单独产生的作用的总和。后来安培为了解释奥斯特效应，把磁的本质归结为电流，认为磁场与电流的相互作用都是电流对电流的相互作用。

为了求出电流产生的磁场，可以按照类似静电场的思路，把产生磁场的电流先分割成元电流，从元电流产生磁场的毕奥-萨伐尔定律开始，再把元电流产生的磁场分解，最后按照分量叠加后合成（"三步曲"）。以这种方法原则上可以求出任意形状电流产生的磁场。此外,对于具有一定对称性的电流分布可以利用安培环路定理求出磁场的分布。但是,静电场与磁场毕竟是两种不同性质的场——静电场是有源场,电场线有头有尾;磁场是有旋场,磁感应线始终闭合。因此,对于具有对称性分布的电场和磁场,在求解场强分布问题的思路中前者利用的是高斯定理,电场强度沿闭合环路的积分为零;后者运用的是环路定理,磁感应线通过闭合面的磁通量为零。

奥斯特发现电流能够产生磁效应的意义不仅在于建立了被人们一度认为互相独立的电和磁现象之间的联系,而且引起了人们对电流应用技术的更大兴趣。因为当时人们利用传输电流有效地获得了大量的能量,于是由此想到,既然电流可以对磁体产生作用力,那么根据牛顿第三定律,应该预料磁体也应该对电流产生反作用力,并且有可能产生新的电流。这样产生的电流如果比电池产生的电流更方便,价格更便宜,那么电对人们的生产生活就会产生深远的影响。

深受英格兰科学方法论中对称性思维传统影响的法拉第的指导思想是,既然电能够产生磁,磁也一定能够产生电。这样的思考引导法拉第开始了对电磁感应现象的探究活动。在1822年法拉第制作了一个电磁转子观察到了磁体对电流的反作用力,后来终于在1831年8月观察到了预期的第一个电磁效应,从此建立了对电磁感应的基本认识:电磁感应是磁感应出电的现象。对于感应的方式而言,感应电动势可分为动生电动势和感生电动势两类;对于感应的对象而言,感应电动势可分为自感电动势和互感电动势两类。正是基于这种对称性思维的基础,法拉第创立了电磁感应理论。

法拉第说过:"自然哲学家应当是这样一种人,他愿意倾听每一种意见,却下决心要自己作出判断。他应当不被表面现象所迷惑,不对每一种假设有偏爱,不属于任何学派,在学术上不盲从大师,他应当重事不重人,真理应当是他的首要目标。如果有了这些品质,再加上勤勉,那么他确实可以有希望走进自然的圣殿。"法拉第在创建电磁理论的过程中以他对物理学发展的贡献证实了他自己就是"这样一种人"。

1832年,俄国物理学家楞次(H. F. E. Lenz,1804—1865)受到法拉第的启发,研究了电磁感应的实验。在1833年发表的"论动电感应引起电流的方向"中,他把法拉第的说明与安培的电动力理论结合在一起,提出了确定感生电流方向的基本判据,这就是著名的楞次定律。法拉第和楞次都是以文字定性地表述电磁感应现象的,直到1845年,纽曼(F. E. Neumann,1798—1895)才以定律形式提出了电磁感应的定量规律。法拉第不仅发现了电磁感应,还发现了光磁感应、电解定律和物质的抗磁性。他提出的关于场的思想和力线的概念,为后来麦克斯韦创立电磁场理论奠定了基础。

麦克斯韦系统地总结了从库仑到安培和法拉第等人建立的电磁学理论的全部成就,并创造性地提出了感生涡旋电场和位移电流的假说。在相对论出现之前,他就指出,不仅变化的磁场可以产生电场,变化的电场也可以产生磁场,从而揭示了电场和磁场的内在联系。他把电场和磁场统一为电磁场,并且建立了电磁场的基本方程组——麦克斯韦方程组。这个方程组融合了电的高斯定律、磁的高斯定律、法拉第定律及安培定律,完美地揭示了电场与磁场相互转化中产生的对称性的优美,从而统一了整个电磁场。

由于时间作为一个变量出现在方程组中,这个方程组描述的电和磁的物理量是随时间变化的。麦克斯韦方程组表明:变化的电场必然在周围空间产生一个磁场,这个磁场环绕着变化的电场闭合起来,而变化的磁场也会在其周围空间里产生一个电场,这个电场也环绕着变化的磁场闭合起来。于是交变的电场和交变的磁场形成一个互相耦连着的、不间断的、旋涡状的电磁场整体。这个电磁场一旦从空间某一点开始,就会逐点相邻地以恒定的速度向外传播。由于电场和磁场都具有能量,这样的传播就是能量在空间的传播,这就形成了电磁波。

麦克斯韦方程组在物理上揭示了电磁波的形成和传播,在数学上表达了电场与磁场相互转化中产生的对称性的优美。不仅如此,提出麦克斯韦电磁理论的重要意义还在于它对我们关于物理实在概念所造成的变革。爱因斯坦指出:"在麦克斯韦以前,人们以为物理实在——就它应当代表自然界中的事件而论——是质点,质点的变化完全是由那些服从全微分方程的运动所组成的。在麦克斯韦以后,他们认为,物理实在是由连续的场来代表的,它服从偏微分方程,不能对它作机械论的解释。""实在概念的这一变革,是物理学自牛顿以来的一次最深刻的和最富有成效的变革"①。

1905年以后,爱因斯坦创立的相对论不仅使人们对牛顿力学的适用性和局限性有了更全面的认识,也使人们对电磁现象和理论有了更深刻的理解。在用洛伦兹变换取代伽利略变换以后,可以证明,从不同的参考系观测,同一个电磁场既可以表现为电场,也可以表现为磁场,或者表现为电场和磁场共存的方式。由此表征电磁场的物理量——电场强度和磁感应强度也将随参考系的不同而改变,这就证明了电磁场就是一个统一的实体;电场和磁场不是两个独立的矢量,而是一个描述电磁场的统一的电磁场张量的两个不同的分量。这个张量相对于任何一个惯性参考系,在任何运动状态下都是不变的绝对量,而电场分量和磁场分量对于不同的惯性参考系是不同的,在不同的运动状态下它们都是不同的,具有相对性。近代物理学的进展表明,麦克斯韦方程组正确地描述了从巨大的星系到微小空间范围内的电磁现象。虽然在相对论和量子论创立以后,麦克斯韦方程组还是在它原来的形式下被使用,但是对麦克斯韦方程组的解释发生了变化,以量子场论的语言可以把麦克斯韦方程组看成对被称为光子的电磁量子在空间传播过程的一种描述。

① EINSTEIN A.爱因斯坦文集(增补本):第一卷[M].许良英,李宝恒,赵中立,等编译.北京:商务印书馆,2009:425.

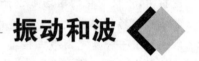

第5章

振动和波

1 为什么在研究简谐运动时，不再采用质点这个理想模型，而是引入谐振子的理想模型？

问题阐述：

作为物质理想构型的质点是力学中第一个出现的理想模型，而谐振子是力学中出现的又一个理想模型。为什么在研究简谐运动时，不再采用质点这个理想模型，而是引入了谐振子的理想模型呢？

参考解答：

从理想物理模型出发研究问题的思想方法是物理学的重要思想方法。作为物质理想构型的质点就是力学中第一个出现的理想模型，而谐振子是力学中出现的又一个理想模型。为什么在研究简谐运动时，不再采用质点这个理想模型，而是引入了谐振子的理想模型呢？从物理学对物体运动进行的力学描述的层次上看，谐振子理想模型与质点理想模型处于不同的力学描述层次上，它们所体现的物理思想也是不同的。

在物理学发展史上，19 世纪的物理学家大致是通过以下三个层次对物体的运动进行力学解释的，而谐振子理想模型与质点理想模型两者在力学解释的层次上恰恰处在不同的层次上。

第一个层次是提出物理实在的基本构成的假设性构型。通过设想物质基本单元的构型和相互作用力来回答"物体究竟是怎样构成的和怎样运动的"。质点就是作为组成物体的物质粒子的理想构型首先被提出来的，它被看成最基本的物质单元，其他物体被看成由质点构成的质点系。然后设定质点系内质点之间的相互作用力，由此建立质点运动理论。这是关于物理实在基本构成的本体论的层次。

第二个层次是设定物理实在的假设性力学模型。通过从模型演绎得到的运动变化来回答"物体的运动及其变化究竟是怎样发生的"。谐振子就是这样的力学模型。谐振子的模型比质点的构型提高了一个层次，这是因为质点是从组成物体的最基本单元上提出的,相互作用力是发生在质点之间的。而谐振子不是组成物体的最基本单元,它是由受到一个特定作用力的质点和其他施加外力的对象(不是来自其他质点)共同连接组成的一种力学模型,它的运动是对实际机械元器件运动的一种近似。除了一个谐振子在光滑平面上所作的周期运动外,小球在理想凹型底面上的小幅度往返运动、滑轮和转轴的运动等都属于这样一类运动模型,通过对这些模型运动的演绎原则上可以描述所发生的一大类物理现象,从而有助于对物理现象的理解。这是关于实际事物构成的物理建模的层次。

第三个层次是建立物体的动力学运动方程。通过数学抽象把运动规律提炼为用符号表示的数学方程,从而回答"物体的运动规律究竟具有怎样的普遍性"。这类运动方程比物理建模又提高了一个层次,因为这个方程已经与具体的物理模型的结构无关,它代表了同一类物理模型运动的本质属性,这样的运动方程也被称为数学模型。这是对力学运动建立抽象表示的数学综合的层次。

从质点构型到物理模型再到数学符号表示,从本体论思想到物理建模思想再到数学综合的思想,这就是物理学家研究力学现象的三个层次和其中包含的物理思想。

从研究力学现象上的三个层次上看,谐振子模型处在比质点构型所处的更高的层次上,因此不能用质点模型来讨论简谐运动。此外,从第三个层次上看,谐振子的数学模型不仅在力学领域而且在其他领域中可以用来描述一大类具有周期性空间变化和时间变化的振动和波动现象,这类现象满足的运动方程都是常系数线性微分方程,而谐振子只是其中最简单的一个模型。因此,研究谐振子这个理想模型不仅可以认识这一类周期运动,还有助于把这个领域的研究拓展延伸到其他领域中去,实现知识的迁移。特别是光的波动就是发生在我们周围的一类常见的波动现象,因此,从大学物理课程的内容体系上看,振动与波常常作为独立的一章被放在力学和光学篇中。先从学习最直观的机械振动和波着手进而学习光的波动理论,把学习振动与波的内容作为学习波动光学的开始,由此理解各种波动的共同性质和特征,这是符合人们的认识规律的,也体现了物理学内容的严密逻辑性。

不仅在宏观领域如此,在研究微观粒子运动规律时,振动和波的基本概念也是理解物质波的重要基础。奥地利物理学家薛定谔(E. Schrödinger,1887—1961)于1926年建立了用波动方程描述微观粒子运动状态的理论。在量子场论的理论框架中,物质结构既不是从分子、原子到基本粒子层次上的不连续性结构,也不是在伴随粒子的场的波动层次上的连续性结构,而是呈现出连续性和不连续性在更高层次上统一的图像,因而,波动理论实际上也已经成为当代物理学研究物质结构理论的重要组成部分。

❷ 描述简谐运动与描述质点运动之间有哪些共性？描述简谐运动又有着哪些个性？

问题阐述：

简谐运动是研究机械振动时作为一个振动的理想模型提出来的。作为一种机械运动,描述简谐运动与描述质点运动之间有哪些共性? 它又有着哪些个性? 简谐波是简谐运动的传播形成的波,研究波为什么从研究平面简谐波模型开始?

参考解答：

在运动学方面,描述简谐运动仍然从表示位移的运动方程开始,再由位移定义速度和加速度,这是与描述质点的其他运动相同的;但是简谐运动的运动方程式具有特定的函数形式,它所表示的物体离开平衡位置的位移随时间的变化呈现的是按余弦(或正弦)函数发生周期变化的规律。

描述简谐运动仍然需要位移、速度和加速度等物理量,但是还必须涉及角频率 ω (或周期 T)、振幅 A 和相位三个特征物理量,这是简谐运动特有的。在描述简谐运动的三个特征量中,相位是一个具有重要地位的物理量,理解相位及其物理意义是认识简谐运动和简谐波动规律的重点,也是学习振动和波的难点。

在动力学方面,简谐运动是物体作围绕平衡点的一种往返运动,物体一定具有加速度,因此,物体一定受到力的作用,这是与质点的其他各类机械运动的相同之处;但是,一个作简谐运动的物体受到的作用力是一种特定的恢复力:力的大小与物体离开平衡位置的位移成正比,力的方向与位移方向相反,在这样的恢复力作用下,物体作的是变加速运动,这也是简谐运动特有的。

简谐波就是简谐运动的传播形成的波,简谐波所到之处介质中各点均依次作同频率和同振幅的简谐运动。简谐波的传播并不是介质中质点元向周围各个方向的移动,而是振动相位和能量的传播,这类波称为行波,行波具有空间的延展性。平面简谐波是最简单的也是最基本的波动形式,它的波动方程具有时间和空间周期性的运动特征。严格意义上的平面简谐波是单一频率的理想化的波,它在空间上和时间上都是无限延伸的,因此,它是无法实现的。实际的波动或者可以近似地看成简谐波,或者可以看成是若干个不同频率和不同振幅的简谐波的叠加。所以,如同研究振动从简谐运动模型开始一样,研究波首先是从研究平面简谐波模型开始的。

3　周期性思想在物理学中具有哪些重要意义？

问题阐述：

　　在大学物理中,为什么经常把讨论简谐运动和简谐波列为单独的一节？一个普遍的看法是,它们明显体现了运动的周期性思想:简谐运动具有运动的时间周期性;而简谐波不仅具有运动的时间周期性,还具有运动的空间周期性。周期性思想在物理学中具有什么样的重要意义？除了在力学中讨论的简谐运动具有运动的周期性外,在热学和电磁学中讨论的运动是否具有周期性？

参考解答：

　　简谐运动和简谐波之所以常常在大学物理内容中被列为单独一节,除了简谐运动模型与质点模型有所不同外,另一个重要的原因就在于简谐运动鲜明地体现了物理学家在探究自然界万事万物运动的过程中建立的一个重要思想——运动的周期性思想。

　　自然界物体运动周期性的思想是渗透在物理学中的一个重要思想,这个思想的体现实际上并不是从讨论振动和波开始的,在大学物理的力学、热学和电磁学的课程中实际上已经出现了运动的时间周期性的思想。例如,在质点的圆周运动中定义了角速度和周期;在刚体的定轴转动的运动学描述中先定义角位移,再定义角速度,一旦定义了角速度后就自然地引入了运动的时间周期性。在热学部分关于热力学第一定律应用的内容中,首先讨论单一过程——等温过程、等压过程和绝热过程的吸热、做功和内能的变化,然后在这个基础上讨论由多个单一过程组成的循环过程的热量传递和输出功的变化。卡诺循环、奥托循环等就是这样一些典型的循环过程。按照热力学第一定律,热机必须经过周而复始的循环,才有可能从外界吸取热量并持续不断地对外输出功,因此,任何循环过程实际上就是热力学状态量发生周期变化的过程。没有热力学量的周期循环,也就没有热机的实际应用。在电磁学中,一开始讨论的静电场和稳恒电流的磁场没有涉及场量随时间的变化,当然也就没有任何时间周期性,但是一旦涉及电磁感应现象和电磁波,就出现了电场和磁场随时间的周期变化。静电场和磁场中的高斯定理和安培环路定律及法拉第电磁感应定律都是后来麦克斯韦总结得出的电磁场方程组的组成部分。早在1832年,法拉第在发现电磁感应定律以后不久就在交给英国皇家学会的一份备忘录中预言了电磁波存在的可能性。1879年,德国柏林科学院悬赏征求对麦克斯韦电磁场理论的验证。1888年,德国物理学家赫兹从实验中发现了电磁波,其中最有说服力的实验是直接测定了电磁波的传播速度,于是波和时间、空间的周期性就进入了电磁学。

　　虽然在大学物理的力学、热学和电磁学的内容中相继提到了周期性的思想,但考虑到学科本身相对独立的知识体系,在力学、热学和电磁学中一般没有足够的篇幅对运动的周期性思想作进一步的具体展开。于是,在继力学、热学和电磁学部分以后把简谐运动和简谐波单列一节,对提到的运动周期性思想做一个共性的归纳,同时为下一阶段学习和理解波动光学做准备。正是从振动和波这一章的简谐运动和简谐波开始,大学物理从物理意义和数学模型两个方面建立了对时间和空间运动周期性思想的系统描述。

　　简谐运动和简谐波的时间周期性。简谐运动具有时间周期性,它的位移是作为时间的余弦(或正弦)函数形式出现的。简谐运动的状态是由三个特征量——振幅、角频率和相位决定的。简谐波也具有时间周期性。简谐运动在空间传播时就形成了简谐波。简谐波传播的机制来自介质各质元之间由形变产生的弹性力。在简谐波的传播过程中,每一个时刻介质中的各个质点元都在作简谐运动,其特点表现为介质中同一个质元位置处的物理量在经过一个时间周期后完全恢复为原来的状态和数值,这就体现了简谐波的时间周期性(这是在不同时刻观察同一点的运动状态以后得出的结论)。

　　简谐波的空间周期性。简谐波的传播速度是有限的,它表现为描述一个质元运动状态的物理量(如质元的速度和加速度)在沿波的传播方向相隔某一空间距离处的另一质元位置上会重复出现,这就体现了简谐波的空间周期性(这是在同一个时刻观察不同点的运动状态以后得出的结论)。

　　简谐运动和简谐波的能量周期性。简谐运动与简谐波除了分别在时间和空间上存在运动周期性以外,它们的运动能量也具有周期性的特点。

　　对于简谐运动而言,一个不受任何外力作用的谐振子在作简谐运动的过程中,它的振动动能和弹性势能都随时间变化,分别都是时间的周期函数。谐振子在整个运动过程中机械能守恒,且与振幅的平方成正比,因此,在谐振子具有最大振动动能的时刻,它的弹性势能就最小,反之亦然。在一个时间周期内,谐振子的平均动能和平均势能相等,而且分别等于总能量的一半。

　　对于简谐波而言,介质中每一个质点元的动能和弹性势能也都是时间的周期函数。与振动能量不同的是,任一质点元的动能和弹性势能在每一个时刻都具有相同的数值并同时达到最大值和最小值,它们都是同相地随时间变化的。波的传播就是能量的传播,因此,每一个质点元能量不守恒,这是波的能量与振动能量之间存在的很大区别。

　　周期性思想是物理学中的一个基本思想。周期性现象广泛存在于各种自然过程和社会变革之中。运动周期性是运动有序性的一种体现,人们追求着获得对事物运动周期性的认识规律,体现了人们对事物的有序变化发展作预料并实现可控的愿望,人们常常需要凭借对周期性的认识来制订自己的行动计划和达到预期的目的。当然,作为理想模型的简谐运动和简谐波是严格的周期运动,因此,对运动的理论预料存在最大的确定性。而实际发生的振动和波动的周期是复杂多变的，甚至根本就没有任何的周期性，这类运动是非周期的运动，因此，对运动的预料存在着很大的不确定性。

按照运动的周期性划分，目前物理学中讨论的各种运动一般涉及周期运动、准周期运动和周期无穷大（即没有周期）三大类运动。近几十年发展起来的混沌运动理论揭示了一个非线性动力系统可能从周期运动或准周期运动通向"貌似无序，实质有序"的混沌运动的基本途径。在大学物理课程中常常把一个摆角很小的单摆作为具有周期运动特征的典型例子。实际上，随着摆角的逐渐增大，单摆的运动就变得越来越复杂，甚至出现了对初始条件的敏感性，最后失去周期的确定性进入不确定性的混沌运动状态。这就表明，周期运动与非周期运动之间本来就没有明确的界限，周期性运动仅仅是简化了的理想模型，有着明显的确定性，非周期运动才是实际物体的运动表现，存在不同程度的不确定性。

❹ 相位是怎样定义的？相位表征的是简谐运动的什么特征？

问题阐述：

在大学物理的振动与波的教学中，相位是一个很重要的基本概念，但往往又是学生感到比较难以理解的一个概念。相位的概念是作为描述简谐运动的特征量而引入的，在大学物理课程中，相位是怎样定义的？与描述简谐运动的其他两个特征量（振幅和圆频率）相比，相位表征的是简谐运动的什么特征？

参考解答：

在大学物理课程中，相位是作为描述简谐运动的三个特征量之一引入的，是描述质点振动时空状态的一个重要的物理量。然而，如何更好地理解相位的物理意义往往是学生学习大学物理的一个难点。在大学物理课程中，相位是怎样定义的？怎样正确理解相位的物理意义？

相位的定义方式有两种：一是代数方式，即从质点作简谐运动的位移表示式定义相位；二是几何方式，即从质点的简谐运动与圆周运动相对应的旋转矢量图定义相位。

（1）代数方式。由于在简谐运动中，质点受到线性恢复力的作用作循环往复的周期运动，位移与时间的关系遵从余弦（或正弦）函数规律，其运动方程表示式是

$$x = A\cos(\omega t + \varphi) \tag{5-1}$$

式中，x 表示质点振动的空间位移，它是时间 t 的函数。由于简谐运动具有时间周

期性的特征,描述质点的简谐运动除了仍然需要常用的位移、速度和加速度三个物理量以外,还需要加上振幅 A、圆频率 ω 和相位$(\omega t+\varphi)$这三个物理量,它们对于确定简谐运动状态的作用如同用三个独立坐标(三个自由度)确定一个质点在空间的位置状态一样重要,分别表征了以余弦函数表示的一类简谐运动区别于质点其他运动形式的特征,因此,它们被称为描述简谐运动的三个特征量。

振幅 A。振动质点的空间位移可以是正、是负,但是,位移的绝对值有一个最大值,这个最大值称为振动质点的振幅。振幅表征的是作简谐运动的质点的空间运动特征,通常用 A 表示。质点的振动强度,即质点振动的能量(动能和势能之和)与质点振动的振幅平方成正比,振幅越大,质点的振动强度越大,即振动能量越大。

圆频率 ω。振动质点的位移是时间 t 的周期函数,因此质点从空间某一个位置出发,经过一定时间质点可以返回同一个位置,这段往返的时间称为质点振动的周期,通常用 T 表示。周期的倒数称为频率,它表示的是在单位时间内质点运动的往返次数,通常用 ν 表示,$\nu=\dfrac{1}{T}$。频率 ν 乘以 2π 称为圆频率,通常用 ω 表示$\left(\omega=2\pi\nu=\dfrac{2\pi}{T}\right)$。因此,频率或圆频率表征的是作简谐运动的质点运动快慢的时间特征。每一个振动质点都有自己的固有振动频率,当质点在弱阻尼条件下受到周期驱动的外力作用且当外力的频率等于质点的固有振动频率时,就会出现共振现象,振动的振幅达到最大。

相位$(\omega t+\varphi)$。相位$(\omega t+\varphi)$表征的是作简谐运动质点的时空状态特征,其中 φ 是 $t=0$ 时刻的相位,称为初相(位)。在一个周期内,正是质点所处的相位,既决定了质点处于某个时刻的空间位移,又决定了质点的运动速度,因此,不同的相位就决定了质点不同的运动状态。由于质点作的是周期运动,在一个周期时间内,作简谐运动的质点在同一位置处都会出现两次,但在这个位置处质点的速度是不同的,因此,质点在这两个位置的相位是不同的,两个不同的相位点的位置可以在空间上重叠。

对于一个作简谐运动的质点,如果确定了振幅 A、振动圆频率 ω 和相位$(\omega t+\varphi)$,那么,这个质点的简谐运动就完全确定了。由此不仅可以得出质点的位移 x,还可以对位移 x 求导得到质点的速度 v,即

$$v=-\omega A\sin(\omega t+\varphi)=\omega A\cos\left(\omega t+\varphi+\dfrac{\pi}{2}\right) \tag{5-2}$$

对速度 v 求导可得到质点的加速度 a,即

$$a=-\omega^2 A\cos(\omega t+\varphi)=\omega^2 A\cos(\omega t+\varphi+\pi)=-\omega^2 x \tag{5-3}$$

由此可见,作简谐运动的质点的位移、速度和加速度都是时间的周期函数。但是在同一个时刻,质点的位移、速度、加速度各自具有不同的相位,质点处在不同的时空状态。

（2）几何方式。简谐运动的位移、速度和加速度的表示式都是时间的余弦函数，这样的运动与圆周运动之间存在一定的关系。设想以 O 为坐标原点，以 O 指向质点的位置 M 的矢量 **OM** 为圆周半径，建立一个圆周，且设定一个二维坐标系。当质点 M 从圆周上某一位置开始以恒定的角速度 ω 沿逆时针方向绕原点 O 作匀速率圆周运动时，矢量 **OM** 就从与 x 轴构成的某个角度 φ 开始以角速度 ω 在平面上旋转，**OM** 称为旋转矢量，它在 x 轴上的投影 $OP=x$ 就是简谐运动的位移表示式（图 5-1）。

$$x = A\cos(\omega t + \varphi)$$

这样的表示方式就称为简谐运动的旋转矢量表示式。当旋转矢量绕坐标原点旋转一周时，P 点的简谐运动就相应完成了一个周期的运动。容易看出，图 5-1 中 $(\omega t+\varphi)$ 就是简谐运动的相位，它随着时间而发生变化，φ 就是初相（位）。

在这样的表示式中，不仅可以得到旋转矢量在 x 轴的投影，还可以得到旋转矢量在 y 轴的投影，后一个投影似乎对讨论简谐运动是多余的，图上也没有加以标志。其实如果联系复数的数学表示式，就可以看到这两个投影分别是复数的实部和虚部，而利用复数表示式可以简洁地表示简谐运动，特别是对于分析有阻尼的、受外力驱动的振动更为有用。

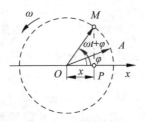

图 5-1　简谐运动的旋转矢量图

5 **与描述简谐运动的其他两个特征量（振幅和圆频率）相比，相位概念的重要性体现在哪些方面？**

问题阐述：

作为基础课程，在振动与波部分讨论的相位问题将为学生以后学习近代物理的相关内容打下基础。与描述简谐运动的其他两个特征量（振幅和圆频率）相比，相位概念的重要性体现在哪些方面？

参考解答：

相位的概念在比较两个讨论简谐运动的状态和两个简谐运动合成时有着重要的作用。

首先，在振动中可以利用相位比较两个同频率的简谐运动的步调。例如，设两个同频率但振幅不同、初相 φ_1 和 φ_2 不同的简谐运动

$$x_1 = A_1\cos(\omega t + \varphi_1), \quad x_2 = A_2\cos(\omega t + \varphi_2) \tag{5-4}$$

它们在某一个时刻的相位差是 $\Delta\varphi = \varphi_2 - \varphi_1$。如果 $\Delta\varphi = 0$，则这两个作简谐运动的质点的振动步调完全一致，它们将沿同方向运动，且同时通过原点，同时到达同方向的最大位移处，于是，这两个振动称为同相。如果 $\Delta\varphi = \pi$，则这两个质点的振动步调完全相反，它们虽然同时通过原点，但是它们将沿相反方向运动，且同时到达各自的相反方向的最大位移处，于是，这两个振动称为反相。当 $\Delta\varphi$ 取其他数值时，这两个振动步调不一致，即不同相也不反相。如果 $\varphi_2 > \varphi_1$，则称 x_2 的相位超前 x_1；如果 $\varphi_2 < \varphi_1$，则称 x_2 的相位落后 x_1。

从式(5-1)~式(5-3)可见，质点振动的位移 x、速度 v 和加速度 a 就是三个同频率的简谐运动，但它们在同一个时刻的相位是不同的。比较它们的运动步调可得出：在同一个时刻，质点的速度 v 的位相超前位移 x 的相位 $\dfrac{\pi}{2}$，加速度 a 的位相超前速度 v 的相位 $\dfrac{\pi}{2}$，超前位移 x 的相位 π，即加速度与位移反相。

其次，在两个简谐运动合成时，可以利用相位来判定合成的结果。对于同一条直线上两个同频率的简谐运动而言，如果两个分振动同相，合振动的振幅就达到最大，等于两个分振动振幅之和；如果两个分振动反相，合振动的振幅就达到最小，等于两个分振动振幅之差。对于两个相互垂直的同频率的简谐运动而言，质点的运动轨迹就取决于两者的相位差。如果两个分振动同相或反相，质点运动的轨迹都将是一条通过原点的直线，同相时直线斜率为正，反相时斜率为负；如果两个分振动的相位差为 $\dfrac{\pi}{2}$，质点运动的轨迹是右旋的正椭圆，如果两个分振动的相位差为 $\dfrac{3\pi}{2}$，质点运动的轨迹是左旋的正椭圆。当两个分简谐运动的频率不同但有简单整数比时，则两者的相位差决定了合成的质点的轨迹为李萨如图形。

波是振动状态的传播，对一列波的传播需要表示其快慢，对两列波的传播尤其是两列波动叠加以后需要明确叠加以后的状态，而相位正是在这样的叠加中显示出它的重要作用。

首先，简谐波是简谐运动状态的传播，一列简谐波既具有时间的周期性，也具有空间的周期性。而相位是表示振动状态的物理量，因此，波动实际上是振动相位的传播。在简谐波的传播过程中，任一给定的相位向前运动的速度定义为相速度。相速度越大，相位传播得越快。在振动传播的介质中，某一处质元的振动状态可以在相隔一段距离的另一个质元处重现，这两个质元的相位相同，这一段距离称为波

长,波长除以相速度就是相位传播一个波长距离需要的时间,称为波的周期。

其次,当讨论两列波发生叠加尤其当两列频率相同、振动方向相同、振幅相同的简谐波在同一条直线上沿相反方向传播时,其叠加产生的驻波的结果呈现出在相位变化上的新特点:在驻波中,同一段上各点的振动同相,在相邻两段中各点的振动反相。当一列简谐波从波疏介质入射到与波密介质的界面上并反射时,就会产生驻波,这是因为在界面上,入射波的相位发生了一个 π 的相跃变,即反射波正好与入射波反相。

只要是振动或波,就一定会涉及相位。例如,在电工学中,三相交流电源就是由三个频率相同、振幅相等、相位依次互差 120° 的交流电势组成的电源。三相交流电是电磁波能量的一种输送形式,简称为三相电。

又如,大学物理的光学部分讨论的光的干涉、光的衍射是光的波动性的体现,因此,两束光的干涉、衍射结果都与相位有密切的联系。

再如,量子论中讨论的是微观粒子的物质波,虽然物质波是与光波不同的一类波动,但是,一旦涉及两个微观粒子相互作用时,就会遇到相位的问题。

因此,作为基础课程,在振动与波部分讨论的相位问题将为学生学习大学物理以后的内容打下基础。

在近代物理中,相位是物理学中非常重要的一个基本概念。杨振宁在论及爱因斯坦对理论物理的影响时,曾经指出"这里我们要强调,相(位)的概念在现代物理学中具有巨大的实际意义。例如,超导理论、超流理论、约瑟夫森(Josephson)效应、全息术、量子放大器及激光等,都以各个不同形式的相(位)概念为根基"[1]。杨振宁还指出"物理学家把具有相位的复振幅引入到对大自然的表述中,其重要性到20世纪70年代才充分显示出来。在70年代,在以下两个方面有了进展:①发现所有的相互作用都是某种形式的规范场;②发现规范场与纤维丛的数学概念有关,每一根纤维是一个复相位或更广义的相位。这些发展,形成了当代物理学的一个基本原则:全部基本力都是相位场。""这些观念奠定了我们理解物理世界的基础。"[2]

6 从力的合成到简谐运动的合成体现了怎样的物理思想?

问题阐述:

在大学物理运动学部分,曾经讨论过力和运动的合成,而在振动与波部分又讨论了简谐运动的合成。这些合成分别体现了哪些重要的物理思想?

---

[1] 杨振宁.杨振宁文集 传记 演讲 随笔(上)[M].上海:华东师范大学出版社,1998:309.
[2] 杨振宁.杨振宁文集 传记 演讲 随笔(下)[M].上海:华东师范大学出版社,1998:645.

参考解答：

在讨论了简谐运动的描述以后，简谐运动的合成就成为振动与波动章节的一个重要内容。实际上，运动合成和分解的问题也不是从振动开始的，在质点力学中就已经出现了力和运动的合成，如根据伽利略相对性原理得出的物体速度的变换关系就是运动合成的问题。

由于对简谐运动的描述与质点运动不同，在运动合成问题上简谐运动也具有与质点运动不同的特点。仔细分析简谐运动合成的问题，可以发现讨论振动的合成不仅为解决具体的振动问题提供了方便，还体现了机械运动不同形式互相转换的思想。

按机械运动形式分，质点的运动可以分成直线运动、曲线运动、圆周运动和简谐运动等。在质点运动学讨论的运动合成与分解问题中，被合成的各项分运动与合成的运动往往属于同一种类型的运动，如两个匀速直线运动的合成运动仍然是匀速直线运动，反之，一个匀速直线运动可以相应地分解为两个或几个匀速直线运动。这里体现的是同一种机械运动形式之间互相转换的思想。

与质点运动的合成结果相比，两个简谐运动合成以后其结果可能仍然是简谐运动，但也可能转换为圆周运动和椭圆运动等，甚至出现合成运动轨迹随时间变化的不稳定运动，因此，与质点合成的结果不同，简谐运动的合成本质上体现的是不同机械运动形式之间互相转换的思想。反之，一个圆运动或椭圆运动也可以分解为两个简谐运动，这种分解的形式体现的也是不同机械运动形式之间互相转换的思想。

质点的运动不经过合成或分解可以实现从一种机械运动形式向另一种机械运动形式转换，如在质点力学中一个质点的运动可以从原来的直线运动形式转换为曲线运动形式，但这种转换必须通过外力的作用才能实现。一颗子弹在被击发后先在枪膛内作极为短促的直线运动，然后射出枪膛，在重力作用下转换成类似抛物线状的曲线运动就是一个典型的例子。

在两个简谐运动合成过程中发生的不同机械运动形式之间的转换也是需要通过作用力来实现的，这个作用力不是外力，而是在两个简谐运动中本来就存在的恢复力。而两个简谐运动合成以后究竟转换为哪一种运动形式取决于两个分振动的相位差。

在大学物理课程中一般讨论简谐振动合成的四种类型（表5-1）。它们是按照两个简谐振动是否在一条直线上，两个简谐振动各自具有的三个特征量中频率是否相同，以及振幅与初相位是否相同而分类的。这样的分类不仅是物理学分类思想在简谐运动中的具体体现，也是运动形式转换的普遍思想通过四种典型合成运动展开的具体演绎。通过这样的演绎，丰富和加深了人们对运动形式转换的认识，同时也突出了在振动合成形成的过程中三个特征量尤其是相位差在运动形式转换过程中的作用。

显然，简谐运动的合成体现的运动转换比一般质点的直线运动或曲线运动的合成体现的转换复杂得多，其根本原因在于描述简谐运动既需要与其他机械运动相同的速度、加速度等物理量,还需要其自身独有的三大特征量。三个特征量中尤其是初相位对于运动的合成及其转化起着决定性的作用。只要两个分振动的初相位不同,合振动的振幅和运动轨迹将完全取决于两个初相位的差。相位差的这个作用在光学中讨论两列光波的干涉时显得更加突出。

表 5-1 简谐运动合成引起运动转化的四种基本类型

运动类型	频率	振幅	初相	合成结果
两个处于同一条直线上的振动	相同	不相同	不相同	合振动仍然是直线上的简谐运动
	不相同	相同	相同	在两个分振动的频率都很大但相差很小的特殊情况下近似简谐运动,出现"拍"的现象
两个相互垂直的振动	相同	不相同	不相同	在两个振动同相和两个振动反相这两种特殊情况下仍然可能得到在直线上的简谐振动。当相位差为其他数值时,合振动的轨迹一般就呈现椭圆轨道的运动
	不相同	相同	相同	在分振动频率不同但差异很小和分振动频率不同但差异很大且有着简单整数比的情况,按照整数比的不同呈现出带有周期性变化的图形——李萨如图形

从一定意义上说,单向直线运动可看成振动频率无限大的振动特例,曲线运动也可以看成不同频率振动叠加的特例,质点的各种运动形式实际上都可以看成质点以不同频率所作的简谐运动的合成,因此,质点运动形式的转化相应地也就被包含在简谐运动与其他运动形式的转换之中了。

由此可见,在振动与波动章节中讨论振动合成不仅是数学运算上得出的结果,它体现了自然界机械运动形式之间互相转换的思想,并且更显示了相位在振动与波中所起的重要作用。

7 两个简谐波的叠加在能量的分布和空间传播上具有哪些特点?

问题阐述:

叠加原理是物理学的一条重要原理,它在振动与波中有着重要的地位和作用。

作为振动能量传播的一种方式,两列简谐波的叠加在能量的分布和空间传播上具有哪些特点?

参考解答：

叠加原理是物理学的一条重要原理。在大学物理的力学中所讨论的两个速度的合成或两个力的合成实质上就是一种叠加,在振动与波中讨论的两个振动的合成也是一种叠加,在讨论波的合成时又明确提出了波的叠加原理:两列波或几列波可以保持各自的特点(频率、波长、振幅、振动方向等)同时通过同一介质,在它们相遇或叠加的区域内,任一点的位移就是各个波在单独存在时在该点产生的位移之和;在它们各自分开以后,它们又好像没有遇到过其他波一样仍然保持原来的特点传播。由于这个特点,波的叠加原理也被称为波的独立性原理。继力学之后,在电磁学部分,从静电学到电流的磁场相继明确提出了电场叠加原理和磁场叠加原理。在量子力学中,还提出了波函数的叠加原理。

在大学物理中出现的波的叠加原理包含着一个重要的思想,那就是每一个"部分"产生的物理后果都不受到其他"部分"存在的影响,"部分"与"部分"之间没有相互作用。实际上,这个叠加原理的思想在波的叠加问题上仅当波的强度很小(在数学上表现为波动方程是线性的,又称为线性波)时才成立。对于强度很大的波(在数学上表现为波动方程是非线性的,又称为非线性波),这个原理就失效了。

当介质中两个简谐振动或两列简谐波叠加以后在叠加区域内介质中各点的振动都相应地发生了合成。对振动的合成只需要考虑在空间某个位置上振动物体的位移、速度及能量的叠加,只需要分析位移、速度和能量的时间周期行为,而波动是振动能量的传播,波动的合成既有介质上各点能量的时间周期行为,又有能量在各个介质中的传播所形成的能量分布的空间行为,因此,分析讨论两个简谐波合成以后的能量特征,尤其是合成以后介质中的各个质点元的能量的分布状况是十分必要的。

对于一个作简谐振动的质点而言,它的总能量在振动过程中是守恒的;对一个参与两个简谐振动合成的质点而言,在振动的每一个时刻它的总能量等于两个简谐振动能量之和,并依然保持守恒。

对于一列简谐波而言,能量在介质中的传播引起介质中每一处质点元相继发生振动,每一质点元的能量从无到有、从大到小地发生改变。于是自然地就可以提出这样的问题:当两列简谐波叠加以后每一个质点元的振动和能量会发生怎样的改变?能量在空间的传播所形成的能量分布会出现哪些新的特点?

为了具体认识波的叠加产生的质点元振动和能量分布的变化情况,最简单的例子当然就是分析两列在同一条直线上沿相同方向传播的频率相同、振动方向相同、振幅也相同的简谐行波的叠加。显然,这样叠加的结果是没有新内容的,因为叠加以后依然是一列简谐行波,除了每一个质点元的振动振幅增大,相应地传播的能量也增大以外,叠加后的波动在能量的传播方式和分布上与叠加前两列简谐行波是完全一样的,没有出现新的变化。

　　进而,很自然地就会进一步讨论在同一条直线上两列沿相反方向传播的频率相同、振动方向相同、振幅也相同的简谐行波的叠加。实验表明,这样两列波叠加得到的是一类新的特殊的波动——驻波。驻波既能体现波动叠加的共性特点,又能体现驻波的个性特点。驻波在波动的表达式上与行波不同,因而在能量的传播和分布方式上也与行波相异。驻波在体现空间周期性和能量周期性的共性的同时,也呈现了自己的个性。这就是为什么在大学物理教材讨论了波的叠加内容以后,往往把驻波作为下一个章节的重要原因。

8 与行波相比,驻波在周期性波形及在能量的传播和分布方式上具有哪些特点?

问题阐述:

　　在振动与波一章中,驻波是一个重要内容。驻波具有不同于行波的特点,在波的理论上具有重要意义,并有着广泛的应用。与通常的行波相比,驻波在周期性波形及能量的传播和分布方式上具有哪些特点?

参考解答:

　　驻波的波形很容易在两端固定并水平放置的一根弦的演示实验中被观察到(如用电动音叉产生的驻波实验)。驻波之所以称为"驻"不称为"行",是因为与行波相比,驻波的周期性波形和能量分布出现了以下的特点。

　　(1)在质点元振动的状态上

　　行波传播时每一个质点元都在依次发生振动,只要波源不断地发生振动,行波就呈现出行进运动型的周期性波形,其特点是,沿着波的传播方向,后一个质点元的振动相位始终比相邻的前一个质点元落后。

　　驻波形成以后呈现的是分段驻守型的周期性波形,其特点是,整个周期波形按照波节可以被划分为驻守段,在两个波节之间的同一段上相邻各质点元的振动是同相的,而每一个波节两侧不同段上各质点元的振动是反相的。

　　(2)在能量的传递方式上

　　行波的能量在空间的传递特征是行进运动型的,而驻波的能量是分段间隔型的。

由于行波传递能量,介质中每一个质点元的能量不守恒。驻波没有振动状态或相位的传播,也没有能量的传播。在每一个驻波段中各个质点元依然在作简谐运动,各点的振动频率相同,但振幅是不同的。由于波的能量与波的振幅平方成正比,在驻波段的波腹处(振幅最大),质点元的振动能量最大,而在驻波段的波节处(振幅为零),质点元不发生振动,振动能量为零。每一个质点元振动的能量依然是守恒的,但每一个质点的能量是不同的;在两个波节之间的各点振动又是同相的,因此,驻波的能量就分段驻守并保持分段间隔守恒。

(3) 在波动的模式特征上

行波一旦形成以后它的波动模式就是固定不变的,一列简谐波的行波只有一个波长和一个频率。一个驻波可以具有许多个固有频率,如在上述两端固定的细绳上形成的驻波可以有多种简正波动模式,这些波动模式的波长和频率的取值呈现出离散性的特点,其中最低频率称为基频,其他较高频率都是基频的整数倍,依次称为二次、三次……谐频等。在早期量子论的发展过程中,德布罗意正是把原子的定态与驻波波长的这个离散性特点联系在一起,导出了角动量的量子化条件,从而解释了微观粒子能量的量子性。

(4) 在波动能量的空间分布上

行波的能量在空间呈现的是以周期重复式为特征的连续分布:各点振动能量相继从最大和最小,直至消失,再依次重复;为了描述行波传播的强弱,除了需要引入质元的动能和弹性势能外,还需要引入描述行波能量传播的物理量——能流密度。而两列行波叠加形成的驻波的能量在空间呈现出以分段间隔式为特征的重新分布:在同一个段内的各点的振动能量强弱不同,但每一个点始终以某一个能量振动,不会增大也不会减少或消失,因此,在每两个波节之间都驻守了两列波所传递的某一部分能量,仅在波节处的质点元才完全失去了能量,处于静止不动的状态。对驻波,显然不需要引入能流密度这样的物理量。

由相互作用引起能量在空间重新分布的思想是物理学的一个重要思想。实际上,能量重新分布的思想也不是从波的叠加和驻波开始的,在力学和热学中已经出现了能量分布的思想。

在力学讨论的碰撞问题中,两个小球在发生完全弹性碰撞前后,它们的总机械能和总动量虽然都是守恒的,但是两个小球各自的能量和动量发生了变化,总能量和总动量在碰撞以后在两个小球之间产生了确定性意义上的重新分布。而热学中的能量均分定理体现了在经典统计意义上作无规则热运动的分子在发生互相碰撞以后导致热运动能量按自由度或独立平方项重新分布的结果。

在力学和热学问题中,能量之所以发生了重新分布,完全是因为小球与小球之间、粒子与粒子之间发生了相互作用(碰撞)。在波的叠加过程中产生的能量的重新分布虽然也是相互作用的结果,但是这种相互作用不是小球之间或粒子之间发生碰撞的相互作用,而是两列波在传播过程中各自引起相邻介质元发生形变时所产生的弹性力的相互作用。由于相互作用力的机制不同,叠加以后产生的能量分布也不同。因此,波叠加以后产生的能量在介质中的重新分布既不同于两个质点碰撞得到的重新分布,也不同于分子热运动能量在每一个自由度上的平均分布,而是按一定的周期在空间呈现出能量大小的间隔分布。正是这样的重新分布才使叠加以后介质中有的质点元获得了更多的能量(如处于驻波中波幅位置上的质点元的能量最大),而有的质点元失去了能量(如处于驻波中波节位置上的质点元的能量为零)。

驻波是由两列反向传播的波叠加产生的,这两列波的频率相同、振幅相同、振动方向相同,研究驻波对于研究这一类波的叠加特征具有代表性。然而,驻波作为叠加的例子讨论的毕竟只是在同一条直线上两列沿相反方向传播的两列波的叠加。因此,又可以自然地提出下一个问题:不在一条直线上传播的两列波叠加以后会发生什么现象?对机械波来讲,最容易观察到的就是在一定条件下两列沿不同方向传播的水波在特定的水槽中发生的叠加现象,叠加的结果是在水槽中出现了明暗相间的水波条纹,这就是水波的干涉。同样,对光波来讲,满足一定条件的两列沿不同方向传播的光波在空间叠加以后,其结果也形成了明暗间隔的条纹,这种现象就是光的干涉。两列波发生干涉形成的明暗相间条纹的结果从能量上看也是两列波各自具有的波的能量通过干涉在空间产生的一种重新分布。

由此可以看出,大学物理课程中讨论机械振动和波的内容和讨论光的波动性特征——光的干涉和衍射在知识体系上是相互衔接的,讨论机械振动和波为讨论波的干涉现象和衍射现象做准备,而讨论光的干涉和光的衍射是在讨论机械振动和波的基础上的继续延伸和扩展,这样的学科知识体系既体现了物理学内容的严密逻辑性,又从学习最直观的机械振动和波着手进而学习光的波动理论,由此揭示了波的普遍特征,体现了由特殊到一般的认识途径。

9 **如果把多普勒效应的相对性与质点的力学相对性作一个类比,一个是波动频率的相对性,一个是力学运动的相对性,这两种相对性有哪些相似和不同之处?**

问题阐述:

在讨论波的叠加现象以后,大学物理教材常常把多普勒效应的内容单独列为一节。为什么要讨论多普勒效应?多普勒效应表明,波源和观察者的相对运动会使观察者接收到的波的频率与波源和观察者相对静止时接收到的频率发生改变。

从物理学上看,多普勒效应涉及的是波的频率的相对性问题。如果把多普勒效应的相对性与质点的力学相对性作一个类比,一个是波动频率的相对性,一个是力学运动的相对性,这两者有哪些相似和不同之处?

参考解答:

为什么要讨论多普勒效应?一个通常的看法是,多普勒效应在物理上有着很多应用。例如,利用机械波的多普勒效应可以用于测量车辆运动速度和液体流量,而利用光波的多普勒效应显示的星球谱线红移一直被宇宙大爆炸学说的倡导者作为理论依据。实际上,在物理学内容上,讨论多普勒效应是前面讨论行波和驻波以后在逻辑上的必然延伸,其中体现着从质点运动的相对性延伸到波动频率相对性的重要物理思想,而关于波动频率的相对性思想是关于质点力学运动的相对性原理的延伸和深化。

力学的相对性原理表明,质点的位置是相对的,其速度和加速度也是相对的。既然运动是相对的,那么对行波的观测就很自然会引发出波动的相对性问题:不同的观察者观测到的行波的"行"(前进)是不是也是与观察者有关的?

对于一列机械波而言,不同的观察者观测同一列波的行进状况所得出的结论确实与观察者有关。除了根据力学相对性原理判断波的行进速度以外,多普勒效应表明,由于波源和观察者的相对运动会使观察者接收到的频率与波源和观察者相对静止时接收到的频率不同,频率的改变与波源和观察者的相对运动速度有关,也与波在介质中的传播速度有关。这就是对波动频率观测所得结果的相对性。

与按力学相对性原理得到的两个坐标系中位置和速度的伽利略变换相似,同样可以得到在两个坐标系中观测到波的频率之间的变换关系。以波源不动,接受者向着静止的波源运动为例。这里可以设置两个坐标系,一个是波源坐标系,它相对于介质是静止的;一个是接收者坐标系,它相对于介质是运动的,在这两个坐标系中分别测量或接收波的频率。

设波源发出的波的频率是 ν,只要波源相对于介质是静止的,在波源坐标系中测得波的频率始终是 ν。设波相对于介质的传播速度是 u,波长是 λ,接收者以相对于介质的速度 V_R 向着波源运动,容易得出在接收者坐标系中接收到的波的频率为

$$\nu_R = \frac{u + V_R}{u}\nu = \nu + \frac{V_R}{u}\nu \tag{5-4}$$

如同在两个坐标系中分别观测同一个物体的速度之差一样,在这两个坐标系(波源坐标和接收者坐标)中接收者分别接收到的波的频率之差是

$$\Delta\nu = \nu_R - \nu = \frac{\nu}{u}V_R = \frac{V_R}{\lambda} \tag{5-5}$$

这就是波的频率的相对性。与在两个坐标系中观测同一个物体运动的力学的相对性原理比较,虽然两者都是相对性,但是它们之间存在以下区别。

第一,为描述质点的运动状态,需要确定质点本身的位置和它的运动速度;这里描述的对象是质点。但是,对于波的传播,不管是横波还是纵波,介质的质元只发生振动,并没有沿着波传播的方向前进。这里描述的对象是波动,因此,为了描述波的传播状态,需要确定的是一列波本身的状态(描述波本身状态的物理量包括频率或波长等),而不是产生波动的波源,也不是介质中的任何质元。

第二,为描述质点的运动状态,可以按照需要选定合适的参考系;这里的相对性是对于所设置的一个参考系相对于另一个作相对运动的参考系而言的。为了描述一列波在传播过程中所产生的多普勒效应也需要确立合适的参考系;这里的相对性是对于一个确定的波源坐标系和一个确定的接受者坐标系而言的。这里判断它们两者是静止还是运动是相对于介质而言的,即以介质为参考系。由于波源和观察者之间的相对运动,接收者对波的频率就产生了不同判断,这是相对于接收者而言的,即以接收者为参考系。

第三,在对质点的运动进行判断时,选择的参考系与质点是没有任何"牵连"的;判断质点的运动状态只与质点本身与参考系的相对运动有关。但是多普勒效应表明,在判断频率时,接收者对波的频率的判断不仅与波源和观察者的相对速度有关,还与波在介质中的传播速度有关(这里仅指机械波,如声波。对光波,判断波的频率只与光源与观察者的相对速度有关,与介质无关)。

在多普勒效应中涉及的波动频率的相对性思想和力学的运动相对性原理都是相对性,但是从力学相对性到波动相对性,后者是对前者的深化和延伸。

第6章

光学

1 光的波动思想最早是怎样提出来的？著名的惠更斯原理在波动说中有着怎样的地位和作用？

问题阐述：

在牛顿早期对光的研究中，一开始倾向于把光看成微粒流。在牛顿接受了"以太"说以后，曾经试图把光的微粒说与光的波动说结合起来解释光的本性，但是，牛顿始终没有接受纯粹的光的波动说。光的波动思想最早是怎样提出来的？后来又是怎样发展起来的？著名的惠更斯原理在波动说中有着怎样的地位和作用？

参考解答：

从物理学发展史上看，最早提出光的波动思想的是法国数学家和物理学家笛卡儿，他用"以太"中压力的传递来说明光的传播过程。他认为，光本质上是一种压力，在完全弹性的且充满在一切空间中的媒质（"以太"）中传播，传播的速度无限大。但是，他在解释光的反射和折射时，仍然把光看成小球的运动。因此，笛卡儿并没有创立完整的光的波动说。而首先明确倡导光的波动说的是意大利的格里马第（F. M. Grimaldi，1618—1663）。他通过观察实验发现，光通过小孔以后在屏幕上产生的影子比直线传播预料产生的影子要宽一些。由此，他设想，光是一种能够作波浪运动的精细流体。英国物理学家胡克是光的波动说的重要创建者和捍卫者。他以金刚石受到摩擦、打击或加热是会发光的现象为根据认为，光是由发光体的微粒振动在媒质中引起一系列的扰动的扩散。这里，他已经提出了波前和波面的概念。

这里特别要提出的是，荷兰物理学家惠更斯对光的波动说的贡献。在大学物理教材中都会把波动的惠更斯原理作为一个小节列出，如果单从文字表述看，似乎这个原理除了仅仅是对波的传播方向做了一个形象化的分析以外，在波动光学中没有什么价值。实际上，惠更斯原理对波动光学的发展有着重要的作用。

首先，惠更斯明确论证了光是一种波（更确切地说，光是一种"以太"纵波）。他从光速是有限的结论推断出，光波与声波一样以球面波传播。尤其是他提出了波阵面的概念,并由此形成了关于波的传播的惠更斯原理。其次,惠更斯从纵波运动的假设入手,得出波在各向同性的介质中直线传播和在分界面上发生反射和折射的结论。这个原理不仅被应用于光在各向同性介质中的传播,还被用来解释光通过方解石发生的双折射现象。最后,从惠更斯原理可以得出波在遇到障碍物时传播方向发生改变的现象,因此,惠更斯原理对于光的波动说的建立起着较为重要的作用。但是,毕竟由于这个原理缺乏数学基础,特别是没有建立周期性和位相等概念,无法解释当时已经观察到的干涉和衍射现象,也没有得出衍射强度的分布。因此,在当时的物理学界,光的波动说在与光的微粒说的竞争中并没有占据统治地位。

从笛卡儿、胡克到惠更斯,他们提出的波动说都是建立在试图对已经出现的实验现象作出的假设或提出的原理的基础上的,这些假设和原理从理论上为波动说的形成和发展奠定了一定的理论基础,但是这些假设和原理仅仅只是假设和原理而已,还无法对光的波动说提供强有力的理论支撑。其原因是,对于定性的物理解释而言,它们没有提出只能用光的波动性解释而不能用光的微粒说解释的最重要的光学特征;对于定量的数学表示而言,它们没有找到由于光的波动性而呈现的光的干涉和衍射结果的数学表示式。

在牛顿早期对光的研究中,牛顿一开始是倾向于把光看成微粒流的。在牛顿接受了"以太"说以后,曾经试图把光的微粒说与光的波动说结合起来解释光的本性,但是,牛顿始终没有接受纯粹的光的波动说。于是,问题就归结为,既然有了关于光的波动说和微粒说两种学说,要确定光究竟是波动还是微粒,能不能通过实验来进行验证? 能不能找到一些光学的实验现象只能用光的波动性解释而不能用光的微粒说解释? 如果存在唯一只能从波动说得出而不能从微粒说推理得出的结果,并且这个结果不仅可以从实验中得到定性验证,甚至可以用定量数学式加以表示,是否可以就此肯定光的波动性? 显然,惠更斯原理只是作为原理是无法解决这个问题的。正是杨氏双缝干涉实验与菲涅耳理论及实验的实现为证实光的波动性提供了两个关键性的实验。

② 为什么说杨氏双缝干涉实验是判定光的波动性的一个关键性的实验验证?

问题阐述:

杨氏双缝干涉实验有力地证实了光波的相干性,在波动光学发展的进程中起着重要的作用。为什么说杨氏双缝干涉实验是对惠更斯原理的发展,是判定光的波动性的一个关键性的实验验证?什么是相干光?

参考解答:

惠更斯仅仅从原理上解释了关于一列光波的传播方向的一些问题,而杨(T. Yang,1773—1829)则从双缝实验上观察了两束光波在传播过程中发生叠加以后出现的干涉现象并分析了干涉发生的条件,还得出了计算明暗条纹的公式。显然,出现光的明条纹(光波加强)或暗条纹(光波减弱)甚至光波互相抵消这样的干涉现象从微粒说看来简直是不可思议的。两束光波相遇时得到的这个结果完全是波的相干性的特征结果,是微粒说完全无法解释的。德国物理学家劳厄认为:"同微粒组成的光束相反,光波相遇时,不一定加强,有时却可相互减弱直至相互抵消,这种干涉观念从那时以来一直是物理学中最有价值的财富之一。当对辐射的性质有所怀疑时,人们就尝试产生干涉现象,只要这实现了,那么波动性就被证明了。"[1]从这个意义上说,杨氏双缝干涉实验是对惠更斯原理的发展,是判定光的波动性的一个关键性的实验验证。

杨氏双缝干涉实验表明,两列光波能否发生干涉,除了必须满足频率相同、振幅相同、振动方向相同的条件外,两束光波的相位差必须保持恒定是保证出现稳定的明暗条纹,保持稳定的能量重新分布的一个关键性的条件。以上这些条件就称为光波的相干条件,满足这些条件的两束光就称为相干光。相干条件在杨氏双缝干涉实验中主要是通过一束线光源照射到设有两个平行细缝的遮光屏上来实现的,从这样两个细缝发出的光就是满足相干条件的两束相干光。显然,两个互相独立的光源发出的不是相干光。

3 光的干涉现象和光的衍射现象之间存在哪些主要的区别?

问题阐述:

对于光的相干性而言,光的干涉和衍射都是光波的相干性的表现,这是它们的共性。作为个性,光的干涉现象和光的衍射现象之间存在哪些主要的区别?产生光的干涉条纹和光的衍射条纹的根本原因有什么区别?它们在相干叠加的结果上有哪些区别?

---

① LAUE M V.物理学史[M].范岱年,戴念祖,译.北京:商务印书馆,1978:38.

参考解答：

从物理学发展史看,光的干涉和衍射都是在光通过狭缝以后的传播过程中发现的,事实上,任何干涉现象中都包含着衍射现象。只有当参与叠加的各光束本身的传播行为可以近似用几何光学中光的直线传播模型进行描述时,才可以忽略衍射现象,把叠加问题看成单一的干涉问题。在一般问题中,干涉和衍射的作用是同时存在的。当干涉装置中的衍射效应不能忽略时,光波在传播过程中遇到障碍物或穿过狭缝和小孔时干涉条纹会受到衍射因子的影响,从而明显地呈现出衍射现象。

按照光源、衍射屏和接收屏之间的距离大小可以将衍射分为近场衍射(又称菲涅耳衍射)和远场衍射(又称夫琅禾费衍射),后者是前者的极限情形。

与光波干涉的相干性相似,光的衍射也是若干束光束之间相干性的表现。但是,光波的干涉是有限多(分立)光束的相干叠加,这是就光束作为整体而言发生的一种光束与光束之间的"粗粒化"相干叠加。杨正是从双缝实验上观察到有限多束光波在传播过程中发生相干叠加以后出现的干涉现象并分析了干涉发生的条件,得出了计算明暗相间条纹位置的公式。而光波的衍射就是波阵面上(连续)无穷多子波发出的光波的相干叠加,这是一种在光束内部子波与子波之间发生的精细化的相干叠加。在关于光的衍射理论上,法国物理学家菲涅耳提出的理论在当时是最有影响力的,他先从实验上得到了波阵面上无限多子波发出的光波在传播过程中发生相干叠加出现的衍射现象,又从理论上分析了衍射产生的条件,还得出了计算明暗条纹位置的公式。

光的干涉和光的衍射之间的主要区别是:

(1) 产生干涉和衍射的子光源不同

光的干涉是有限束相关光在传播空间里相互叠加而形成的明暗相间的条纹,而光的衍射是无限多个相干子光源在传播空间里相互叠加而偏离直线传播形成的明暗相间的条纹。

(2) 产生干涉和衍射的条件不同

产生光的干涉需要满足的条件是,两束光必须频率相同,振动方向相同,相位差保持恒定。而产生光的衍射需要满足的条件是:一束光遇到的障碍物或小孔的尺寸比光的波长小或跟光的波长相差不多。

(3) 产生干涉和衍射的条纹结果不同

在光的干涉过程中,如果从双缝处发出的两束相干光到达屏幕上的某点的光程差等于波长的整数倍时,该点是相长点,出现明条纹;当光程差等于半波长的奇数倍时,该点是相消点,出现暗条纹。而在光的衍射过程中,当一束光从单缝处产生的无数多个子波到达屏幕上某点时,如果单缝两边缘处衍射光线到达该点的光程差等于波长整数倍时,该点是相消点,出现暗条纹;当光程差等于半波长的奇数倍时,该点是相长点,出现明条纹。

（4）干涉和衍射条纹的分布和亮度变化不同

以单色光为例：两束相干光产生的是互相平行且明暗条纹宽度相同的图像，中央和两侧的条纹没有区别；而单缝产生的衍射条纹是互相平行但明暗条纹宽度不等距的图像，中央明条纹最宽，且光强最大，两侧明条纹宽度依次变窄，光强相应地迅速依次减弱。

4 为什么说光的衍射现象显示出比双缝干涉现象更强的相干性？

问题阐述：

在关于光的衍射理论上，为什么说法国物理学家菲涅耳提出的理论在当时是最有影响力的？在相干意义上，为什么说光的衍射现象显示出比双缝干涉现象更强的相干性？

参考解答：

在关于光的衍射理论上，法国物理学家菲涅耳提出的理论在当时是最有影响力的。他用杨的原理补充了惠更斯原理，不仅解释了光的直线传播，还解释了光的衍射现象。他曾经应征参加法国科学院1818年提出的主题为"利用精密实验确定光线的衍射效应和光线通过物体附近时运动状况"的悬奖活动。这个活动的本意是鼓励人们用微粒说解释衍射现象。其中一个典型的事例是，当时年仅30岁的菲涅耳提出了关于光绕过障碍物的衍射方程时得出的一个推论：根据波动说，如果有一个小小的圆盘放置于光束中时，在圆盘后面的屏幕上应该在圆盘产生的阴影中央有一个亮斑。而根据微粒说，则不可能产生这样的亮斑。审查委员会人员之一的泊松认为前一个推理是荒谬的，他要求菲涅耳做实验进行验证，并预言菲涅耳一定无法得出亮斑出现的结果，他认为由此可以得到推翻波动说的依据。菲涅耳应对了这个挑战，用精彩的实验完全证实了由他的理论得出的推论：阴影中央果然出现了一个亮点。于是这个活动不仅没有给微粒说提供什么支持，反而使光的波动说战胜了光的微粒说，菲涅耳也由此获得了这一届活动的科学大奖。光学研究从此开始进入了一个新的阶段，菲涅耳被称为"物理光学的缔造者"。

在讨论衍射现象时，大学物理课程一般是分两步阐述的：首先从单缝衍射开始分别介绍单缝菲涅耳衍射和单缝夫琅禾费衍射，说明衍射是通过单缝（以与双缝干涉相区别）的波阵面上无限多个子波源发出的无限多束光波（以与有限个光源干涉相区别)相干叠加所产生的,由此可以导出单缝衍射形成明暗条纹出现的位置。然后,在讨论光栅衍射时,把每一个单缝产生的衍射效果与各个缝之间产生的多光束叠加相干的效果加以综合分析,由此也导出了明暗条纹出现的位置。正是各缝之间的干涉和每个缝自身的衍射的综合效果使光栅衍射出现了与单缝衍射不同的特点:光栅衍射出现的明条纹的亮度要比单缝大得多,而暗条纹的亮度要比单缝暗得多,又主极大明条纹的宽度比单缝窄得多,这样就在几乎黑暗的背景上出现了一系列又细又亮的明条纹。此外,干涉产生极大的条件和衍射产生极大的条件导致干涉产生的各主极大受到单缝衍射的调制,并可能出现一些主极大消失的缺级现象。由此可以看出,光的衍射现象中出现的相干性既有一条缝内波阵面上无限多子光源的干涉相干,又有有限各条缝之间的干涉相干,因此,在相干意义上说,光的衍射确实体现了比双缝干涉现象更强的相干性。

5 自然光与偏振光有哪些主要区别?产生偏振光的物理本质是什么?

问题阐述:

在大学物理的光学部分,光的偏振是作为光的波动性的一个特征与光的干涉和衍射并列提出的。自然光与偏振光有哪些主要区别?产生偏振光的途径有哪些?产生偏振光的物理本质是什么?

参考解答:

一束自然光照射到介质上产生偏振光的主要途径有三种:一是自然光被介质吸收后产生;二是自然光在介质分界面上发生反射和折射后产生;三是当自然光照射到晶体上时,在晶体内通过微粒发生散射后产生。光的偏振不仅更加证实了光的波动性——光是一种以横波方式存在的电磁波,还反映了介质对光矢量的一种相互作用的选择性——这个选择是以吸收、反射和散射产生偏振光的方式表现出来的。

自然光与偏振光的主要区别体现在光矢量的分布上。自然光的光矢量分布是对称均匀的,在垂直于传播方向的平面内各个方向上光矢量的振幅都相同;而偏振光的光矢量分布是不对称的,在垂直于传播方向的平面内的某些方向上光矢量的振幅会比其他方向上更大一些。这里又有两种情况:如果光矢量的振动只发生在某个确定的方向上,即只有这个方向上光矢量的振幅不为零,其他方向上都是零,这样的偏振光称为线偏振光。如果光矢量的振动发生在各个方向上,但是在某个确定的方向上光矢量的振幅明显较大,这样的偏振光就是部分偏振光。

如果自然光通过介质产生了偏振光,这个过程就称为光的起偏。起偏只是把自然光变为偏振光,但不改变光的传播方向。起偏以后,光的能量一部分通过介质(起偏器),其余部分被介质吸收。偏振光的偏振状态再通过介质受到检验的过程称为检偏。检偏以后偏振光或者从检偏器射出(有光强),或者完全被介质吸收消光(无光强),即光强发生了变化。马吕斯定律给出的就是检偏前后光强变化关系的定量表示式。

光是处于特定频率范围内的电磁波,在这种电磁波中呈现光作用的主要是电场矢量,又称光矢量。而光作为横波,光矢量的振动方向是与光的传播方向垂直的。因此,光通过介质及光在介质表面反射和通过介质的折射归根到底就是电磁场在通过介质及在介质表面的反射或折射。

放在电场或磁场中的介质会因受到外场对电子的作用而改变了介质的电荷分布或分子电流分布的形式,而介质的极化和磁化也会改变场的分布。与此类似,在光的偏振中出现的光在通过介质和在介质表面的反射和折射的结果也是由光与介质相互作用而导致的,相互作用的结果使传播能量(光强)被介质选择性吸收、反射、折射和散射,从而表现为电磁场的传播分量(光的传播分量)受到了一定的选择。

6 反射和折射产生的偏振光的偏振化程度与入射角之间存在怎样的关系?

问题阐述:

除了证实光的波动性外,光的偏振还有哪些重要的物理意义和特征? 光的反射定律和折射定律表明,反射角和折射角的大小都与入射角之间存在一定的关系,那么,反射和折射产生的偏振光的偏振化程度与入射角之间是否也存在一定的关系?

参考解答:

自然光通过介质分界面时发生反射和折射,不仅光的传播方向发生了改变,而且有可能产生偏振光。在几何光学中已经有了反射定律和折射定律,这两个定律表明,反射角和折射角的大小都与入射角之间存在一定的关系。如果自然光通过反射和折射产生了偏振光,那么就自然地会提出这样的问题:反射和折射产生的偏振光的偏振化程度与入射角之间是否也存在一定的关系?

在一般的情况下,自然光入射产生的反射光和折射光都是部分偏振光。但是当自然光以某个特定的起偏角入射时,反射光会全部成为线偏振光(这仅是光振动矢量垂直于入射面的一部分偏振光),布儒斯特(D. Brewster,1781—1868)定律给出的就是这个特定起偏角与介质相对折射率关系的定量表示式。一旦反射光成为线偏振光,折射光就成为部分偏振光(这是光振动矢量垂直于入射面的其余部分偏振光和所有平行于入射面的偏振光),因此,反射光的强度很弱,而折射光的强度较强。既然由于反射和折射的偏振化程度不同会引起光强的不同,那么很自然地就需要进一步讨论如何通过增强反射光和折射光的偏振化程度(如使反射光成为垂直于入射面的全部偏振光,使折射光成为平行于入射面的全部偏振光)来调节光强的分布,于是就产生了制作使光通过不止一块介质(如一块玻璃)而是通过一个平行放置的介质片(如很多片玻璃组成的玻璃堆)的起偏器件的需求。

除了由自然光在介质面上的反射和通过介质的折射产生偏振光以外,光通过在空气(介质)中的散射也能产生偏振光,这类偏振光的产生是空气(介质)中的微粒或分子在光矢量的作用下受到激发振动而向四面八方发出的同频率电磁波的结果。太阳光被空气中微粒散射以后产生的"天光"就是这样的部分偏振光。

光通过介质发生的选择性相互作用不仅表现在通过以上的几条途径可以由自然光产生偏振光,还表现为可以通过由自然光起偏产生线偏振光以后再入射晶片的途径从双折射的两束光的叠加中形成椭圆偏振光或圆偏振光等。

第7章

相对论

1 在学习相对论时,究竟应该如何认识相对和绝对这两个概念?

问题阐述:

在相对论中,首先涉及的就是绝对和相对的问题。人们曾经一度把在牛顿力学中涉及的一切事物说成是绝对的,把在相对论中涉及的一切事物都说成是相对的。在学习相对论时,究竟应该如何认识相对和绝对这两个概念?

参考解答:

相对和绝对是一对重要的哲学范畴。绝对往往是指无条件的、不变的、普遍的等含义,在物理学中表现为物质及其运动的不灭性(对于时间的流逝而言)和不变性(对于坐标的变换而言);与不灭性相联系的物理量称为守恒量,而与不变性相联系的量称为绝对量。例如,质量是守恒量(在经典力学中,有一个质量守恒定律,即无论物体运动与否,无论物体分割成多少部分,物体各部分的质量之和等于物体的总质量),但不是不变量(在相对论中,在不同的速度下质量是可变的);熵是不变量(在不同的坐标系下熵是不变的),但不是守恒量(在孤立系统中发生的不可逆过程中熵不守恒)。

在牛顿的绝对时空观里,时间和空间是绝对的,它们既与物质和运动无关,也是相互独立和不相干的。绝对时间和绝对空间是牛顿力学赖以成立的一个重要的基础观念。牛顿提出,匀速直线运动就是相对于绝对空间的。"绝对"一是指在牛顿力学中这个空间是与客体无关的、独立存在的绝对物;二是指这个空间是赋予一切物体以惯性的绝对原因。同样,牛顿毫不怀疑地认为,绝对时间是同绝对空间一样存在的。在牛顿的时空观中,描述空间的三个坐标分量与时间变量是毫无关系的。空间和时间各自具有不变性,也就是在这个空间里,一个物体的空间尺度不会因为运动的状况而改变。一把相对于观察者静止时测量长度为 1m 的尺,不论它相对于观察者以什么速度运动,其长度仍然是 1m。牛顿的绝对时空观是经典物理学的基础。两个坐标系之间的空间位置和时间的变换就是伽利略变换式。

在爱因斯坦提出的狭义相对论中不存在绝对的、孤立的时间和空间,相对意味着有条件的、可变的、特殊的等含义。爱因斯坦指出,物理学中的空间和时间不是直接从物理学的实验和观察中得出的;空间和时间是物理的,它们不是独立于观察者、米尺和钟而存在的抽象,而是由于物理的物体(观察者、米尺和钟)的存在而存在的;空间和时间不是绝对的,而是与相对于观察者所在的参考系而言;空间和时间不是互相独立的,在狭义相对论中,除了描述空间位置的三个坐标分量外,还有第四个坐标 ict(i 是虚数, c 是光速, t 是时间)。任何物理事件的发生及其变化都在这个四维空间里,时间不再独立于空间以外,时间是时空结合体里的第四维;运动与时间空间是不可分离的。从一个惯性系到另一个相对运动的惯性系之间不仅空间坐标会发生变换,时间坐标也会随之发生变换,在空间变换关系中包含时间坐标,在时间的变换关系中也包含空间坐标;时空的这些变换都是与运动物体的速度有关的。

人们曾经一度把在相对论中涉及的一切事物都说成是相对的,早先对相对论产生的这个误解曾经"促使爱因斯坦提出用不变性理论代替相对性理论"[①]。其理由在于,首先,当尺子相对于观察者以一定的速度运动时,对不同的观察者来说,单独对空间和时间的测量结果是不同的,空间或时间不再保持各自的不变性,但是时空两者测量结果合成的"时空间隔"是不变的;其次,不管惯性系之间发生怎样的相对运动,在任何惯性系中,光在真空中的速率都相等,是一个不变量;最后,作相对运动的不同参考系可能会出现难以预测的变化,但是,把一个惯性系的测量结果变为另一个惯性系的测量结果的变换法则是不变的,这个变换关系就是洛伦兹变换式。这个重要的相对论效应与物体的内部结构无关,是时空的基本特征。当物体的运动速度 $v \ll c$ 时,洛伦兹变换就转化为伽利略变换。不过,当后来无论发挥科学现象力还是普通想象力,人们都可以接受相对性时,爱因斯坦再想改变相对性理论的名称,也已经为时已晚了。爱因斯坦曾经这样感叹:"现在谈'相对论'一词。我承认这是不幸的,它给哲学上的误解以机会。"[②]

❷ 牛顿是在什么背景下提出绝对时空观的?这样的时空观在物理学发展史上有什么科学意义?

问题阐述:

在牛顿以前确立的运动的相对性中已经包含着人们对空间和时间的某种认识,但是,我们通过日常生活感受到的时空认识毕竟还只是一种朴素的认识,不是

① JONES R S. 普通人的物理世界[M]. 明然,黄海元,译. 南京,江苏人民出版社,1998:23.
② CALAPRICE A. 新爱因斯坦语录[M]. 范岱年,译. 上海:上海科技教育出版社,2017:211.

绝对时空观。绝对时空观是牛顿经典力学的核心。牛顿是在什么背景下提出绝对时空观的？这样的时空观在物理学发展史上有什么科学意义？

参考解答：

在牛顿以前确立的运动的相对性中已经包含着人们对空间和时间的某种认识，如果没有这种认识，怎么能够得出坐标和速度以及它们之间的变换关系呢？怎么能够得出关于不同坐标系中空间距离和时间间隔的测量结果呢？在运动的相对性中还包含着所有的惯性系都是平权的思想，如果惯性系不平权，牛顿定律只在一个特殊的惯性系（"绝对惯性系"）中成立，在其他惯性系中不成立，又怎么能够得出相对性原理的表述呢？但是，我们通过日常生活感受到的时空认识毕竟还只是一种朴素的认识。

于是，在伽利略相对性原理已经得以确立的情况下，牛顿就提出了关于绝对运动及相应的绝对空间和绝对时间的观点。牛顿是在什么背景下提出绝对时空观的呢？这样的时空观在物理学发展史上有什么科学意义？

实际上，对"时-空"的认识并不是自牛顿开始的，早在牛顿之前，伽利略和笛卡儿提出的运动理论就体现了一种对"时-空"的相对性认识，而牛顿在这方面"站在前人的肩上"，批判地继承了笛卡儿、惠更斯、伽利略等人对时间空间物理特性的观念，最后，正是从这些对"时-空"的相对性认识中集大成地提出了绝对时空观的思想。

在确立运动相对性的过程中，最早提出惯性原理思想的不是牛顿，而是伽利略和笛卡儿等人，他们已经涉及对"时-空"的平直性和均匀性的认识，笛卡儿还提出了物质与空间不可分离、时间与运动不可分离的思想。后来英国的神学家莫尔和牛顿的老师巴洛也提出了一系列关于时空的观点，如他们认为，空间就是等同于上帝的"无所不在"，是上帝存在和能力的体现；时间与物体的运动或静止都无关。牛顿分析批判地吸取前人关于"时-空"的观点，觉得用空间和时间的相对性来判定运动与人们的日常经验是相符合的，但是这种相对性仅仅是时空本质属性的一种可感受的量度而已，尚未触及时空的属性；而前人关于时空的一些观点又是各有取舍的，需要作一番梳理，尤其需要在理论上作出概括和提升。牛顿在《原理》中谈到空间、时间、位置和运动等概念时指出，人们只是"从这些量和可感知的事物的联系中来理解它们的。这样就产生了某些偏见；而为了消除这些偏见，最好是把它们区分为绝对的和相对的、真正的和表观的、数学的和通常的"。在这里，牛顿清楚地提出了他认为需要建立与人们的感觉和偏见无关的"绝对的、真正的和数学的"时空观的必要性。

此外，牛顿作为公理提出的牛顿三大定律也必须在一个特定的以绝对时空观为理论基础建立的绝对惯性系中才能成立。牛顿第一定律指出，物体具有保持静止或匀速直线运动状态的惯性，问题是怎样判定"静止"？怎样判定匀速直线运动？显然，在实际测量过程中离开了一个特定的参考系是无法回答这些问题的。牛顿第二定律指出,物体受到的外力与物体动量的变化成正比,问题是怎样判定力?在牛顿理论中,力是没有定义的,它不过是作为一个假设引入的,力引起的结果是用物体动量的变化或速度的改变来表征的。因此,要确定物体是否受到力,就必须确定物体是否产生了加速度或发生了某些形状上的变形,于是就需要对运动进行测量,对空间位置给出标记,而这些测量离开了坐标系又是不可能进行的。牛顿承认,在运动学方面,一切运动都是相对的;但是在动力学方面,他主张,必须把一个绝对的惯性系放在逻辑的优先地位上,才能按照他的公理来分析运动。只有相对于绝对惯性系,才有绝对的运动(包括"绝对的静止")的表征。正是为了数学上得到对时空属性的概括和抽象的表示,也为了建立经典力学理论体系的需要,牛顿提出了关于绝对空间和绝对时间的观点[①]。

什么是绝对空间?"绝对的空间,就其本性而言,是与外界任何事物无关而永远是相同的和不动的。"因此,在牛顿看来,我们通常确定物体的空间位置都只是在相对空间里,相对空间是绝对空间的可动部分或者是对绝对空间在表观上延续性的一种可感觉的量度。

什么是绝对时间?"绝对的、真正的和数学的时间自身在流逝着,而且由于其本性而在均匀地、与任何其他外界事物无关地流逝着,也可以把它称为'延续性'。"因此,在牛顿看来,我们通常用小时、日、月、年等来计算时间也只是相对的,是对绝对时间在表观上的延续性的一种可感觉的、体现在外部运动状态变化上的量度。

基于绝对空间和绝对时间基础上的绝对运动的表述是"绝对运动是一个物体从某一绝对的处所向另一绝对处所的移动"。

由此可以看出,牛顿的绝对时空观理论是对人们通常进行的直接观察和生活经验的一种总结,它为伽利略变换和牛顿相对性原理能够成立提供了理论基础。伽利略变换是绝对时空观的直接反映,牛顿相对性原理则是绝对时空观的直接推理结果。

在近代物理学中,虽然绝对时空观已经被爱因斯坦的相对时空观所取代,但是绝对时空观在物理学发展史上有着重要的地位,它是人类历史上第一个建立在自然科学基础上的系统的时空观,是人类对时间和空间的认识从感觉上升为理性认识的第一次大飞跃;它的提出对于人类进一步把握时空本质和推动自然科学的发展都有着重大的作用。没有绝对时空观的建立,就没有经典力学的全部理论。对于绝对时空观,爱因斯坦曾经作出这样高度的评价:"牛顿的决定,在科学当时的状况下是唯一可能的决定,而且特别也是唯一有效的决定。"[②]他还深情地讲过:"牛顿啊,……你所发现的道路,在你那个时代,是一位具有最高思维能力和创造力

① SEYER H S.牛顿自然哲学著作选[M].上海外国自然科学哲学著作编译组,译.上海:上海人民出版社,1974:19-28.
② EINSTEIN A.爱因斯坦文集:第一卷[M].许良英,李宝恒,赵中立,等编译.北京:商务印书馆,1976:589.

的人所能发现的唯一道路。"作为一名用相对论时空观取代了绝对时空观、创建了狭义相对论和广义相对论,从而开创了20世纪物理学新纪元的伟大的科学家——爱因斯坦,对牛顿的绝对时空观和在此基础上创立的经典物理学用了几个唯一这样的最高级词语给出肯定性评价,其中包含的深刻启示是值得人们认真思考的。爱因斯坦的评价为我们科学、正确地理解牛顿经典物理学思想的发生和发展及历史地位和作用提供了最好的典范。

3 我们能"看见"三维空间的物体吗?我们平时接触的时间和空间的概念是牛顿的"绝对时空观"吗?

问题阐述:

爱因斯坦说过"为了科学,就必须反反复复批判基本概念",相对论的创建是在批判了经典物理学的一些似乎是不言自明的最基本的物理概念和思想中发展起来的。其中对牛顿绝对时空观的批判就是其中最重要的一个内容。相对论表明,为了表示出在三维空间中的实际运动物体的状态,需要一个四维的"时-空"坐标系。我们是无法"看见"四维空间的物体的,但我们能"看见"三维空间的物体吗?我们平时接触的时间和空间的概念是牛顿的"绝对时空观"吗?

参考解答:

物理学的时空观从中学物理到大学物理课程一开始就已渗透在整个物理教学的过程中。一个学生在接受物理知识的同时也在不自觉地受到一种朴素时空思想的熏陶教育。例如,在运动学的教学中,质点在一维空间的实际运动状况(如在一维直线上作匀加速运动的质点经过不同时间后所经历的不同的路程)需要在两维(一维是质点的时间坐标,另一维是质点的位置坐标)空间才能表示出来。类似地,质点在二维空间的实际运动状况显然需要在三维空间中才能表示出来。依此类推,为了表示出质点在三维空间中的实际运动物体的状态,我们需要一个四维的"时-空"坐标系,在这种四维"时-空"坐标系中描述的图像就是一种四维"时-空"图。

由此可见,在经典的力学中,为了完整地描述质点的运动状态,必须同时采用时间和空间的坐标。在这种经典的时空坐标系中,时间和空间分别可以被分解为互相独立的坐标。观察者可以选用不同的参照物来建立不同的空间坐标系,但是无论对于什么参考系,选择的时间坐标却都是相同的。在这样的时空描述方式下,空间就是一个"大容器",物体的运动被看成在这个"容器"中的运动,时间也只不过是物体在这个"容器"中运动的过程中某些属性"流逝"的表现而已。

因此,在中学和大学进行物理教学的过程中,只要讨论物体运动的快慢和路程的长短,"时-空"的一种朴素思想就已经出现在教学内容和所做的各类习题中了。它表现得如此普通,以至于学生记住了公式,学会了解题,却几乎没有去关注渗透在其中的"时-空"思想,以致没有理解"时-空"观在物理学中的地位和作用。于是,当他们学习大学物理的相对论时,一旦触及四维"时-空"观,就常常会把"时-空"观看成物理学家头脑"风暴"的产物,是一个远离实际、抽象的物理概念。

四维"时-空"坐标系是无法直观架构起来的,四维"时-空"图也是看不见、摸不到的,在学习过程中是必须依靠学生的想象力才能去构思和理解的。三维的空间是不是总是可以"看"得到呢?当一个人通过两只眼睛观看三维空间中自然界的颜色时,我们不是看到了万紫千红的世界了吗?事实上,真正的三维空间也是根本"看"不到的,我们所形成的空间的体验也只是人的大脑思维的产物,并不是真实的空间。当一个人通过两只眼睛观看三维空间中的某一个物体时,在不同距离上的物体信息从眼睛进入大脑,大脑就把它们诠释为人与物体的距离,于是人感到自己似乎"看"到了空间的物体。实际上,在日常生活中,明明是同一个物体,但不同的人"看"到的结果往往可能是不同的。例如,在观看一幅彩色图片时,不同的人们"看"到的同一个物体的颜色就可能是不同的,而不同的颜色在不同人身上产生的"冷"和"热"的感觉可能也是不一样的。这就意味着,每个人"看"到的物体是"因人而异"的,"看"到的物体不仅与物体本身的物理因素有关,还与观察者的心理因素和生理因素有关。

除了人们看到的宏观世界的物体"因人而异"外,微观基本粒子和各种物理场用人们的眼睛更是"看不见"的。但是,人们可以对它们作出一番合情合理的自洽的理论图像描述,由此得到微观世界和场的空间影像,这种图像又是从哪里来的呢?实际上,对这样的微观世界和场的认识是这样得到的:人们首先通过各种测量手段从实验测量中得到一系列复杂的数据,然后经过大脑对从数据中获取的信息进行加工诠释,最后形成结论或作一番描述,因此,这样的空间图像仍然不过是大脑给我们留下的关于该物体的一个感觉到的空间而已。

正是基于以上人们对空间认识的基本途径,又加上对独立于空间的时间的认识,人们就逐渐形成了对空间和时间的暗喻模式。在日常生活中人们会很自然地说出"某年某月某时在什么地方发生了某个事件"及"某物体离开我们的空间距离很远"和"某个事件的发生在时间上已经过去了很久"这样类似的话语。这些话语都包含了"时间"和"空间",不过这里的空间在人们日常生活经验上仅仅是指物体所在的位置相对于某个参考点距离远近的标识。一个物体可以处于确定的一个空间位置上,但不同的人对物体所处位置的远近感觉可能是不同的;这里的时间在人们日常生活经验上也仅仅是指对物体运动变化前后次序的标识,一个物体的运动状态或某些属性可以发生一定的改变,但日常生活经验表明,不同的人对物体运动改变和属性变化的快慢次序的感觉也可能是不同的。显然,我们通过日常生活感受到的时空认识只是一种朴素的认识,还只是表示了对运动的描述需要空间和时间而已,而且在物理学中准确地标示出一个物体的空间位置比标示它在运动过程中经历的时间更为重要,因为,空间坐标的获得是对运动作定量描述的根本因素。而且人们早就从生活经验中感到了空间距离的相对性,但是,对时间的相对性从来没有考虑过。这样的时空认识明显地包含着主观感觉经验的判断因素,因此,这样的认识还不是物理学中牛顿建立起来的绝对时空观。

4 爱因斯坦是怎样批判牛顿力学中的力这个基本概念的?

问题阐述:

除了时间和空间这个基本概念以外,包括引力在内的力的概念也是牛顿理论体系中一个重要的基本概念。什么是力?牛顿给出了力的定义吗?爱因斯坦又是怎样批判经典的力这个基本概念的?

参考解答:

在日常生活中,力是一个似乎不需多加解释的名词。在经典力学中,力也是一个很常用的概念。如果追问,究竟什么是力?那么查阅一下牛顿的著作,就可以发现,牛顿不仅没有对力给出可操作的独立定义,而且在不同的场合使用力的概念,如他把外加的力称为运动力,把惯性称为物质固有的力,把加速度称为加速力等,从而使力的概念反而变得难以把握。一般认为,牛顿在牛顿第二定律中给出了力的明确定义:"外力是加于物体上的一种作用,以改变其运动状态,而不论这种状态是静止还是作匀速直线运动的。"这个论断把力定义为改变运动状态的"原因",这是对亚里士多德及其以后多少年来把"力"定义成维持物体运动的"原因"的否定,但牛顿这样的表述仍然停留在表明力所产生的效果的层面上,并没有回答"究竟什么是力"的问题。

在狭义相对论中表述的相对性原理表明,物理学的定律不受参考系的速度影响,人们无法通过在他所处的惯性系中做实验来决定运动的速度;光速不是相对的。而在广义相对论中表述的相对性原理指出,物理学的定律不受参考系的加速度的影响,人们无法通过在他所处的加速系中做实验来决定他是作加速运动还是感受引力的效应。爱因斯坦重新评价了牛顿提出的任意的又无法观察的重力以后,最后放弃了重力,认为重力不是力,而是时空的曲率,重力与加速度之间具有明显的等效性,提出用几何学取代重力。

爱因斯坦把狭义相对论的相对性原理推广到非惯性系,提出了广义相对论的一个基本原理——等效原理。在广义相对论中不仅时空合并,而且引力作用会引起时空几何结构的改变。爱因斯坦认为除了狭义相对论的相对时空外,在广义相对论中还必须加入相对几何学的内容,在广义相对论中,用几何学取代引力。

5 爱因斯坦是怎样批判牛顿力学中的质量、动量和能量的基本概念的?

问题阐述:

除了时空观和力以外,在相对论中,质量观和能量观也发生了深刻的变化,由此引出了质量、动量和能量等一系列物理量在概念上的深刻变革。爱因斯坦是怎样批判牛顿力学中的质量、动量和能量的基本概念的?

参考解答:

基于时空观的变革,在相对论中的质量观和能量观也发生了深刻的改变。大学物理教材往往在讨论了相对论的运动学以后,紧接着就讨论相对论的动力学内容,这就涉及质量、动量和能量等主要的物理量。

关于质量。在经典物理学中,质量一开始被定义为物体所含的物质多少的量度。到了学习牛顿第二定律时,质量则是由物体受到的力和由此产生加速度之比来定义的。这里物体的质量是以物体反抗外力引起的加速度的一种阻力的面貌出现的,这就是通常所说的惯性质量。此外,当物体受到重力下落时,物体的质量也可以由物体的重量来量度,这就是重力质量。在经典物理的教学内容中,这两个质量是不加以区分的。质量被看成是物质的一个基本性质。牛顿力学告诉我们,物体的质量一经确定,无论物体处于静止或运动状态,其质量总是不变的。

然而相对论指出,物体的质量与物体的运动速度有关,且随物体运动速度的增大而增加。物体的质量在一定的速度下守恒,但不是一个不变量。如果以 m_0 表示物体相对于观察者静止的质量,称为静止质量;m 表示物体相对于观察者以速率 v 运动时所测得的质量,称为惯性质量。这两个质量之间的关系是

$$m = \frac{m_0}{\sqrt{1 - \dfrac{v^2}{c^2}}} \qquad (7\text{-}1)$$

式(7-1)表明,在宏观低速运动情况下,物体的惯性质量与静止质量实际上是

相等的,但物体的惯性质量随着其运动速度的增大而增大。对于高速运动的物体,惯性质量会比静止质量大得多。质量的基本意义是惯性的量度,因此,惯性质量的增大将意味着随着物体运动速度的增大,物体的惯性也随之增大。

关于动量。在狭义相对论中,动量的定义式仍然是 $p=mv$,由于质量随速度的增大而增大,因此,动量也与速度有关;对这样定义的动量,动量守恒定律在任一惯性系中都成立。

关于能量。在经典力学中质量和能量是相互独立的,质量和能量在经典力学中的独立性表现为这两个物理量各自从一个方面反映了物质的运动。

根据经典力学的质量守恒原理,物体的质量在任何物理变化和化学变化过程中都保持不变,因此,质量是物质的一个基本性质。在牛顿力学中质量是作为惯性的量度而被定义的,而一个物体惯性的大小与它所包含的物质的量是精确相同的。

又根据能量守恒定理,一个物体在只受到保守力作用的情况下,它的机械能守恒。例如,一个理想的单摆在作周期运动时动能和势能的总和即机械能守恒,与单摆的质量无关。如果摆的运动最后逐渐趋于停止,那么能量守恒定律在这里就表现为机械能和热能的总和保持不变,也与物体的质量无关。后来物理学家又进一步把其他形式的能量,如化学能、电磁能等也包括在这条定理之中。

然而,相对论指出,为了确切地表述物体具有的能量,必须首先对上面提到的两个不同的质量概念严格加以区分:静止质量是指由一个相对于物体静止的观察者所测得的这个物体的质量,它是物体本身不变的性质;而惯性质量量度的是物体具有的惯性大小的量,它是随着物体运动速度的增大而增大的。无论一个物体处于静止还是运动状态,它都具有总能量 $E=mc^2$。于是,物体的质量就是它所含能量的量度,一个物体增加了能量(如弹簧受外力作用而伸长,它的弹性势能得以增加),它必定相应地增加了质量。反之,一个物体释放出能量(如铀发生裂变时,会释放出大量能量),它必定相应地减少了质量。以一个爆炸能量相对于2万吨级TNT的原子弹为例,原子弹爆炸以后会释放出巨大的能量,从而使其残余物的质量比爆炸前的初始质量减少了1g。一个电子和一个正电子具有相同的静质量 m_0,当它们相遇时,就会变成两条伽马射线,每一束射线都具有精确的能量 m_0c^2。这个物质湮没完全转变成能量的实验完美地证实了质量与能量的等效性①。

当物体静止时,物体的总能量与它的静止质量有关;当物体的速度增加时,尽管它在运动的速度变化前后都没有从外部添加一个分子和一个原子,但是其惯性质量随之增加,它的总能量也相应增大。物体的动能等于物体运动时的总能量(此时的质量是惯性质量 m)减去静止时物体具有的总能量(此时的质量是静止质量 m_0),即

$$E_k = mc^2 - m_0c^2 = \Delta mc^2 \tag{7-2}$$

式(7-2)就是相对论动能的表示式,在低速运动情况下,它可以近似表示为经

---

① FEYNMAN R P. 费曼讲物理相对论[M]. 周国荣,译. 长沙:湖南科学技术出版社,2004:76.

典物理学中为人们熟知的动能关系式。

在经典力学中，似乎物体的能量已经与质量有着密切的关系。当一个物体的速度恒定时，质量越大，它的动能也就越大。一个物体的动能不是与物体的质量有关吗？注意到，在经典力学中出现的质量是相对于相对论中的静止质量，它是一个守恒量，无论物体是否运动，它的质量都是不变的，无论一个物体分割成多少部分，部分质量之和总是等于这个物体的总质量。一个物体各部分的质量之和与该物体运动速度相关的能量是动能，而不是它的总能量。物体一旦处于静止状态，它就没有任何动能，但可以具有其他形式的能量。

如果把相对论的质能转化关系包括在一起，质量守恒定律就需要重新表述为

$$\sum \left(m_0 + \frac{E}{c^2}\right) = 常量 \tag{7-3}$$

式(7-3)中的 E 包括了物体具有的除动能以外的其他各种类型的能量。在一个封闭的系统中，能量包括静能和其他形式的能量，其总和是不变的，即能量守恒定律可以表示为

$$\sum (m_0 c^2 + E) = 常量 \tag{7-4}$$

式(7-4)实质上就是推广了的质量守恒定律。爱因斯坦说："如果一个物体以辐射的形式放出能量 E，则它的质量减少 $\frac{E}{c^2}$，这个事实与从物体抽出能量变为辐射能量显然没有什么区别，因此，这使我们得出更普遍的结论，即物体的质量就是它所含能量的量度。"[1]"在经典物理中，有两个独立的守恒原理：质量（经典的）守恒，如在化学反应中；能量守恒。在相对论中它们会合成一个守恒原理，即质能守恒原理。"[2]

6 在经典电磁场的麦克斯韦理论与经典力学的伽利略变换之间存在的若干不对称的问题。这些不对称问题的主要表现是什么？

问题阐述：

爱因斯坦在 1905 年以前的很长一段时间里一直在思考着当时在经典电磁场

① RESNICK R. 相对论和早期量子论中的基本概念[M]. 上海师范大学物理系，译. 上海：上海科学技术出版社，1978：126.

② RESNICK R. 相对论和早期量子论中的基本概念[M]. 上海师范大学物理系，译. 上海：上海科学技术出版社，1978：125.

的麦克斯韦理论与经典力学的伽利略变换之间存在的互相冲突的问题,这些问题可以归结为若干不对称的问题。这些不对称问题的主要表现是什么?

参考解答:

狭义相对论是爱因斯坦在1905年正式提出的。十多年后,爱因斯坦在回忆1905年前后思想变化的根本原因时,提到他在1905年前很长一段时间里一直在思考着当时在经典电磁场的麦克斯韦理论与经典力学的伽利略变换之间存在的互相冲突的问题,这些问题可以归结为以下几个不对称的问题。

(1)爱因斯坦发现,在经典意义上时间和空间之间在变换关系上存在不对称性。在牛顿力学中,伽利略变换给出了在两个以相对速度 v 运动的坐标系中,观测同一个物体的位置坐标的变换关系。在变换关系中,空间是与坐标系有关的、相对的,而时间却是与坐标系无关的、绝对的。为什么只有空间变换关系,没有时间变换关系?这是一种不对称性,这种不对称性起源于何处?

(2)爱因斯坦还发现,在经典电磁学中产生感生电动势的两种方式存在不对称性。在经典电磁学中,有两种方式可以产生感应电动势,一种方式是以"导体运动,磁场不动"的方式产生的感应电动势,即导体在磁场中作切割磁力线的运动产生的感生电动势。对此,经典电磁学给出的解释是,这是由于导体中的自由电子受到了非静电力——洛伦兹力的作用所致。另一种方式是以"导体不动,磁场运动"的方式产生的感应电动势,即通过闭合导体回路的磁场随时间发生变化所产生的感应电动势。对此,经典电磁学给出的解释是,这是由于变化的磁场在导体中产生了感应电场所致。同样都是导体和磁体的相互作用产生的感应电动势,为什么产生的机制却是不同的,物理上不得不使用两组不同的概念和方程式加以描述。这又是一种不对称性,这个不对称性起源于何处呢?

(3)爱因斯坦又发现,在力学现象和电磁学现象中相对性原理存在不对称性。按照伽利略相对性原理,所有惯性系都是平权的,不存在一个特殊的绝对惯性参考系。但是,伽利略变换的不变性在电磁领域中失效了。尤其是按照麦克斯韦电磁理论,光速是一个常数。以洛伦兹为首的物理学家明确地提出,这个光速只对绝对静止的"以太"参考系成立。这个结论使伽利略相对性原理与"绝对静止"的"以太"之间产生了明显的矛盾:一个是基于牛顿时空观理论建立的伽利略相对性原理,否认绝对惯性参考系;另一个是在当时已经建立的麦克斯韦电磁学理论中,很多物理学家认为,麦克斯韦方程组是以静止"以太"为绝对惯性参考系的。当时爱因斯坦也没有怀疑"以太"的存在,因此他认为,承认存在绝对静止的"以太"参考系,伽利略的相对性原理在电磁现象中就不再适用了,于是伽利略相对性原理在电磁领域又一次面临着尖锐的矛盾。为什么相对性原理只在力学现象中成立,而在电磁学中失效了呢?这个不对称性又是从何而来的呢?

还有在19世纪80年代迈克耳孙-莫雷合作进行的干涉实验证明,在相对运动中光速始终保持不变。为什么在两个以相对速度运动的坐标系中分别测量到的光速是相同的,不遵循伽利略相对性原理? 这里又是一种不对称性。这个不对称性起源于何处呢?

面对着这样一些不对称性,爱因斯坦陷入了深深的思考。特别在寻找"以太风"的实验失败以后,爱因斯坦终于感到问题不在于现象本身,而在于基本概念和理论上的错误。

为了解决这些不对称性,爱因斯坦认为,必须把相对性原理作为一条公设提出,"凡是对力学方程适用的一切坐标系,对于上述电动力学和光学定律也一样适用""这是对自然规律的一条限制性原理,它可以同不存在永动机这样一条作为热力学基础的限制性原理相比拟"。爱因斯坦相信自然界的和谐统一,放弃了惯性系的优越地位,把相对性原理从惯性系推广到非惯性系,提出了广义相对论的相对性原理。如果说,狭义相对论的相对性原理得出物理定律不会受参考系速度的影响,那么广义相对论的相对性原理则指出物理定律不会受参考系的加速度的影响。这样的推广表明,人们可以在完全不同于牛顿理论的基础上来考察范围更加广泛的事物,这是一种比以往理论更加满意、更加完备的考察方式。正是对广泛事物进行这样的考察,才导致了新概念的形成和发展。

7　为什么说相对性原理和光速不变原理这两个基本原理成了爱因斯坦创建相对论的逻辑起点?

问题阐述:

为什么说相对性原理和光速不变原理这两个基本原理成了爱因斯坦创建相对论的逻辑起点? 相对性原理对于在不同坐标系下物理规律的变换关系提出了什么要求?

参考解答:

在狭义相对论中,相对性原理和光速不变原理一起形成了狭义相对论的两个基本原理或假设。

这样两个假设极大地动摇了伽利略和牛顿创立的经典物理学的基础,是经典物理学的思想所不能容忍的。如果从经典的表述上看,光速不变原理与狭义相对性原理似乎是矛盾的:相对性原理表明,所有的物理定律在任何惯性系都能成立,并由此可以得出光速对所有惯性系都不变的推理。当两个惯性系相互作匀速直线运动时,按照光速不变原理,在这两个惯性系中的观察者测得同一束光的光速应该是相同的;但是,按照速度合成法则,一个惯性系中观察者测得的光速与另一个惯性系中观察者测得的光速肯定又是不同的。在这里,速度合成法则究竟是否还能成立呢?如果不成立,其原因又是什么呢?爱因斯坦明显地觉察到这个矛盾,他认为,这种矛盾是不容易解决的。在经过了一年时间的研究以后,爱因斯坦终于领悟到,问题正出在人们最不容易怀疑的一个基本思想观念上,即同时性的问题上。长期以来,人们对牛顿的绝对空间和绝对时间产生了成见。爱因斯坦认为"只要时间的绝对性或同时性的绝对性这条公理不知不觉地留在潜意识里,那么任何想要令人满意地澄清这个悖论的尝试都是注定要失败的"[1]。

按照相对性原理,爱因斯坦以不同惯性系之间时空变换的洛伦兹变换关系取代了伽利略变换关系,使物理规律在洛伦兹变换下保持不变。按照光速不变原理,爱因斯坦超越了绝对时间和绝对空间的时空观,把空间和时间的相对性和统一性作为核心,更新了牛顿的经典时空观思想,建立了新的相对论时空观。正是在两个基本原理基础上,爱因斯坦从批判经典力学的基本概念入手,由此创立了狭义相对论,导致了对空间和时间物理概念的相对性的认识,也导致了对电场和磁场本质上的同一性的理解。

爱因斯坦曾经把物理学中的理论分成两大类,其中占大多数的一大类是构造性的理论。它们从比较简单的形式体系出发,并以此为材料,对比较复杂的现象构造出一幅图像。爱因斯坦认为,气体动理论就是这样的理论,它把机械的、热的扩散过程都归结为分子的运动。另一类理论是原理性的理论。它们使用的是分析方法,而不是综合方法。爱因斯坦认为,热力学就是这样的方法,它从永动机不可能存在这样的普遍经验事实出发,推导出各个事件都必须满足的必然条件。构造性理论的优点是完备、有适应性和明确;而原理性理论优点是逻辑上完整和基础巩固。爱因斯坦认为,逻辑思维必然是演绎的,没有一种归纳法能够导致物理学的基本概念。爱因斯坦明确指出,相对论就属于后一类原理性理论[2]。由此,两个基本原理或假设就成了爱因斯坦创建的相对论这个原理性理论的逻辑思维起点。

8 爱因斯坦是如何提出广义相对论的两条基本原理的?

问题阐述:

爱因斯坦在其他物理学家还在理解和消化狭义相对论时,自己发现了新的疑

① EINSTEIN A.爱因斯坦文集:第一卷[M].许良英,李宝恒,赵中立,等编译.北京:商务印书馆,1976:24.

② EINSTEIN A.爱因斯坦文集:第一卷[M].许良英,李宝恒,赵中立,等编译.北京:商务印书馆,1976:184.

点。经过 10 年时间的努力探索,爱因斯坦又进一步提出了两条新的基本原理,把狭义相对论推进到广义相对论,达到了他一生中辉煌的顶点。爱因斯坦是怎样提出广义相对论的两条基本原理的?

参考解答:

狭义相对论在物理学的思想方面突破了经典物理学关于时间和空间与物体运动无关的传统观念,使人们对时间和空间的认识发生了深刻的改变,但是在狭义相对论中时空还仍然只不过是物质运动的一个框架而已,时空本身并没有参与到运动中去。

在创立了狭义相对论以后,爱因斯坦认为,物理定律只在惯性系中适用的相对性原理在理论上面临着这样两个进一步的选择:一是必须对惯性系优于其他参考系的优越地位作出解释,回答为什么相对性原理在惯性系中成立,在非惯性系中就不成立的问题;如果不能给出说明,那么,第二个选择就是必须放弃惯性系的优越地位,回答能不能把相对性原理从惯性系推广到非惯性系,使相对性原理在一切参考系中都成立的问题。爱因斯坦相信自然界的和谐统一,选择了后者,放弃了惯性系的优越地位,把相对性原理从惯性系推广到非惯性系,即物理定律在任何参考系中都是适用的,这就是广义相对论的一个基本原理,爱因斯坦称之为广义相对论的相对性原理。

爱因斯坦认为,狭义相对论的两条基本原理只适用于相互作匀速平移运动的参考系,然而物理学的定律应该在任何参考系中都必然成立,不管它们是否处于匀速运动的状态。此外,狭义相对论根本没有考虑重力,而重力在宇宙中以强度不同的万有引力场的形式普遍存在。我们是在地球重力场的作用下留在地球上的,而地球与行星是在太阳的万有引力场的作用下保持在其轨道上运行的。银河系星群也是在它们之间的万有引力的相互作用下聚在一起的。因此,可以认为,整个宇宙的行为都是由重力支配的。加速度与重力的这两个问题并不是毫不相干的,应该一并解决。

为了解决这些问题,爱因斯坦提出了一个思维实验(图 7-1)。设想一个人站在静止的电梯里,如果从电梯里他看不到外界任何事物,那么,这个人怎样知道自己站在电梯的底面上?一个最容易的判定方法是他把手上拿的某件物体松开,观察该物体是否下落。爱因斯坦认为,在两种情况下,电梯中的人会看到物体往下落:一种情况是物体受到重力作用时;而另一种情况是当电梯处在远离任何行星的外层空间中并向上作加速运动时。对处在电梯中的观察者而言,在这两种情况下,他看到的物体下落现象是完全相同的。但是,在第一种情况下,物体处于引力场中受到重力的作用,作加速运动;而在第二种情况下物体没有受到任何引力的作用,而是以手松开时的速度作惯性运动。爱因斯坦认为,只要电梯以恒定的加速度上升,那么在电梯里的观察者做的任何实验和任何观测都不能区分自己是处于引力场中,还是处于远离星球而加速运动的电梯中。这就表明,重力和加速度之间存在明

图 7-1　加速系等效于引力场的思维实验示意图

显的等效性,即加速参考系等效于引力场。这就是广义相对论的另一个基本原理,爱因斯坦将其称为等效原理。

对一个学过中学物理的大学生来说,记住一个物体作匀加速运动的路程公式是很容易的。在这个公式中,路程与时间之间是一个二次方的函数关系。然而,正是在这个公式中恰恰包含了爱因斯坦在等效原理上所创立起来的新的时空观。

仍然以上述电梯为例。假设一架电梯以匀速直线上升或下降,根据匀速运动的路程公式,在时空关系图中与这样的匀速运动对应的是一根直线;假设另一架电梯以匀加速度直线上升或下降,根据匀加速运动的路程公式,在时空关系图上与这样的匀加速运动对应的是一根曲线。实际上在四维时空图中,作加速运动的物体总是与曲线的轨迹相对应的。正是基于对时空关系的这种深思,爱因斯坦又设想,如果一个观察者坐在作圆周(曲线)运动的旋转木马上,他观察得到的结果会是什么呢?显然,在这个观察者看来,那些相对于地面处于静止或作匀速直线运动的物体现在却在作加速运动,他在时空关系图上相应得到的运动轨迹是曲线而不再是直线。

此外,当我们在地球的引力场中平抛出一个小球时,小球在重力作用下,其运动轨迹显然也是一根曲线。如果从时空图曲线的"时空曲率"上看,以上提到的两种运动的时空性质是一样的。所不同的是,一个是以对地面作加速运动(圆周运动)的参考系所得到的结论,另一个是以在重力场中建立的惯性参考系所得到的结论。爱因斯坦问道,如果重力与加速度是等效的而且难以区分,那么我们为什么还需要它呢?人们从来只是从抛出一个小球观察到的曲线运动来间接地判断重力的。而在重力场中小球的曲线运动又同样可以在某个加速运动的参考系中被观察到,那么为什么还要引入一个看不见的又无法测试的力而使问题复杂化呢？爱因斯坦得到的结论是,我们根本不需要重力,我们谁也没有见过重力。1907年,爱因斯坦把他初次得到的这种认识比作"我一生中最愉快的思维"。

这个原理揭示的现象实际上在爱因斯坦以前就为人们所知道,但是人们没有去深入地思考其中包含的原理。在物理教学中常常提到的关于伽利略在比萨斜塔上使一个铁球和一个木球同时落到地面的传说,从现代物理学观点上看就是一次等效原理的实验:在地球的万有引力场中处于同一高度的不同物体会同时落到地面上。在这个传说中,没有伽利略把这个实验搬到在太空中作加速运动的火箭上去实施的情节。然而,爱因斯坦却以思维实验告诉人们,在这样的火箭上铁球和木球也会同时落到底面上。加速的参考系与万有引力场等效。在这一点上爱因斯坦比伽利略前进了一大步,他利用加速度而不是利用重力来观测同时落地的结果。

更重要的是,爱因斯坦认为,重力和加速度之间的关系最终可以扩充为关于宇宙的崭新概念,在这个概念中重力乃至物体之间的引力的概念是多余的。这里应该指出,等效原理只对重力场适用,对其他的场完全不适用。例如,在爱因斯坦假设的加速运动的电梯中所有的带电体都以同样的速度落到地面上,但是在电场中却以不同的速度落下。因此可以用加速运动的方法区分电场或磁场,但却不能把加速度和重力场区分开来;更具体地说,我们不可能将地球引力场中的惯性参考系与加速的参考系区分开来。正是从等效原理出发,物理学的一些最基础的概念发生了更深刻的变革。

9　爱因斯坦倡导的概念发现方法论的要点是什么？

问题阐述:

学习相对论,不仅要懂得作为20世纪物理学重大变革之一的相对论的基本知识,还要从中初步感悟爱因斯坦提出相对论的物理学思想方法。在创建相对论的过程中,爱因斯坦超越和批判了牛顿的经典力学的基本概念,推进了科学方法论的发展,确立了概念作为科学发现工具的方法论地位。爱因斯坦倡导的概念发现方法论的要点是什么？

参考解答:

作为20世纪物理学里程碑的相对论(包括狭义相对论和广义相对论)和量子论是20世纪物理学的革命性成就,在近代物理学中有着重要的地位和作用,对当代科学技术的发展起着强大的推动作用。一个理工科的大学生如果对物理学的学习只达到对三百多年前牛顿创建的经典力学的理论、公式和定理"了如指掌",对物理学的理解只停留在公式和定律的浅层次上;而对一百多年前相对论知识"一无所知",不理解相对时空观思想是怎样从绝对的时空观思想发展而来的,更没有感悟爱因斯坦如何推进科学方法论的发展,确立了概念作为发现工具的科学方法论,这样的学习从知识结构上讲至少是不完整的。相对论的内容早就进入大学物理课程,现在已经开始写入中学物理教材。中学生尚且需要学习相对论,一个理工科的大学生就更应该懂得20世纪物理学重大变革之一的相对论的基本知识,并从中初步感悟爱因斯坦提出相对论的物理学思想方法。

在创建相对论的历程中,爱因斯坦发表的最有影响的论文是1905年9月在德国《物理学年鉴》第17卷上刊登的长篇论文——"论动体的电动力学"。在这篇论文中,爱因斯坦集中了十年酝酿和探索的结果完整地提出了举世闻名的狭义相对论和广义相对论,实现了近代物理学领域的伟大革命。在狭义相对论中,爱因斯坦用相对时空观取代了牛顿力学提出的绝对时空观,揭示了物质和能量的相当性,创立了一个全新的物理学世界。

伟大的物理学家总是在取得物理学重大成就的过程中,创立起自己的理论体系和思想方法。伽利略用毕生的精力为后人留下了具有历史影响的两部名著,提出了关于物体运动基本规律的理论体系和实验方法论。牛顿站在伽利略等前人的肩上并超越伽利略,在1687年完成了《原理》这本鸿篇巨作,用微积分的数学工具发展了数学演绎的公理方法,创立了确定性的经典力学理论,并创造性地用分析-综合模式创建了一个完整的科学方法论体系。同样,在创建相对论的过程中,爱因斯坦批判了牛顿的经典力学的基本概念,推进了科学方法论的发展,确立了概念作为科学发现工具的方法论地位。在《爱因斯坦文集》中,爱因斯坦系统、全面地阐述了关于相对论和量子论的内容及其历史发展,并同时变革和推进了牛顿的经典力学的基本概念及其科学方法论,实现了科学发现从以推理为工具到以概念为工具的方法论的转变。

著名物理学家杨振宁教授1979年在一次题为"几何与物理"的讲演中对爱因斯坦的科学方法论作了这样的概括:"爱因斯坦所作的一个特别重要的结论是对称性起了非常重要的作用。在1905年前,方程是从实验中推导出来的,而对称性又是从方程推导出来的。然后,爱因斯坦说:'闵可夫斯基作出了重要的贡献使事情倒转过来。首先你宣告对称性,然后你寻求与它相符合的那些方程。'这一观念在爱因斯坦的心目中深深地扎下了根。"[①]

杨振宁指出了爱因斯坦科学方法论的两个重要特点。

一是关于物理概念和经验的关系。近代物理学的公理基础不是从经验中得来的,必须通过自由想象创造出来;而在爱因斯坦以前,科学发现的主要模式是从经

① 杨振宁.爱因斯坦:机遇与眼光[R].在第22届国际科学史大会 报告,2005(9):9-11.

验的资料中去归纳出结论。根据 20 世纪物理学发展的特点，爱因斯坦明确地指出："适用于科学幼年时代的以归纳法为主的方法，正在让位给探索性的演绎法"。正是基于这样的观念，爱因斯坦提出了他的概念方法论。

二是关于数学和经验的关系。经验可以启示我们采用哪一种数学形式更为恰当，但是数学的想法不可能来自经验。20 世纪以来，物理学的发展越来越离不开数学，尤其是一些很深奥、很抽象的数学在物理学中起了很大的作用。令人惊奇的是，凡是数学家感到有意义的数学，往往就是自然界所选择的规则。正是数学和物理学的这种紧密交织使爱因斯坦发展了数学方法，把数学从有力的演绎推理工具转变为创造和表达基本概念的工具，从而成为概念方法论的一个重要手段。

10 爱因斯坦在创立相对论的过程中指出了基本概念的形成和发展的一条途径，是通过逻辑上思维的自由创造形成概念，这条途径的主要内容是什么？

问题阐述：

爱因斯坦认为，归纳可以形成结论，但是没有一种归纳法能够导致形成物理学的基本概念。对此，爱因斯坦在创立相对论的过程中指出了基本概念的形成和发展的两条途径，其中一条是有意识方面，即通过逻辑上思维的自由创造形成概念，这条途径的主要内容是什么？

参考解答：

在爱因斯坦以前，无论是伽利略的实验-演绎-推理方法还是牛顿的分析-综合方法，其主要模式都是先从观察和实验出发，然后从经验的资料中进行归纳或者是通过数学推导、进行逻辑推理得出结论。牛顿以及在他的影响下的大多数科学家和哲学家提出的思想方法长期以来已被认为是理所当然的方法论的模式。针对 20 世纪初科学革命发展遇到的新问题，爱因斯坦明确指出，这是一种错误的认识模式。爱因斯坦认为，归纳可以形成结论，但是没有一种归纳法能够导致形成物理学的基本概念。只依靠对经验的归纳或数学推导和逻辑推理来认识事物不是导致正确概念的必由之路，而恰恰是上述这些方法论所存在的重大缺陷，它们不利于发展人的自由思维，不能导致人们得到新的基本概念。经验与概念之间的关系仅仅表现为，新的经验可以暴露出旧概念的问题，冲击旧概念的基础，提供创建新概念的启示。但是，从经验材料到逻辑推理并以此得到基本概念作为原理这两者之间是没有一条逻辑通道的。爱因斯坦指出了基本概念形成和发展的两条途径：其中一条就是有意识方面，即通过逻辑上思维的自由创造形成基本概念。

通过逻辑上思维的自由创造形成基本概念的主要内容是：

从分析流行概念入手。

分析在思维自由创造中占有重要的地位。没有对旧的概念的分析，就不可能创造出有价值的新概念。

分析的目的有二：一是分析旧概念的正确性和适用性；二是分析旧概念存在的合理性和对应性。分析的根据是经验材料，分析的对象是旧的概念，分析的任务是找出旧概念在什么条件下有哪些正确性和适用性，分析的目标是修改旧概念和建立新概念，而不是轻率地全盘否定旧概念，正是在这样的自觉逻辑活动的基础上旧的概念体系才能逐渐被新的概念体系所代替。

爱因斯坦建立的相对论破除了绝对时间和绝对空间的观念，提出了运动和时间、空间相联系的理论，对时间、空间等经典力学的旧概念进行了根本的改造，实现了20世纪物理学的一场革命。

在建立相对论的过程中，爱因斯坦没有轻易地全盘否定牛顿的理论，反而重视牛顿的理论贡献，经常提到牛顿学说对他的启示和影响。他在"艾萨克·牛顿"一文中说："要是没有牛顿的明晰的体系，我们到现在为止所取得的收获就会成为不可能"。在爱因斯坦看来，牛顿理论不是相对论的论敌，不是应该批判和抛弃的废物，而是相对论的一个特例，是一个有待于雕铸和修整的瑰宝。

对庞杂事物进行考察。

科学的基本概念是以普遍性作为它的本质特征的，因此，它不是通过概括同类事物得到的，而是在对广泛范围的庞杂事物的考察中形成的。

在对惯性系中各类物理事件的时间、空间、运动和质量的关系考察以后，爱因斯坦提出了狭义相对论的两个基本假设，并形成了狭义相对论的理论。在创立了狭义相对论以后，爱因斯坦把相对性原理从惯性系推广到非惯性系，放弃了惯性系的优越地位，提出了广义相对论的相对性原理。这样的推广表明，人们可以在完全不同于牛顿理论的基础上考察范围更加广泛的事物，这是一种比以往理论更加满意、更加完备的考察方式。正是对广泛事物进行这样的考察，才导致了新概念的形成和发展。

注重建立概念之间的联系。

作为科学基本概念，它们必须体现的是各个具体概念的内部联系和本质属性，因此，建立和发展基本概念就是要注重建立不同概念之间的内部的本质的联系。

在经典物理学中，时间和空间是物理学的两个基本概念。爱因斯坦指出，物理学中的空间和时间不是直接从物理学的实验和观察中得出的。空间和时间是物理的，它们不是独立于观察者、米尺和钟而存在的抽象，而是由于物理的物体（观察者、米尺和钟）的存在而存在的。空间和时间不是绝对的，而是与观察者相对的。

空间和时间也不是互相独立的,时间是"时空结合体"里的第四维。在相对论的空间变换关系中包含有时间,在时间的变换关系中也包含有空间坐标。这个变换关系就是洛伦兹变换。

质量和能量也是物理学的两个重要的概念。爱因斯坦发现,质量与能量之间的本质联系来自质量的相对性。例如,如果从静止开始使一块石头作加速运动,石头就会获得动能;对石头加热或把石头举高,石头的能量也会增加,在这两种情况下,石头的质量也就相应地增加。爱因斯坦正是通过这样的分析得到了著名的质量-能量关系式,给出了质量增加和能量增加的定量关系。这个关系揭示的是质量和能量之间的、内部的、本质的联系:能量有质量,也就是说,能量有惯性;质量也有能量,也就是说,质量能够做功。

在广义相对论中,爱因斯坦更是建立了引力、质量和时空这些基本概念之间的本质关系。爱因斯坦提出的引力是一个完全不同于牛顿理论中的引力的概念。爱因斯坦预言,引力会使时空发生弯曲,也就是质量使时空弯曲,因此,引力就是时空的弯曲。地球围绕太阳的圆周运动根本不是牛顿理论中提出的引力引起的,而完全是由时空的弯曲造成的。

运用数学方法加以表达。

数学方法可以有助于我们发现概念以及把这些概念联系起来的定律,这些概念和定律是理解自然现象的钥匙。经验可以提示我们采用合适的数学概念,但是,爱因斯坦指出,数学概念却无论如何不能从经验中推导出来。数学不只是演绎推理的工具,也是创造和表达基本概念的工具。

在创立狭义相对论的过程中,爱因斯坦首先为了表达时间和空间对于速度的相对性这个基本思想,用洛伦兹变换代替了伽利略变换。当爱因斯坦提出了加速度与引力场等效性的原理以后,他发现在引力场中,洛伦兹变换不是普适的,需要寻求更普遍的变换关系,也即需要建立与加速度的相对性对应的非线性变换下的协变性。在老同学数学家格罗斯曼帮助下,爱因斯坦引入了属于黎曼几何学的张量运算,并把平直空间的张量运算推广到弯曲的黎曼空间。在1913年两人联合发表的论文中,提出了引力的度规场理论,并在文中第一次提出了引力场方程。1915年爱因斯坦又把对线性变换是协变的引力场方程推广为对任意坐标变换下普遍协变的引力场方程,从而用数学语言表述了广义相对论的基本概念,完成了广义相对论的逻辑结构。

从狭义相对论到广义相对论,爱因斯坦运用的数学语言如此简单清晰地表述了基本的概念,又如此对称和谐地体现了惊人的数学美和科学美,以致后来的科学家把广义相对论称为"一件伟大的艺术瑰宝"。

形成和发展基本概念。

科学的基础就是基本概念,正是在基本概念上面才有了科学的体系。任何基本概念的形成和发展都会影响到概念体系的构成和演变。

分析在思维自由创造中占有重要的地位。没有对旧的概念的分析,就不可能创造出有价值的新概念。正是基于"概念是思维的自由创造"的思想,爱因斯坦把牛顿关于推理的演绎逻辑发展为概念的发现,从而确立了概念作为科学发现工具的地位。

11 爱因斯坦在创立相对论的过程中指出了基本概念的形成和发展的另一条途径是通过非逻辑思维的自由创造形成概念,这条途径的主要内容是什么?

问题阐述:

除了有意识方面外,爱因斯坦在创立相对论的过程中指出了基本概念形成和发展的另一条途径是无意识途径:通过非逻辑的心理因素创造概念。爱因斯坦特别重视后一个方面因素对于科学发现的作用,即通过逻辑上思维的自由创造形成概念。这条途径的主要内容是什么?

参考解答:

除了有意识方面外,爱因斯坦在创立相对论的过程中指出了基本概念的形成和发展的另一条途径是无意识途径:通过非逻辑的心理因素创造基本概念。爱因斯坦认为,在基本概念形成的过程中,心理因素特别是信念、直觉和想象有着重要的作用。科学发现不仅是一种理性思维活动,还是一种心理活动。

信念是科学家理智品质的重要因素。

爱因斯坦认为,科学能够告诉人们世界"是什么",即事实之间是如何联系的、又是如何互相制约的。纵观人类发展的文明史,尽管科学家遇到过各种艰难险阻,有时还必须付出生命的代价,但是一代又一代的科学家把获得对客观世界"是什么"的科学认识作为自己拥有的最高抱负,他们孜孜不倦地追求科学认识的脚步从未停止。爱因斯坦深刻地指出,与上述事实同样真切的又一个事实是,有关"是什么"的知识并不直接打开"应该是什么"的大门。也就是说,科学可以为人们提供体系相对完整的、图像格外清晰的关于世界"是什么"的认识,但是科学并不能直接揭示出人类渴望的"目标是什么"的认识。人们为了实现目标需要从科学知识中获得需要的工具和有效的途径,而人们形成目标、期望实现目标和热切地追求目标的动力和情感来自另一个源泉。在科学的认识活动中,人们需要理智,但光有理智是不够的;人们还需要牢固地认定自己的目标并在感情上确立对所追求的目标的价值评价。人们需要为实现目标而获得工具和方法,同样需要确立对目标价值的评价

（实现这个目标的价值指向）和对实现目标的渴求（实现这个目标的动力和对成功的期望），这种评价和渴求就构成了科学家的信念。

信念是科学家思想、感情和抱负的体现，是科学家理智品质的重要因素。在一切有意义的科学工作背后，每个科学家必定有一种关于世界合理性或可理解性的信念。爱因斯坦说："相信世界在本质上具有秩序的和可以认识的这一信念，是一切科学工作的基础。"[①]正是这样的信念在激励和支撑着科学家，给他们一种超越个人的力量，使他们关注着人类和社会的发展。这里重要的是信念所激励产生的"超越个人"的力量以及科学家对"超越个人"乃至"超越一切"的力量的深远意义的认识，而不在于是否把这样的信念与"一个神圣的存在"联系在一起。爱因斯坦认为，这确实有点像宗教的感情。"毫无疑问，任何科学工作，除完全不需要理性干预的工作以外，都是从世界的合理性和可知性这种坚定的信念出发的，这种信念是宗教感情的亲属。"[①]"宇宙宗教感情是科学研究的最强有力、最高尚的动机。"[②]如果没有这种感情，对科学的追求就会变成没有目标的苦劳，科学将退化为毫无生气的经验。

直觉是科学创造的最可贵的因素。

在爱因斯坦看来，科学研究方法中"真正最可贵的因素是直觉"。直觉指的是人在自觉或不自觉时突如其来出现的对某一个问题的理解或顿悟。有时人们把这种顿悟称作灵感、启示等，成语"茅塞顿开"和"豁然贯通"指的也是这个意思。直觉是一种重要的创造性思维方法，它既不同于形式思维方法，也不同于辩证思维方法和形象思维方法。当人们不自觉地思考某一个问题时，可能会跃现出一种使问题得以澄清的思想，这就是直觉；但是在自觉思考问题时有时突如其来冒出的想法也是直觉。科学家的直觉类似于文学家的灵感，往往来自于思维比较放松的精神状态之中。爱因斯坦在回忆自己生平时曾说，他在16岁时设想的"理论追光"实验会导致一个悖论：如果按照经典物理理论，当观察者以光速追随一条光线运动，那么应该看到这条光线就是在空间停止不前的电磁波，但是，按照麦克斯韦理论，却不会有这样的结果。当时牛顿的理论依然是物理学界的权威理论，大多数物理学家表示要修改的是麦克斯韦理论。然而，爱因斯坦说："从一开始，在我直觉看来就很清楚，从这样一个观点来判断，一切都应当像一个相对于地球静止的观察者所看到的那样按照同样的一些定律进行"。他凭直觉果断地肯定了从麦克斯韦理论作出的预言，明确提出，麦克斯韦理论是正确的，要修改的是牛顿理论。经过了十年之久的思考历程以后，在得知迈克耳孙-莫雷实验的零结果的事实时，爱因斯坦果断地迈出了创立狭义相对论的第一步。

在谈到基本规律的形成时，爱因斯坦说："没有什么合乎逻辑的方法能导致这

---

① EINSTEIN A.爱因斯坦文集：第一卷[M].许良英,李宝恒,赵中立,等编译.北京：商务印书馆,1976：284.

② EINSTEIN A.爱因斯坦文集：第一卷[M].许良英,李宝恒,赵中立,等编译.北京：商务印书馆,1976：282.

些基本定律的发现。有的只是直觉的方法,辅之以对现象背后的规律有一种爱好"。直觉就是一种非逻辑的思维能力,直觉的产生是人类理智活动的一种飞跃现象。在创造性活动和建立新概念的过程中,直觉作为一种创造性的心理因素起着重要的作用。

直觉是面对各种可能性作出正确选择的重要能力。爱因斯坦认为,在科学认识活动中科学家常常会面临对各种可能作抉择的局面。特别是在各种可能结果出现的概率差不多、一时难于分出高低的情况下,科学家就会处于一种所谓"布里丹的驴子"的困境。一头驴子站在两个同样大小的干草堆连线的中点处,如果它日复一日地左右观望,无法决定吃哪一堆干草,那么最后只能饿死。当然,实际上驴子是不至于如此的,它最后一定要吃其中一堆干草的。但是当科学家处于这种情景的时候,他能否作出正确的决定呢?爱因斯坦认为,这就要取决于他的直觉能力。直觉不是逻辑推理的结果,恰恰相反,它是不自觉的、不完整的、不持久的非逻辑活动。正因为如此,直觉的思维可能就会包含出乎意料的新思维和新创造的思想火花。集中注意和随时捕捉这些不自觉的非逻辑思维的思想火花,就可能使自觉的逻辑思维活动得到新的启示和推动,就可能使非自觉的逻辑思维得到系统化和整体化。捕捉思维火花的形式往往就是及时地把直觉产生的思想记录下来。

爱因斯坦向他的朋友叙述过自己创立狭义相对论的情景:"我躺在床上,对那个折磨我的谜(指对同时性的绝对性的怀疑)似乎毫无解答的希望,没有一丝光明。但,黑暗里突然透出光亮,答案出现!于是我立即投入工作,继续奋斗了五个星期,写成"论动体的电动力学"论文,这几个星期里,我好像处在狂态里一样。"

想象力是科学研究中的实在因素。

爱因斯坦有一句名言:"想象力比知识更重要,因为知识是有限的,而想象力概括着世界上的一切,推动着进步,并且是知识进化的源泉。"想象力对于科学,其重要性不亚于对于文学作品。特别是在现代自然科学发展的条件下,概念和公理离经验越来越远,有时简直如同相隔着一条"鸿沟",在这种情况下,想象就显得更加重要。因为,除了想象的途径以外,人们无法达到自己的目的。

想象可以把实际存在但目前尚未出现的事物重现出来,也可以构筑出从未存在过的事物。如果想象再现了实际存在而还没有出现的事物形象,人们就可能会采取积极的行动去寻找它;如果想象的那个事物实际上不存在,人们就会努力去创造它;如果既不能找到它,也无法创造它,那么人们就会把它放在幻想中用构造出一个虚拟世界的途径模拟它。

在科学研究中,人们不仅要对已经存在的自然现象进行解释和说明,更重要的是要从观察实验所得到的经验材料中去分析把握事物的内部特征和内部过程,去揭示它们之间的相互作用和相互联系,即探索内部机理。在这里,科学的想象就是十分必要的。

崇尚科学美是科学研究的重要动力。

法国科学家庞加莱在谈到科学美的时候曾说过："我在这里所说的美，不是打动感官的美，也不是质地美或表现美。并非我小看上述那种美，完全不是，而是这种美与科学无关。我的意思是说那种比较深奥的美。这种美在于各个部分的和谐秩序，并且纯粹的理智能够把握它。正是这种美使物体，也可以说使结构具有让我们感官满意的彩虹般的外表，没有这种支持，这些倏忽即逝的梦幻之美其结果就是不完美的，因为是模糊的，总是短暂的。"①

科学美的存在已被无数科学家广泛深入的科学活动所证明。从本体论层次上说，科学美就在于自然界客观存在的有序性或规律性，即宇宙自然所固有的秩序与和谐，这一层次上的科学美也就是科学研究对象的美。从认识论层次上看，科学美则在于人们对自然规律的揭示与把握，它是科学思维反映客观自然规律的必然伴生物，这一层次上的科学美主要包括科学理论的美、科学实验的美和科学方法的美。从心理学层次上看，科学美又表现为外部自然界的客观规律通过实践和认识活动的中介而在主体心理上引起的和谐感。无论是本体论意义上的科学美还是认识论意义上的科学美，都要采取某种主观的心理形式并借此得到表现。这三个层次，前一个层次美总是后一个层次美的基础，而后一个层次美总是反映着前一个层次的美。

物理学作为自然科学的重要领域，科学美在其中闪耀着迷人的光芒。爱因斯坦一贯崇尚美感的作用，他说："在技艺达到某一高度以后，科学和艺术往往在美学、可塑性和形式方面结合起来。最伟大的科学家也是艺术家。"②他还在其他场合多次提到了简单性就是一种美，他认为，评价一个理论是不是美，标准就是原理上的简单性，而不是技术上的困难性。物理学中蕴含着美的本质，就这一点而言，它与其他的美是相同的；但是作为一种科学美，它在表现形式上又与其他美是不同的。如果说，自然美、艺术美、社会美是人们通常关心的三种美的形态，那么在物理学中体现的科学美则是人们对于美的认识的一个更高的层次。美的规律对于人类进行科学活动有着重要的认识论和方法论的意义。

爱因斯坦创立的相对论在时间和空间上达到了高度的对称美、简洁美和统一美，堪称是 20 世纪物理学的美学艺术瑰宝。只有达到一定审美能力的人才能发现和发掘自然界的美，同样，只有具备一定美学素养的人才能赞叹和欣赏物理学的美。

---

① POINCARÉ A. 科学与方法[M]. 李醒民，译. 北京：商务印书馆，2006：12.
② CALAPRICE A. 新爱因斯坦语录[M]. 范岱年，译. 上海：上海科技教育出版社，2017：212.

从爱因斯坦创建相对论的思想发展历程中，我们可以得到关于获得内心自由的哪些深刻的启示？

问题阐述：

在爱因斯坦的科学发现方法论中，内心的自由和外部的机遇是创造性发现能否取得成功的两个重要因素。什么是内心的自由？从爱因斯坦创建相对论的思想发展历程中，我们可以得到关于获得内心自由的哪些深刻的启示？

参考解答：

爱因斯坦指出，科学的发展除了一般性的创造性活动的自由发展以外，还需要另一种自由，这就是内心的自由。这种内心的自由在于思想内部不受权威和社会偏见的束缚，也不受违背哲理的常规和习惯的束缚。一个人发明创造以后，不管他自己是否意识到，周围的人总是以自己的经验、知识和偏见去看待他的为人和他的创造，他自己也是如此看待别人；只要他没有在传统的偏见中陷得很深，而且比别人更会思考，他就已经获得了创新的内心自由。

内心的自由是大自然赋予人们的一种难得礼物，也是值得个人去追求的一个目标。社会可以做很多的事情来创造有利于发挥人们内心自由的环境和空间，促使内心自由的实现，但是社会上确实也存在着长期沉淀下来的传统习惯势力和保守社会习俗，有时还表现得如此根深蒂固，以致压制和阻碍了人们的内心自由，这就造成了对一个人内心自由的外部束缚。

科学史上大量的事例告诉我们，任何科学认识的产生和科学创造都是在冲破前人的局限、摆脱对权威的迷信和改变传统思维定式下实现的。然而，科学分析的案例又证明了在科学研究中突破传统思想和观念的束缚恰恰又是最难的"关口"。人们常常根据已有的条件对事物发展作出预料，这里包括演绎推理、科学类比等科学方法。但是对于确实是前所未有的创造性的思想和发现，人们是难以预料的，因为：第一，它们往往是与当前流行的看法相悖的，一开始显得不合常规难以被人们普遍接受；尤其是对于过于超前的思想和发现，由于离开当时的现实太远，与人们已有的知识整体观念一时无法相容，它们就常常被社会拒之于门外；第二，它们往往是以假设形式出现的，这种假设不是由现有的思想出发通过逻辑推理而得出的，因此，无论在形式上或内容上都被看作是不合逻辑的。历史上有许多科学家敢于冲破旧的习惯势力，以一种为科学献身的大无畏的精神创造出科学的新成果。当年爱因斯坦提出狭义相对论以后，由于狭义相对论与人们的日常生活的经验如此大相径庭，并显得如此离奇，以致开始并没有引起科学界的注意，在相当长的一段时间里这个理论受到人们的冷落和怀疑,甚至遭到反对。在法国,1910年以前几乎没有人提到过爱因斯坦的相对论。连曾经被爱因斯坦誉为"相对论先驱"的奥地利物理学家马赫也声称自己与相对论没有关系,他本人"不承认相对论"。但是,当时担任《物理学年鉴》主编的普朗克洞悉到了爱因斯坦论文的深远价值,及时地发表了这篇论文,并给予高度的评价。但历史上也有不少科学家缺乏坚定的意志和必要的勇气,在传统势力面前放弃了自己带有创造性的研究。沃特森在1845年写过一篇关于分子动理论的论文,提出了后来为焦耳、克劳修斯和麦克斯韦等人提出的关于热力学的研究成果。但是,鉴定这篇文章的皇家学会仲裁人以这篇文章"满篇胡说八道"为理由,把它打入了"冷宫"。直到45年以后这篇文章才引起人们注意,但是沃特森后来已经失去了信心,不再在任何场合露面了。

13 早在爱因斯坦创建相对论之前,庞加莱曾经提出了相对性这个概念和光速不变的假设,洛仑兹建立了数学的变换式取代了经典力学的伽利略变换式,但是,为什么他们都没有提出相对论的革命性理论?

问题阐述:

在相对论发展进程中,早在爱因斯坦创建相对论之前,庞加莱就提出了相对性这个概念和光速不变的假设,洛伦兹建立的数学的变换式取代了经典力学的伽利略变换式,但是,为什么他们都没有提出相对论的革命性理论?

参考解答:

在物理学发展史上,早在爱因斯坦创建相对论之前,法国数学家庞加莱就已经提出了相对性这个概念,荷兰物理学家洛伦兹也已经提出了以他的名字命名的变换式。爱因斯坦在一封信中写道:"毫无疑问,要是我们从回顾中去看狭义相对论的发展的话,那么它在1905年已到了发现的成熟阶段。洛伦兹已经注意到,为了分析麦克斯韦方程,那些后来以他的名字而闻名的变换是重要的;庞加莱在有关方面甚至更深入钻研了一步。"

早在1887年,当迈克耳孙-莫雷实验得出的零结果和其他寻找以太风的实验出现的困难使人们感到极其费解和不安之际,人们发现,这似乎是大自然阻挠人类测定地球通过以太速度的"阴谋"。对此,庞加莱指出,整个"阴谋"本身就是大自然的一条定律,即不可能通过任何实验找到"以太风",也就是说,不可能确定绝对速度①。1898年,他在论文"时间之测量"中就提出,光速不变并在所有方向上均相同"是一种公设,没有这一公设,就无法测量光速"。1904年,即爱因斯坦发表狭义相对论的前一年,庞加莱在圣路易国际艺术与科学大会上进行了题为"数学物理学的原理"的讲演。在这个讲演中,他提出:"相对性原理(就是)根据这一原理,不管是对于一个固定不动的观察者还是对于一个匀速平移着的观察者来说,各种物理现象的规律应该是相同的;因此,我们既没有也不可能有任何方法来判断我们是否处在匀速运动之中。"②特别是,他在那次科学大会上已经明确地提出,我们应该建立一个全新的力学去代替牛顿力学。庞加莱以他惊人的哲学洞察力,提出了相对性这个概念和光速不变的假设。但是他没有真正理解同时性的相对性这个关键性、革命性的思想。

洛伦兹为了使麦克斯韦方程组满足相对性原理,在1904年提出了洛伦兹变换关系式。为简单起见,设惯性系 S' 相对惯性系 S 以速度 v 沿 x 方向作匀速直线运动。

假定一个事件发生在 P 点,它的位置被两个相对运动的参考系 S 和参考系 S' 的观察者进行测量,并设在两个坐标系的原点 O 和 O' 重合的瞬间,每一个观察者的时钟的读数为零,则两个坐标系中分别测得的 P 点的位置坐标之间的相对论变换关系就是洛伦兹变换式。类似地,通过对时间求导,可得到速度的相对论变换式。

洛伦兹变换的特点是:在与相对运动垂直的方向上,在参考系 S 和参考系 S' 中测得的结果是相同的;当一个物体相对于观察者静止时,测得的物体长度最大,称为物体的本征长度("静长度"),如果一个物体相对于观察者在运动,那么这个观察者测得的物体在运动方向上的长度("动长度")将小于本征长度,这就是长度的收缩;当一只钟相对于观察者静止时,由这只钟记录下来的在同一个地点发生的两个事件之间的时间称为本征时间,如果一只钟相对于观察者在运动,那么这个观察者测得的同样两个事件(已不在同一个地点上)之间的时间将大于本征时间,这就是时间的延缓。

由于洛伦兹没有跳出经典物理的框框,他在调和光速不变与以太假设之间的尖锐对立时,曾提出光速不变是由于受到以太的膨胀或收缩的调节所致等设想。当这些设想无法自圆其说时,他甚至发出这样的悲叹:"在今天,人们已经提出了与昨天所说的话完全相反的主张;在这样的时期,真理已经没有标准,也不知道科学是什么。我很悔恨我没有在这些矛盾没出现的五年前就死去。"这里,洛伦兹虽然建立了数学的变换式取代了经典力学的伽利略变换式,但他也仅仅是实现了一个数学上的巧妙变换而已,也没有涉及同时的相对性的革命性思想。

---

① FEYNMAN R P.费曼讲物理相对论[M].周国荣,译.长沙:湖南科学技术出版社,2004:64.

② 杨建邺.窥见上帝秘密的人:爱因斯坦传[M].海口:海南出版社,2003:160.

正是在前人大量的实验和理论的研究工作基础上,爱因斯坦敢于质疑人类关于时间的原始观念,坚持同时性是相对的,才由此打开了通向微观世界的新物理之门。时间和空间的相对性和统一性成了爱因斯坦狭义相对论的核心思想。

14 从爱因斯坦创建相对论的思想发展历程中,我们可以得到关于外界机遇的哪些深刻的启示?

问题阐述:

在爱因斯坦的科学发现方法论中,外部的机遇是创造性发现能否取得成功的另一个重要因素。什么是外界的机遇? 从爱因斯坦抓住时代机遇,创建相对论的思想发展历程中,我们可以得到关于外界机遇的哪些深刻的启示?

参考解答:

从历史角度看,每个人所生活的时代可能都是产生历史机遇的一个客观条件。每一个时代都会涌现出一批适应时代机遇、体现时代特征并站在时代前沿的领军人物。他们代表着时代发展的方向,受到人们的拥戴。如果一个时代既出现了社会政治经济发生变革需求,也出现了科学发展和进步的重大标志,这就表明,时代已经提供了社会前进发展机遇的客观条件。这样的时代机遇是很难得的;要能抓住这样的机遇成为政治上经济上乃至科学技术上的时代英雄和领军人物更是难得的,因为机遇还与人的主观因素密切相关。著名的生物学家巴斯德说过:"机遇偏爱有准备的头脑"。在科学发现上能不能把握机遇就需要科学家具有对时代科学发展"脉搏"的深刻认识,需要科学家具有对周围事物发展过程中存在问题的透彻把握,需要科学家具有对事物的丰富想象力和创造力,需要科学家善于掌握抓住机遇的科学方法。

牛顿所处的时代为他提出和构建经典力学的体系提供了机遇。数学家拉格朗日说过:"虽然牛顿确实是杰出的天才,但是我们必须承认他也是最幸运的人;人类只有一次机会去建立世界的体系。"

爱因斯坦曾这样赞扬牛顿的贡献:"幸运的牛顿,幸福的科学童年……他既融合实验者、理论家、机械师为一体,又是阐释的艺术家。他屹立在我们面前,坚强、自信、独一无二。"

从时代发展和科学研究角度看,爱因斯坦所处的时代正好是物理学面临重重危机的时代,也正好是他的创造力处于巅峰的时期,他遇到了一个难得的机会去建立新的基本概念并改写物理学的进程。在物理学史上这样的机会是少之又少的。

1881年迈克耳孙-莫雷实验否定了绝对坐标系和以太的存在。1887年又做了第二次实验,实验得出的零结果就成了后来爱因斯坦建立相对论的前奏。迈克耳孙为此荣获了1907年诺贝尔物理学奖。

爱因斯坦在一封信中写道:"毫无疑问,要是我们从回顾中去看狭义相对论的发展的话,那么它在1905年已到了发现的成熟阶段。洛伦兹已经注意到,为了分析麦克斯韦方程,那些后来以他的名字而闻名的变换是重要的;庞加莱在有关方面甚至更深入钻研了一步。"

法国科学家庞加莱在研究由迈克耳孙-莫雷实验引发的运动系统的电动力学问题时以惊人的哲学洞察力,首先提出了相对性这个思想,但他没有真正理解同时性的相对性这个关键性、革命性的思想,只从哲学上做了说明,没有物理学的说明。

荷兰物理学家洛伦兹为了使麦克斯韦方程组满足相对性原理,在1895年提出了洛伦兹变换。但是它也仅是一个数学上的巧妙变换,也没有涉及同时的相对性是个革命性的问题。庞加莱和洛伦兹都没有抓住那个时代的机遇。

到了20世纪初,已经出现了大量的实验和理论的研究工作,它们为狭义相对论的创建提供了机遇并准备了必要的条件。正是26岁的爱因斯坦敢于质疑人类关于时间的原始观念,坚持同时性是相对的,才由此打开了通向微观世界的新物理之门。

爱因斯坦之所以能够抓住机遇,是因为他对时空有更自由的眼光。更自由的眼光指的是能够既用近视眼光又用远视眼光看同一个课题,并保持一定的距离。近视眼光指注视现实问题,从现实问题出发;远近眼光指理解问题的深远意义。按照这个比喻,可以认为庞加莱只有远距离眼光,没有关注现实问题;而洛伦兹只有近距离眼光,没有理解洛伦兹变换带来的深远物理意义。

爱因斯坦的自由眼光再一次表明,创造的机遇总是垂青于有准备的人,这样的准备就是对物理学包含的视野广阔而又深邃的世界观方法论的把握,正是这样的世界观方法论决定了人们对待自然界客观事物的态度。

二千多年前,我国古代的思想家庄子以"原天地之美,达万物之理"表达了人类追求自然界万物之理的愿望。如今物理学思想宝库的博大精深已远非庄子时代的朴素的科学思想可比拟。物理学体现的世界观方法论已经成了人类文化发展史上的宝贵财富。意大利物理学家费米(E. Fermi,1901—1954)把解释世界和描述世界作为人们观察自然界的两种不同的视角。物理学家杨振宁把对物理问题的长距离、中距离和近距离的看法称为物理学家的第二种哲学。从这些物理学家对于世界观和方法论的论述中,从爱因斯坦抓住时代机遇,创造相对论的思想发展历程中,我们可以得到许多深刻的启示。

第8章

量子论

① 量子化的概念是怎样形成的？量子理论带给人们哪些思维方式的根本变化？

问题阐述：

理解时空与运动的相对性的思想是从宏观低速运动的经典物理转到高速运动的狭义相对论的一个重要的起点，理解量子化概念是从宏观物体的经典物理转到微观客体的量子理论的一个重要的起点。量子化是量子理论的最基本的概念，也是教学上的一个重点和难点所在。量子化的概念是怎样形成的？量子化思想的发展过程给我们哪些启示？量子理论带给人们哪些思维方式的根本变化？

参考解答：

量子化是量子论最基本的概念，它以物理量取值的离散性与经典物理的连续性相对立，是教学上的一个重点和难点所在。为了引入这个概念，很多大学物理教材的量子物理篇总是从 20 世纪物理学的发展历程中出现的一系列实验新发现与经典力学理论体系之间产生的尖锐矛盾、从经典物理学出现的局限性和面临的危机开始论述。这样的论述从物理学发展史的角度上提供了一个深刻的思想启示：物理学的发展不仅为人们提供了对物质结构和物质运动形式的更加深刻的知识，也同步深化了人们对自然界本来面貌的深刻的认识。其中量子化假设的提出正是物理学从思想观念上和理论体系上产生革命性变革的开端。

量子化作为物理学的革命性思想，是从德国物理学家普朗克（Max Planck，1858—1947）提出的能量子假设开始的。为了从理论上推导出黑体辐射的实验公式，普朗克提出了这样一个假设：辐射的能量不再连续变化，而是以一个能量的基本单元，即一份一份的能量为单位改变的，这个能量的基本单元就是能量子，这就是早期量子论提出的量子化假设。进而这个量子化假设又被爱因斯坦发展为光量子的假设、被丹麦物理学家玻尔发展为原子结构的轨道量子化模型的假设，这些假设都相继解释了有关的实验结果，得到了实验的验证。当量子化能量成为求解薛定谔方程自然演绎得出的结论以后，量子化模型的假设既有了实验验证，又有了理论依据,从而成为20世纪物理学的重要思想。

量子化的思想是物理学家精心设计和安排实验,不断修正自己的观念和概念,在寻求建立对自然界的统一和谐的理论认识体系思想和科学研究方法引导下的产物。这也就是大学物理教材中量子理论篇安排相关教材内容在体现物理思想上的内在逻辑次序背后蕴含的思想,也是我们在学习量子物理教学中需要加以把握的一条思想主线。

在中学物理课程中已经提到过黑体辐射实验,在大学物理课程讨论关于能量子这个量子化的基本概念时,也总是从黑体辐射的实验开始,从维恩公式和瑞利公式与实验不符合的所谓物理学危机引出的。这不是一个单纯的、重复的物理学历史叙述,而是通过这样的叙述来体现一个重要的物理过程:尽管能量子体现了一种离散性,但是能量子概念的形成有着它的历史连续性。它不是脱离了历史发展而凭空出现的,也不是一些物理学家灵机一动突然想到的。

量子论的创立是20世纪物理学最重要的成果之一,它从根本上改变了人们对物质结构和物质运动的经典物理的概念,揭示了微观客体具有波粒二象性。微观粒子既具有粒子性,但不是经典意义上的粒子,如量子物理中引入的表征微观粒子能量和动量的是相应的力学量算符,从这些算符出发只能得到微观粒子能量和动量的平均值;微观粒子又具有波动性,但不是经典意义上的波动,如微观粒子状态是用波函数描述的,波函数的平方体现了微观粒子出现在空间位置上的概率密度,这是一种带有概率意义的、被称为物质波的波动性。正是由于波粒二象性,对微观粒子的状态的描述就完全不同于经典力学。描述微观粒子状态的波函数所满足的动力学方程是一个波动方程,而不是关于粒子位置和动量的经典动力学方程;力学量算符服从与普朗克常数有关的非对易关系,而不是经典力学中能量和动量所满足的乘法可交换的对易关系;它能够给出微观粒子的位置、能量、动量等物理量的一个可能取值的离散谱,而不是连续变化的数值等。

量子理论带给人们的不仅是对物质世界结构的新的认识,而且是思维方式的根本变化,如关于微观粒子运动演化概率性因果观的思想、在测量物理量时测量仪器和被测量客体相互作用的思想、微观粒子的物理量呈现量子化离散值的思想、测量微观粒子位置和动量时满足的不确定关系的思想等。这些思想超越了人们的日常生活经验,具有很大的抽象性;又涉及人们对物质结构和物质运动的一系列认识论根本问题,具有丰富的哲理性,因此,学习量子理论要注重理解物理概念和物理思想从经典到量子的过渡和转变过程,而不仅仅是只记住表面上的复杂数学公式和运算解题方法,否则很容易走入物理学家玻尔曾经警告过的"数学丛林"之中,从而迷失了学习的方向。

经典物理的物理概念与生活经验如此吻合,以致根深蒂固地存在于人们的头脑中,从而使人们获得的关于宏观物理世界的认识成为开始学习量子理论的严重障碍。物理学家玻尔曾经说过:"谁没有被量子理论所震惊,谁就不会理解量子理论。"这里的"震惊"就是量子理论与经典物理之间产生的一种思想和观念上的"碰撞"。量子理论给人们带来的思想上的"震惊",正是我们学习和理解量子理论的起点。因为有了"震惊",才可能引发思考,才有可能逐步摆脱经典概念的限制,进入量子世界。

❷ 普朗克是怎样提出能量子概念的？

问题阐述：

在大学物理中,黑体辐射是怎样以层层推进的方式定义的？经典理论在解释黑体辐射现象的实验结果时遇到的困难在物理学史上曾经被称为"20世纪初物理学上空出现的一朵乌云",普朗克是怎样解决这个困难的？普朗克是怎样提出能量子概念的？

参考解答：

黑体辐射是一种理想化的热辐射,与大学物理中引入的其他理想模型一样,黑体辐射的模型也不是凭空出现的,它来自日常的热辐射现象,但又比日常的热辐射在更一般、更本质的层次上揭示了热辐射的规律。

大学物理是以"引入三个定义,提出三个问题"的演绎推进的方式定义黑体辐射的。

第一步首先从日常生活中见到的热现象定义热辐射。实验证明,任何物体在任何温度下都在不断地向外发射各种波长的电磁波。在给定的温度下,发出的电磁波能量按频率存在一定的分布,而在不同温度下,这样的分布也是不同的,这种在一定温度下能量按频率分布的电磁辐射就定义为热辐射。

这里很自然可以提出的问题是：热辐射的能量分布与辐射的电磁波的波长(或频率)之间存在怎样的关系？对于这个问题,德国的物理学家夫琅禾费(J. V. Franhofer,1787—1826)在观察太阳辐射的光谱的同时曾对光谱的能量分布作过定性的研究。实际上,人们在生产和生活中早就触及了热辐射与波长(或频率)有关的现象,如人们凭经验知道发出明亮的紫青色火焰的炉火温度肯定要比发出暗红色火焰的炉火温度高。"炉火纯青"的成语虽然主要用来比喻一个人在某方面的能力或技巧达到了非常熟练的地步,但它的原意却是从热辐射中得出的。

第二步从在确定温度下的热辐射能量相对于频率的分布与温度相关的实验现象中定义平衡热辐射。由于一个物体在热辐射的同时也吸收照射在它表面的电磁波,而一旦当物体因辐射而失去的能量等于从外界吸收的辐射能时,物体的状态就可用一个确定的温度来描述,这种热辐射就定义为平衡热辐射。实验表明,热辐射的能量分布相对于辐射的电磁波的波长(或频率)之间的关系是与发出热辐射的物体的温度有关的。于是很自然可以提出的问题是,在某一个确定温度下,平衡热辐射中能量分布与波长(或频率)之间存在什么关系? 当温度改变时,能量分布与波长(或频率)的关系会发生怎样的变化?

第三步是以理想化模型的方法定义黑体辐射。不同物体辐射能的多少除了与物体的材料有关外,还取决于物体的温度、辐射的波长、时间的长短和发射的面积。吸收本领大的物体,辐射本领也大。表面越黑,吸收电磁波的本领越大,辐射的强度也大。能完全吸收照射到它上面的电磁波而完全不发生反射和透射的物体称为绝对黑体,简称黑体。当然,理想黑体是不存在的,它是从观察所有产生热辐射的物体中抽象出来的一种理想的物理模型,但可以用某种装置近似地代替黑体。例如,一个带有小孔的空腔就可以看成近似的黑体,在这种空腔中的电磁辐射常被称为黑体辐射。

理论分析表明,在一定的温度下,一个黑体不仅能够全部地吸收投射到它上面的一切辐射,它所发出的热辐射也比任何其他物体更强。黑体既是最好的吸收体,也是最好的辐射体。对于黑体,不论其组成的材料如何,它们在相同温度下都发出同样形式的辐射能量。由此很自然提出的问题是,在研究各种不同材料的平衡热辐射时,黑体辐射作为一种理想模型所体现的平衡热辐射的共同本质是什么?

1893 年,德国物理学家维恩(W. Wien,1864—1928)首先提出了辐射能量密度随波长变化的辐射能量分布定律(又称维恩辐射定律)。但是,实验结果表明,维恩能量分布定律仅在短波方向上与实验相符,在高温和长波方向上存在系统误差。英国物理学家瑞利(T. B. Rayleigh,1842—1919)注意到这些偏离,他在假设辐射空腔中电磁谐振的能量按自由度平均分配的前提下,重新推导出一个能量密度的公式。这个公式在高温和长波辐射波段比维恩定律更符合实验的结果。不久金斯(J. H. Jeans,1877—1946)发现了瑞利在计算这个公式中的常数时存在的错误,并加以修改更正,于是这个公式后来就被称为"瑞利-金斯公式"。

普朗克从 1894 年开始把他的注意力转向了黑体辐射的问题,尤其是维恩是以热力学的方法得出他的公式的,而普朗克作为经典热力学的代表人物、克劳修斯的追随者,自然对维恩的分析产生了很大的兴趣。

作为破解黑体辐射谱问题的第一步,1895 年普朗克发表了关于电磁波被振动偶极子共振散射的第一个结果。他认为,振子系统会产生辐射并与产生的辐射相互作用,在经过很长时间当系统达到平衡后,就可以用热力学方法理解黑体辐射谱的起源。

1899 年 6 月,普朗克首先采用电动力学的方法通过分析一个振子能量导出了

在温度为 T 的封闭系统中一个振子平均能量 E 与谱能量密度 $u(\nu)$ 的关系式：

$$u(\nu) = \frac{8\pi\nu^2}{c^3}E \tag{8-1}$$

然后在寻找能量 E、温度 T 和频率 ν 的关系时，普朗克没有采用能量均分定理的已有结论，而是另辟蹊径，从热力学第二定律着手，定义了振子的熵，并把熵和能量联系起来，由此得出在温度为 T 的封闭系统中一个频率为 ν 的振子的平均能量，从而得出了一个新的辐射定律：

$$u(\nu) = \frac{A\nu^3}{e^{\frac{\beta}{T}} - 1} \tag{8-2}$$

式(8-2)就是普朗克公式的最初形式。这里的 A 和 β 都是常数。这个结果非常巧妙，可以与实验结果相比较。普朗克在 1900 年 10 月 19 日向德国物理学会作了报告，这个定律就被称为普朗克辐射定律。由于这个公式是通过对实验结果的归纳得出的，一开始它充其量只能算是一个经验定律公式而已。但是，一个经验公式与实验如此完美地相符，这绝不是巧合，其背后一定有着理论上的某种依据。普朗克曾回忆说："即使这个新的辐射公式证明是绝对精确的，如果仅仅是一个侥幸揣测出来的内插公式，它的价值也只能是有限的。因此，从它于 10 月 19 日被提出之日起，我就致力于找出这个公式的真正物理意义。这个问题使我直接去考虑熵和概率的关系，也就是说，把我引到了玻尔兹曼的思想。"[1]为了从理论上导出这个公式，一开始普朗克就试图从热力学理论入手。他先用热力学理论把黑体中的原子和分子都看成可以吸收或辐射电磁波的谐振子，且电磁波与谐振子交换能量时可以以任意大小的份额进行(从 0 到∞)，但是，他的努力没有成功。后来，普朗克不得不放弃热力学方法，试用玻尔兹曼的统计方法再次进行尝试。两个月以后，普朗克终于得出了一个结论，他认为，为了从理论上推导出黑体辐射的实验公式，必须假设辐射是带电物体振动时发出的一列波，这列波的频率只能选取某些允许的可能值，相应地它的能量也只能不连续地增加，即 $E = nh\nu$。这里 n 只能取 $0,1,2,\cdots$ 的正整数；而 h 当初仅仅是作为常数提出来的，普朗克为了使他的理论与实验尽可能相符，得出了 $h = 6.65 \times 10^{-34}$ J·S，这个结果与近代物理的测量结果非常接近，于是 h 就称为普朗克常数，ν 是波的频率，$h\nu$ 称为能量子。能量子的假设表明，物体能量不再以连续的方式取值，而是以一个能量的基本单元，即一份一份的能量为单位的不连续的方式改变。这就是早期量子论提出的量子化假设。

① HERMANN A. 量子论初期史[M]. 周昌忠，译. 北京：商务印书馆，1980：19.

3 **普朗克是怎样退却的?早期的量子化假设后来怎样成为 20 世纪物理学的重要思想的?**

问题阐述:

普朗克建立的量子论堪称是现代物理学革命的先声。但是以后几年普朗克却变得胆怯,开始后退。普朗克是怎样退却的?由此普朗克获得了哪些新的认识?早期的量子化假设后来怎样成为 20 世纪物理学的重要思想的?

参考解答:

普朗克提出的量子化假设所包含的思想在当时是十分惊人的,也是完全超出了人们的感觉经验的,因为人们在日常生活和经验中没有感受到能量不连续取值的限制。但是,从普朗克量子化假设出发,从理论演绎推导得到的黑体辐射能量分布公式与实验上观察得出的能量分布符合得很好。这就表明,人们日常生活中的经验可以作为学习和理解物理学知识的起点,但是物理学涉及的领域无论在深度和广度上都远远超出了人们的生活经验,尤其在人们感觉无法触及的微观领域,当人们以自己特有的想象和思维能力提出了一些假设和模型以后,检验这些假设是否正确的有力证据是实验的结果,而不是生活的经验,也不是经典物理学的现有结论。

普朗克建立的量子论堪称现代物理学革命的先声。但是以后几年普朗克却变得胆怯,开始后退。他把牛顿经典理论看成不可逾越的顶峰,对于量子化的提法,心中一直感到惴惴不安。普朗克虽然"不惜任何代价"地提出了最具有革命思想的量子理论,但是,他本人却是一个"勉强革命的角色"。他甚至在自己的科学自传中承认自己的理论"纯粹是一个形式上的假设"。他认为"经典理论给了我们这么多有用的东西,因此,必须以最大的谨慎对待它,维护他"[①]。于是他在以后的十几年时间里,多次修改自己的理论,千方百计试图在经典物理学体系中建立能量子,把能量的不连续性仍然拉回能量连续性的经典理论框架中去。但是,他的努力失败了,普朗克最终只好放弃了倒退的立场。通过反思,普朗克终于从失败的教训中获得了对量子化的进一步认识。普朗克后来回忆说:"我的同事们认为这近乎是一个悲剧。但是我对此有不同的感觉,因为我由此而获得的透彻的启示是更有价值的。我现在知道了这个基本作用量子在物理学中的地位远比我最初想象的重要得多。并且承认这一点使我清楚地看到在处理原子问题时,引入一套全新的分析方

---

① 杨仲耆,申先甲.物理学思想史[M].长沙:湖南教育出版社,1993:649.

法和推理方法的必要性。"[1]

普朗克为了调和量子概念与经典概念之间的矛盾,曾把辐射能量的量子化与黑体辐射的总能量之间的关系做了这样的比喻:他认为,人们到商店买啤酒是只能一品脱(品脱,英制容量单位。1 品脱=0.5682 升——编者注)一瓶地买,这就好比是黑体辐射的量子化的能量;但是不能由此得出,啤酒就是由等于一品脱的不可分割的部分组成的,这就好比总能量还是连续的。爱因斯坦深入思考过这个问题,他对能量子的理解和比喻与普朗克完全不同。爱因斯坦提出,啤酒不仅是按一品脱一瓶为单位出售的,而且啤酒本来就是由一品脱一份的份额组成的,这个份额从本质上是分不开的。

爱因斯坦把普朗克 1900 年提出的量子概念推广到光在空间中的传播情况,在1905 年提出了光量子假说,在能量子概念的发展上前进了一大步。

作为创建量子力学的思想基础,量子化思想最初仅仅是作为一个假设提出的,进而又被爱因斯坦发展为光量子的假设、被丹麦物理学家玻尔发展为原子结构的轨道量子化模型的假设,这些假设都相继解释了有关的实验结果,得到了实验的验证。尤其是,当 1924 年印度物理学家玻色和爱因斯坦合作提出了一种新的统计方法——玻色-爱因斯坦统计,从这个统计方法出发,对于光子,可以完全导出黑体辐射谱密度的普朗克公式。而且不仅对光子,只要是不可分辨的自旋为整数的粒子,这个统计方法同样是适用的。正是在量子力学和统计力学建立以后,量子化成为20 世纪物理学的重要思想。

4 **玻尔的轨道量子化模型假设是怎样提出来的?三种原子结构模型的提出包含了哪些物理学思想的启示?**

问题阐述:

人们早就开始了对于原子结构模型的探究,在物理学发展史上先后有三位物理学家提出了原子结构的模型。其中丹麦物理学家玻尔在 1913 年把量子化假设的思想创造性地运用于原子结构,提出了原子结构的轨道量子化模型假设。玻尔的轨道量子化模型假设是怎样提出来的?三种原子结构模型的提出包含了哪些物理学思想的启示?

---

① 杨仲耆,申先甲.物理学思想史[M].长沙:湖南教育出版社,1993:650.

参考解答：

人们早就开始了对原子结构模型的探究,在物理学发展史上先后有三位物理学家分别提出了三种原子结构的模型,其中玻尔在1913年把"量子化"假设的思想创造性地运用于原子结构,提出了原子结构的轨道量子化模型假设。这个模型假设提出,不仅原子内部电子的轨道是离散的,即量子化的,电子处于轨道上的能量也是量子化的。

三种原子结构模型是：

原子结构的实心带电球模型。

这是英国物理学家J.J.汤姆孙提出的第一个原子结构的模型。1897年,J.J.汤姆孙通过对阴极射线的研究发现了电子。1904年,他提出,原子是一个充满着均匀带正电的"流体"的实心球体,而带负电荷的、具有一定质量的电子嵌在这个球体内的某些固定的位置上。这就是原子结构的实心带电球模型。J.J.汤姆孙发现了原子中含有电子,从而完全否定了原子的不可分割性。基于这个模型,J.J.汤姆孙认为,因为电子的体积很小,而电子之间的空隙很大,所以,可以用来合理地解释电子穿透原子的现象。

原子结构的太阳系行星结构模型。

第二种原子结构模型是卢瑟福(E. Rutherford,1871—1937)提出的。在居里夫人发现镭以后,卢瑟福利用强磁场发现镭的射线中有三种不同的射线,其中一种射线称为α射线,这是带正电的氦离子流;第二种射线称为β射线,这是带负电的电子流;第三种射线穿透力最强,能够穿透所有的铝板,它被称为γ射线;它是与X射线类似的中性电磁波,但是比X射线的波长更短。其中α粒子穿透金箔以后发生偏转的现象引起了卢瑟福的注意。实验结果表明,大多数粒子穿过金箔后仍沿原来方向前进;而少数粒子却发生了较大的偏转;极少数粒子偏转角度超过了90°;有的甚至被弹回,偏转角几乎达到180°。这是用J.J.汤姆孙的原子结构模型无法解释的。经过反复多次实验的研究,卢瑟福提出了原子结构的新模型：原子中心有一个很小的核,称为原子核,原子的全部正电荷和几乎全部质量都集中在原子核里;而带有负电荷的许多电子绕着原子核旋转。由于电子与原子核之间有很大的空隙,α粒子可以畅通地穿过金箔;当少数带正电的α粒子接近原子核时,正电荷之间存在的斥力作用使电子的运行轨道发生偏转。鉴于这个模型与太阳系的结构的相似性,它被称为太阳系行星结构模型。

卢瑟福建立的新的原子结构模型,克服了J.J.汤姆孙模型的不足,能够较好地解释一些现象。但是根据这个模型,绕着原子核运行的电子会不断地失去能量,最后会很快地落在原子核上,于是整个原子结构就被破坏了。然而实际上,原子都很稳定,并没有发生任何电子与原子核碰撞的情况。另外,按照这个模型,电子围绕原子核的运动会不断发出电磁波,而随着电子不断失去能量,电子发出的电磁波频率也会相应地发生连续的变化,呈现出连续光谱,但是实验上观测到的光谱是分立的。

原子结构的轨道量子化模型。

玻尔在前人研究的基础上,根据一系列的实验事实,分析了卢瑟福原子结构模型与光谱之间的矛盾,在1913年提出了第三种原子结构的模型——原子结构的轨道量子化模型。他相信行星结构模型是正确的,但是他也了解这个模型面临的困难。为了克服这些困难,他更新了经典稳定性的概念,把量子化假设创造性地运用于原子结构模型,他提出了如下假设。

(1)围绕原子核运动的电子处于的运动轨道不是任意的,只可能是一系列不连续分布的特定轨道,即轨道是量子化的。原子的不同能量状态跟电子的不同轨道相对应。电子虽然围绕原子核在量子化的轨道上作高速运动,但电子不会向外辐射能量。

(2)只有当电子从一个轨道跃迁到另一个轨道时,它才会辐射或吸收能量。辐射能量伴随着光子产生(此时电子从能量较高的轨道跃迁到能量较低的轨道)的过程;吸收能量伴随着光子吸收(此时电子从能量较低的轨道跃迁到能量较高的轨道)的过程。光子的频率则取决于两个轨道对应的能量差(与每一个轨道对应的能量是量子化的)。

玻尔的理论不仅为物理学家认识原子结构提供了新模型,更重要的是突破了经典力学思想的框架,打开了物理学家认识微观世界的新视角,成为20世纪创立量子力学的重要起点。

玻尔的原子结构模型成功地解释了氢原子光谱的离散性,并由此创造了一系列新的物理概念,如定态、能级等;但是,这个模型仍然把电子看成在确定轨道上运行的经典粒子,并没有从根本上摈弃经典物理的理论。这个模型既无法解释氢原子光谱中出现的更精细的结构,也无法给出比氢原子稍微复杂一点的多原子的光谱的理论说明。因而,这个模型具有很大的局限性。

三种原子结构模型的提出包含了哪些物理学思想的启示呢?三种原子结构模型的相继提出不仅有力地说明了原子不是物质分割的极限,而且鲜明地把物理学家在认识物质结构时所采用的物理学思想方法贯穿于建立原子结构的三个不同阶段的始终。

首先,在每一个阶段中都是先有实验现象,后有基于假设而形成的理论解释,然后又有新的实验现象否定旧的理论解释,于是新的假设性理论开始问世,再接受新的实验检验。这就是"实验现象—提出假设—理论解释—新的实验现象"的科学认识论,它是许多科学理论形成的有效途径。

其次,在每一个新阶段形成的新理论并不全盘否定旧的理论,而是比旧的理论更广泛、更深刻;新理论既能够解释旧理论能够解释的实验结果,又能够解释旧的理论不能解释的实验现象。

最后,尽管前一个理论总会存在某些局限性,后一个理论总是比前一个理论"高明",今天人们对原子结构的认识也已经远远超出了玻尔的原子结构的量子化轨道理论,但是,在一定的条件下,以上三种理论在各自适当的范围内还是有用的。例如,在解释大气压强和香味传播等现象时J.J.汤姆孙的实心带电球模型仍然是一个好的理论,没有必要动用玻尔的量子化轨道模型。

由原子结构模型的发展进程提供的物理学思想中还可以得到一个重要的启示:对一个物理学思想及其相应的理论,我们与其说它正确或不正确,倒不如说它们在一定条件下比它们的前期的物理学思想和理论更有用,但后来又会被后期的物理学思想和理论所超越更为恰当。

虽然在这三个关于原子结构模型的理论中,后者的思想依次超越了前者的思想,但是它们在理论上的一个共同点是:无论是实心带电球模型或太阳系行星结构模型还是量子化轨道模型,都是先作为假设提出,再用来解释实验结果的。物理学发展史表明,一个理论假设如果得到了实验的验证,这个理论假设就具有了立足之地;而只有当一个与实验结果成功地相符合的理论假设作为更高层次理论的推理结果出现时,它才能具有思想和理论的依据,成为一种物理理论体系的重要组成部分。

5 什么是物质波?物质波是怎样提出来的?

问题阐述:

什么是物质波?物质波是怎样提出来的?爱因斯坦揭示了光的量子性,这表明光波具有粒子性,而德布罗意提出的物质波揭示了粒子具有波动性。这里的"粒子"和"波"是经典的粒子和经典波吗?通过这样的比较分析,可以从中得到哪些物理学思想方法的启示?

参考解答:

人们对波并不陌生,但人们对波的概念的认识有一个发展过程。大学物理在量子论开始引入物质波的概念前,已经先后提到了两类波:第一类是在振动与波的章节中讨论过的水波、声波那样的机械波。这类波的形成需要两个条件:一是需要初始的振动源作为波源;二是需要传播振动的介质。水波和声波都是相应的振动源分别在水和空气介质中的传播所形成的,它们都可以被人们直接感觉到。第二类是在电磁学的章节中讨论过的电磁波。电磁波的产生也需要有波源,但电磁波可以在真空中传播,不需要任何介质,然而人们可以测量到它的物理实在。

在量子论中提到的是第三类波,即物质波。物质波理论是由法国物理学家德布罗意(L. V. de Broglie,1892—1987)首先作为假设提出的。

与机械波和电磁波完全不同,物质波既无法被人们感觉到,也不是通常物理介质中的波,更无法对它进行任何形式的测量。它是一种纯数学的抽象概念,一个信息数学库。例如,电子的物质波不代表电子本身,它仅仅是提供了关于电子的信息源,因为通过物质波,可以得出电子在空间出现的分布概率。因此,更确切地说,这种波应该被称为非物质波。

德布罗意是在什么物理背景下提出物质波的假设的?首先是爱因斯坦提出的关于光的波粒二象性的实验和理论给他的启示。当时,人们已经观察到了辐射的电磁波会发生干涉和衍射,显然这只能从电磁波的波动性上进行解释;但是,光电效应的实验结果,又使波动性理论的推理结果与实验不符。为此,爱因斯坦提出了光量子的假设,提出了光波虽然具有粒子性,但不再是经典意义上的粒子性,而是表现为光波能量的量子性。1923年康普顿效应的发现更加证实了光既具有波动性,又具有粒子性,从此以后,光具有波粒二象性成为不争的事实。当大多数物理学家还没有认识波粒二象性的本质,还在设法消除看起来似乎矛盾的和混乱的现象时,德布罗意却首先注意到这个不可否认的事实具有重要的意义。基于物理学中广泛的对称性思想,德布罗意从上述事实中提出了这样的思考:光的行为长期被看成波动,但光电效应等实验证实了这样的波具有粒子性,由对称性的考虑,自然也可以提出这样的问题:长期被看成粒子的电子的行为是否也具有某种波动性呢? 其次,他还注意到玻尔提出的电子轨道量子化条件已经意味着电子的运动与波的干涉有着某种自然的联系,因为决定量子化条件的整数 1,2,3,…自然会使人们联想到波的干涉条件。

1923—1924 年,德布罗意在《法国科学院通报》上连续发表了三篇论文论述了有关波和量子方面的观点。他受法国物理学家布里渊关于"以太"会因为电子运动而激发波动,以致形成轨道量子化的思想所启发,提出了实物粒子也具有波粒二象性的大胆假设。他认为:"不能简单地把电子看成微粒,还应当赋予它们以周期的概念。"他提出与运动着的微观粒子对应的还有一假想的正弦波,电子的周期运动与正弦波两者有着相同的相位。这是一种非物质波,德布罗意称之为相波。他在论文中没有明确表示但蕴含地提出了相波的波长与动量之间的关系是 $\lambda = \dfrac{h}{p}$,这就是德布罗意关系式。由这个关系式可以得出,一个具有54eV能量的电子的相波的波长只有 1.66×10^{-10} m。一个质量为 1kg 的宏观物体具有比电子质量大 10^{31} 数量级的质量,这个宏观物体的相波波长极为微小,以至于在通常条件下不会显示出任何波动性。

爱因斯坦推广了普朗克的量子论假设,提出了光量子假设,揭示了光的波粒二象性,德布罗意把爱因斯坦提出的关于光的波粒二象性的思想又加以扩展,提出了所有实物的微观粒子都具有波粒二象性的思想。

爱因斯坦高度评价了德布罗意的工作,认为他指出了"一个物质粒子或一个物质粒子系可以怎样同一个(标量)波场相对应"的问题。德布罗意的思想引起了当时物理学界的重视,也为以后薛定谔创立波动力学作了重要的思想准备。鉴于德布罗意的这一重大理论成就,他荣获了 1929 年诺贝尔物理学奖。德布罗意曾提出通过电子束的衍射实验有可能观察到电子束波动性的预言,这个预言在 1926 年先后为戴维森和 G. P. 汤姆孙(G. P. Thomson,1892—1975)所做的单晶散射实验和电子衍射实验所证实。他们两人也为此共同获得了 1937 年诺贝尔物理学奖。

一个是粒子性,一个是波动性,在经典物理中这是宏观物体分别具有的两个非此即彼的特性。然而,在微观领域中,它们却可以同时在一个微观客体上呈现出来,从而显示了微观粒子具有非此非彼的波粒二象性的本质属性。这里指的粒子性不再是经典意义上的粒子性,一个微观客体——光量子也有能量和动量,但是它不是经典粒子,不能像一个台球那样可以单独拿在手中计数的;这里指的波动性也不再是经典意义上的波动性,一个微观客体显示的物质波虽然也有波长和频率,但是这种波是无法像水波声波那样被人们直接感觉到,也无法像电磁波那样可以被直接测量它的物理实在的。

微观粒子具有波粒二象性思想的提出表明,经典物理显示的"不是这个,就是那个"的两端简单性思维越来越不适合于人们对客观世界的认识;在微观领域中体现的"不是这个,也不是那个"的多元思维的复杂性思维取代了简单性思维。当代复杂性科学倡导的复杂性思维方法不是简单的抛弃简单性思维的理性逻辑,而是主张把两个互相排斥的原则和概念联结起来,它们是不可分割的,也是同一的。微观粒子具有的波粒两象性的本质属性体现的正是这样一种同一性。

6 与经典的波动方程类比,薛定谔方程具有哪些特征?

问题阐述:

量子理论先后出现了两种等价的理论表述形式,大学物理课程主要介绍的是薛定谔的波动力学理论。薛定谔方程是一个动力学方程,它描述的是微观粒子波动状态的函数——波函数的时间演化过程。与经典的波动方程类比,它具有哪些特征?

参考解答:

量子理论先后出现了两种理论表述形式,一种是由奥地利物理学家薛定谔基于物质波的理论而创立的波动力学,另一种是由德国物理学家海森伯(W. K.

Heisenberg，1901—1976)利用玻尔对应原理创立的矩阵力学。1925年薛定谔证明了波动力学与矩阵力学在数学上是完全等同的，可以从一种理论表现形式转换到另一种理论表现形式。

　　虽然两种理论表述方式是等价的，但是大学物理课程主要介绍的还是薛定谔的波动力学理论。这是因为，波动力学以波函数作为讨论对象，以偏微分方程的形式建立起一个关于波函数的动力学确定性方程，这就类似于经典力学描述质点运动时以位移作为讨论对象、以常微分方程的形式建立起对位移的时间演化过程。尽管波函数的意义并不如位移那样简单明了，求解偏微分方程比求解常微分方程困难得多，但是确定性方程的数学表现形式毕竟不会使人们感到完全陌生，以致无从下手。此外，从普朗克提出量子论假设在辐射波的能量上加上粒子性到后来德布罗意提出物质波理论在微观粒子的能量上加上波动性，使波粒二象性成为微观粒子的本质属性以后，建立一个微观粒子的运动方程就势在必行了。相比抽象的矩阵力学，大学物理课程从波动力学着手介绍量子理论，是更容易为学生所接受的，因此，大学物理课程在量子理论内容上着重讨论波动力学既符合物理学发展进程又符合由浅入深的教学原则，有助于学生更好地理解和接受量子化的物理思想。

　　为了理解量子波动方程的特征，可以对经典的波动方程和量子的波动方程的求解条件作一个这样的类比：经典的波动方程由位移对时间的二阶导数和对空间的二阶导数构成，因为粒子的运动状态是由每一个时刻的位置和动量两个物理量来确定的，所以求解经典波动方程需要两个初始条件。但是，薛定谔方程是由波函数对时间的一阶导数和对空间的二阶偏导数构成的，因为粒子的微观状态(这是根本不同于经典力学的状态概念)是由每一个时刻的波函数来决定的，因此，求解薛定谔方程只需要一个初始条件和关于波函数及波函数的一阶导数的边界条件。与经典波动方程不同的是，薛定谔方程不是根据实验的结果归纳而得出的，而是从物质平面波的复数表达式中建立起来的。薛定谔方程只是量子力学的一个基本假定，它的正确与否主要是看由此推论出的结果是否符合客观实际和实验的结果。

７ 薛定谔是怎样从经典力学和几何光学的类比中提出波动力学的薛定谔方程的？

问题阐述：

　　类比方法是人们作出科学预言、提出科学假设的重要方法。特别在当人们在探索微观世界和宇宙起源时,对微观世界的模型和宇宙模型都是以假设的方式提出的,而这些假设的提出不是凭空臆造的,究其过程无不与类比的物理学方法有关。在量子论的创立过程中,可以获得哪些物理学类比方法的启示? 薛定谔是怎样从经典力学和几何光学的类比中提出波动力学的薛定谔方程的?

参考解答:

类比方法是指在承认同一类事物具有本质属性的前提下,根据两个事物之间在某些方面的相同或相似属性去推导出其他方面可能也有相同或相似属性的一种逻辑思维方法。

类比方法是指人们有效地认识世界的一种科学方法。它提供了人们从已知到未知、从熟悉到不熟悉的一个认识的立足点,特别在材料不足难以进行归纳和演绎论证的情况下,类比不失为一种打开思路、由此及彼的认识途径。很多物理学家在自己的科学研究工作中也非常重视类比方法的作用。在物理学发展史上有很多通过类比方法发现或提出物理定律的例子。

在量子论创立的过程中,类比方法更是人们作出科学预言、提出科学假设的重要方法。例如,1924 年法国物理学家德布罗意将光学现象与力学现象作了如下的类比:在几何光学中光的运动服从光线的最短路程原理,即费尔马原理;在经典力学中质点的运动遵循力学的最小作用量原理,即莫泊图原理;这两个原理具有相似的数学表示式。当时物理光学的发展已经证明了光具有波粒二象性。正是基于以上的类比,德布罗意大胆推论,粒子也具有波粒二象性,揭示了通常我们在经典力学中讨论的物质粒子也具有波动性,这种波动就称为物质波。接着德布罗意把光与物质粒子作了进一步的类比,光的波长是 $\lambda = \dfrac{h}{p}$(p 是动量,h 是普朗克常数);既然物质粒子具有二象性,物质波的波长应该与光波相似,即 $\lambda = \dfrac{h}{mv}$(这里 mv 是粒子的动量),这就是物质波的波长公式。德布罗意基于类比作出的预言在 1927年为电子衍射等实验所证实。

在德布罗意提出波粒二象性的公式以后,人们逐渐了解了微观粒子也具有波动的性质,在这里牛顿的运动方程已经失效,应该用什么方程来描述微观粒子的动力学行为呢?

薛定谔想到了 90 年前哈密顿曾经指出几何光学仅仅是在无限小波长下有效的波动光学的一种特殊情况,并导出了从几何光学的特征方程到波动光学微分方程的转换,这里实际上是揭示了几何光学与波动光学之间的相似性。由此,他认为,既然几何光学仅是对光的一种大体上的近似,很可能同样的原因使经典力学可以类比地为仅仅是粒子运动"在很小的轨道和很强的轨道弯曲情况下"有效的某个力学的一种特殊情况,而这两种情况正是对小波长的近似。他写道:"或许我们的经典力学是几何光学的完全相似物,……因而需要寻找一种'波动的力学',而最近的寻找途径是所作出的哈密顿模型的波动理论"。他又注意到玻尔的分立能级可能就是以偏微分方程形式出现的波动方程的本征值。

通过这样的类比研究,薛定谔把从波动光学的方程出发作近似而得到几何光学的基本方程的推导过程反过来,从经典力学的基本方程去建立波动力学的基本方程。不久他就在从 1926 年 3 月起连续发表在德国的《物理学纪事》杂志上的四篇系列论文中宣布得到了波动力学的动力学方程——薛定谔方程,在这个方程中薛定谔用因果方法进行了类比,对前人的思想进行了综合分析但又有创新突破,从而悟出了更深刻的物理思想,在量子力学的发展史上写下了科学方法论的成功篇章。

薛定谔方程是一个描述微观粒子波动状态的函数——波函数的动力学方程。从方程中求解得出的具有物理意义的波函数必须满足单值性、有限性和连续性的标准条件。作为描述微观粒子波动的方程,薛定谔方程在量子理论中有着与经典波动方程在牛顿力学中相似的重要地位。

8 一旦建立了薛定谔方程以后,作为典型例子,教材上往往就开始讨论无限深势阱中的粒子的能量和谐振子的能量。为什么选择这两个典型例子?它们体现了量子论的哪些重要特征和思想?

问题阐述:

在大学物理课程的量子论部分,一旦建立了薛定谔方程以后,往往就把求解处在无限深势阱中的粒子的能量和谐振子的能量作为两个典型的例子提出,并进行详细分析。为什么选择这两个典型例子?它们体现了量子论的哪些重要特征和思想?

参考解答:

在大学物理课程的量子论中,一旦建立了薛定谔方程以后,就把求解处在无限深方势阱中的粒子的能量和谐振子的能量作为薛定谔方程应用的两个典型例子进行详细分析。它们之所以成为典型例子,是因为量子力学的许多特征和思想都可以从这两个例子中体现出来。

首先,在这两种势场中的微观粒子不是处于自由的状态,而是被局限于一个有限的势场范围内运动,粒子的这种状态被称为束缚态。无限深方势阱的势场特点是势壁"无限高",是一个"无限深势阱",粒子只能处于束缚态。按波函数的统计解

释,在势壁上和势阱外部波函数为零,在势阱内部波函数不为零,即如果设势阱宽度为 a,选择势场中间位置为 x 轴坐标原点,只有当 $|x|<\frac{1}{2}a$ 时,波函数不为零,而 $|x|>\frac{1}{2}a$ 时,波函数为零。理想的谐振子的势场也是一个 "无限深势阱",粒子也只能处于束缚态。如果选择谐振子的平衡位置为 x 轴坐标原点,即只有当 $|x|\to\infty$ 时,波函数才趋于零。这两种势场都是实际势场的一种很有用的理想化模型,而且数学上已经具备了对这两个例子求解相关方程的有效方法。

其次,求解这两类薛定谔方程都可以自然得出微观粒子的一个量子化能量的分立谱,能量的大小就由离散的量子数来决定。正是从这里开始,普朗克提出的量子化的假设才从物理上提升为理论演绎的必然结果。

最后,薛定谔方程是一个关于波函数的线性方程,它的解满足线性叠加原理。在薛定谔方程可以精确求解或几乎可以精确求解的简单情况下,由给定初始条件和边界条件下的波函数,可以得出任意时刻的波函数。因此,薛定谔方程对于波函数仍然是一个确定性方程。利用这个方程,可以预言得出光谱频率的准确值、谱线强度和原子分子的所有其他可观察的性质,然后与实验结果进行比较。

❾ 波函数究竟是一个什么性质的物理量?它与微观客体的什么性质的物理量有关?

问题阐述:

在量子论的教学过程中,虽然通过求解两个典型例子的方程得出了一些结果,但对这样的结果自然会产生下列疑问:既然称为波函数,它描述的究竟是什么样的振动状态或传播什么样的波动状态?是描述了微观粒子本身在振动或者是描述了电磁场的振动吗?波函数究竟是一个什么性质的物理量?它与微观客体的什么性质的物理量有关?

参考解答:

在量子论中,由于电子已经不再被看成经典粒子,因此,波函数不可能是表示经典粒子振动的物理量;又由于波函数是复数,波函数也不可能是表述电场强度或磁场强度的物理量。波函数究竟是一个什么性质的物理量?

先从与经典力学的对比中看。在人们熟悉的经典力学中,对宏观世界的认识次序是遵循从静到动的认识次序的,即从描述物体的位置开始,再定义位移和位移随时间的变化的物理量——速度和加速度等。牛顿运动方程描述的正是位移随时间变化的规律。然而在量子理论中，由于波粒二象性的存在，人们对微观粒子运动的认识发生了根本的改变。取代经典力学描述粒子运动状态的位移、速度和加速度等物理量的是量子理论中描述微观粒子状态的波函数；取代描述位移随时间变化的牛顿运动方程的是描述波函数随时间和空间改变的薛定谔方程。因此，正如玻尔指出的那样，微观世界的物理学无法与自然的传统概念一致。微观粒子不再是经典意义上的粒子，在微观世界中没有粒子位置和位移的概念，当然也没有粒子速度和加速度的概念。波函数是位形空间的波而不是普通空间的波，它们可以从位形空间变换到动量空间或能量空间中，因此，微观粒子也不会呈现出经典意义上的波动。在微观世界也没有振动的概念，当然也就没有振动传播的概念。从经典的方式上看，无论是粒子的概念或波动的概念都不可能完整地描述微观粒子运动状态，从量子的方式上看，从定义初始时刻的波函数开始，通过求解波动方程得到以后任意时刻的波函数，从中可以获得关于微观粒子运动的什么信息呢？由此自然引发的一个问题是：波函数的物理意义究竟是什么？

薛定谔曾把波函数解释为一种由许多波合成的波包，他认为，所有微观粒子都是"相当小的波包"，而"运动着的粒子只不过是形成宇宙物质的波动表面的泡沫"。在薛定谔看来，波包才是唯一的实在，而粒子只不过是派生出来的东西。但是，薛定谔这种只强调连续性，排除粒子性的解释不仅在理论上受到其他物理学家的反对，而且波包的发散性与电子始终保持着稳定性相矛盾，因而很快被否定了。

目前得到公认的是1926年由玻恩提出的关于波函数的概率解释。在物理思想上，玻恩提出的关于波函数的概率解释是爱因斯坦的幻场理论的一种合理的推广。爱因斯坦曾把电磁波场看成一种"幻场"，他认为，就是这样的"幻场"引导着光子的运动，而电磁波的振幅的平方决定了单位体积内一个光子存在的概率。波恩发展了爱因斯坦的思想，在关于波函数-函数的解释上强调了粒子性，而把物质波体现的波动性看成对粒子在各处出现概率的一种描述。玻恩说："爱因斯坦的观点又一次引导了我。他曾经把光波振幅解释为光子出现的概率密度，从而使粒子（光量子或光子）和波的二象性成为可以理解的。这个观念马上可以推广到函数上：必须是电子（或其他粒子）的概率密度。"而波函数因此被称为概率幅。

概率幅在量子论中有着重要的地位。从表面上看，似乎概率才是可以与实验相联系的有意义的量，概率幅是一个抽象的无意义的符号。其实不然，因为正是概率幅的存在使量子论中的概率概念与日常生活中的概率完全不同。日常生活中的概率（如扔骰子出现的结果就是一个概率事件）是从数学上直接可以计算出来的，不存在什么概率幅；而量子论中的概率恰恰是通过概率幅的平方这样的特殊数学程序得出来的，这里没有与经典概率论可以对应的东西。正是基于这一点，狄拉克认为"我相信，这个概率幅概念也许是量子论的最基本的概念"[①]。

---

① DIRAC P A M. 相对论和量子力学［M］//《现代物理学参考资料》编辑组（中国科学技术大学）. 现代物理学参考资料：第三集. 北京：科学出版社，1978：42.

在量子物理中,概率幅的重要性是通过对电子双缝实验的分析提出的。在大学物理教材中一般会概述电子双缝实验的结果,作为一个典型的实验,这个实验的重要意义表现在以下三个方面。

一是说明当一个电子通过双缝时,在屏幕上留下的是一个点状的光斑图案。几个电子甚至几十个电子相继通过双缝时,屏幕上出现的依然是点状的图案。这是电子具有粒子性的表现。但是,一个电子究竟通过哪一个缝和打在屏幕上什么位置都是完全不确定的。即一个电子究竟到达底板什么位置是概率事件,因此,电子不是经典粒子。

二是说明在大量电子通过双缝时,底板上出现了衍射图像,电子的确具有波动性;但是在入射强度很弱的情况下,底板上仍然表现出点状的图像,因此,这类物质波不是经典波。

三是说明当入射的电子数越来越多时,屏幕上就开始呈现出如同光的干涉现象中出现的那样明暗相间的条纹,与大量电子短时间内通过双缝以后形成条纹一样。而且,不管如何控制和调整电子源,从这样的双缝得到的都是同一个图像。如果说,一个电子通过双缝的行为是不确定的、随机的,那么许多电子通过双缝呈现在屏幕上的行为又是确定的、有规律的。

这个确定性的、有规律的行为是怎样形成的呢?当两缝同时开启时,按照经典概率理论,底板上电子出现的概率分布应该是电子分别通过两个缝的概率的叠加,底板上应该出现的是两个单缝衍射图像的叠加。但是,底板上出现的是明晰的双缝衍射图像,这种图像的出现意味着叠加是概率幅的叠加而不是概率的叠加,正是概率幅的叠加使相应的概率分布中包含了两个波函数的交叉项,而正是有了这个交叉项,才使底板上出现了电子通过两缝形成的干涉图像。概率幅叠加的奇特规律被费恩曼称为"量子力学的第一原理"。

经典的动力学方程是一个确定性的方程,在给定初始时刻质点的运动状态以后,通过求解方程可以得出质点在以后任意时刻质点的运动状态。这是经典机械因果观思想的一种表现。量子的波动方程对波函数也是一个确定性的方程,给定初始时刻的波函数以后,就可以得到以后任意时刻的波函数。但是,波函数并不表示微观粒子的物理特性,一个电子的波函数是永远不能说明电子的行为的。在量子理论中,没有电子时空的因果运动。

按照玻恩的概率解释,波函数的平方表示粒子出现在某处的概率密度,因此,从初始波函数平方得到的概率信息通过求解方程得到的是以后任意时刻波函数平方提供的概率信息,这也是一种确定性,但显然不是经典意义上的确定性;因为概率毕竟只能给出电子可能出现什么地方而不能给出电子究竟确定地出现在某处的结论,也不能给出电子的运动状态和运动方式的任何线索。同样这个方程也表示了一种因果观,但也不是经典意义上关于电子运动的机械因果观;因为概率的思想进入了因果观,微观粒子的运动过程服从的不是机械确定性规律,而是统计确定性的规律,而机械确定性只是统计确定性的一种特例。

对于波函数的统计解释,包括玻恩、海森伯等量子力学大师在内的哥本哈根学派认为,它表明了自然界的最终实质。温伯格曾经用只可能处于两个可能构型的一个粒子的虚拟系统来说明波函数的概率意义。在经典力学中,粒子所处的可能位置是,要么在"这里",要么在"那里",在力的作用下,可以从"这里"移动到"那里"。而在量子力学中微观粒子的状态就复杂得多。在没有观察粒子前,系统在任意时刻的状态可能完全在"这里",也可能完全在"那里",也有可能既不肯定在"这里"也不肯定在"那里"。如果对粒子的位置进行测量,发现粒子处于"这里"的概率由测量前处于"这里"的波函数的平方决定,而处于"那里"的概率由测量前处于"那里"的波函数的平方决定。以爱因斯坦为代表的另外一批物理学家不同意这样的结论,爱因斯坦说过:"上帝并不是在跟宇宙玩掷骰子游戏"。著名物理学家狄拉克认为,我们得到的统计性解释是不能令人满意的,但是必须承认,这种情况无疑是现有量子力学框架所能做到的最好情况。

从认识论上看,薛定谔方程体现的概率性因果观是对牛顿动力学方程体现的机械性因果观的一个发展,但是不管是在力学中讨论的机械确定性的因果观还是在量子理论中涉及的概率性因果观都还只是人们对客观存在的因果观认识过程中的一个阶段而已,人们对因果观的认识必将随着科学的发展而不断深化。

10 什么是量子论中的不确定关系?不确定关系的存在有什么更深刻的物理意义?

问题阐述:

什么是量子论中的不确定关系?量子不确定关系的存在是测量过程不严格或测量仪器不精确所造成的吗?为什么?如果不是仪器问题造成的,不确定关系的存在有什么更深刻的物理意义?

参考解答:

1927年,作为量子力学的一个基本原理,德国物理学家海森伯提出了以下列关系形式出现的不确定关系(曾称为测不准关系)。

(1) 位置 x 与动量 p 的不确定关系:

$$\Delta x \cdot \Delta p_x \geqslant \frac{\hbar}{2}$$

$$\Delta y \cdot \Delta p_y \geqslant \frac{\hbar}{2}$$

$$\Delta z \cdot \Delta p_z \geqslant \frac{\hbar}{2}$$

（2）能量 E 与时间 t 的不确定关系：

$$\Delta E \cdot \Delta t \geqslant \frac{\hbar}{2}$$

$$\hbar = \frac{h}{2\pi} = 1.0545887 \times 10^{-34} \mathrm{J \cdot s}$$

如果用物理语言来表述的话，海森伯指出的是，每个粒子都有着位置和动量的内在不确定性，尽管测量其中任意一个量可以取任意精确度的数值，但是同时对两者测量存在不确定性的乘积的数量级不可能小于 $\frac{\hbar}{2}$，对能量和时间这两个量也是如此。换言之，不确定关系表明，不能以任意高的精确度同时（是"同时"）测得微观粒子的某些成对的两个物理量（它们被称为"共轭的物理量"），如坐标与动量、能量与时间等的精确值。这些共轭的物理量在测量中的不确定性范围的乘积称为这个粒子的可能性疆域。不同质量的粒子有着不同的可能性疆域。质量越大的粒子，其对应的疆域范围就越小，相应的不确定性也就越小。例如，一个质子的可能性疆域只有电子的二千分之一，因此，预言质子未来的运动状态就比预言电子运动状态的不确定性要小得多。而对同一个粒子，对它的一个物理量测量的不确定性程度的减少必定使另一个与它共轭的物理量测量的不确定性程度的增加。由此可见，对电子的位置测量得越精确，地点越确定，电子的运动行为就越不能确定，反之，对电子运动的速度测量得越精确，电子的位置就越无法确定。

在经典力学中，由于任何实验仪器总有着测量的误差，对物体及其运动的测量总是存在有限的精确度，测量结果相对于实际运动是不确定的。与经典力学中测量物体的有限精确度带来的不确定性相比，量子力学中的这个不确定关系是否也与测量仪器的精确度有关？除此以外，量子的不确定性还具有哪些不同的特点？

微观粒子具有波粒二象性，因此，"确定一个微观粒子的位置或速度"这样的提法本身就失去意义，因为波动性的存在，人们无法通过一个实验来测量微观粒子的位置和速度；即使从实验上能够测量到微观粒子的位置或速度，往往并不是真实粒子的运动状态。典型的例子就是利用威尔逊云室测量微观粒子运动径迹的实验。海森伯注意到当云室接收到微观粒子射线时，云室中就会显示出粒子的运动径迹，这个径迹似乎可以用来表征粒子的位置，但是这显然不是粒子运动的真正轨迹，而是水滴串形成的雾迹。水滴远比粒子的线度大得多，因此，水滴串形成的径迹仅提供了微观粒子运动的线索，并没有说明微观粒子运动的精确路径，实验观察到的只是微观粒子处于一个不确定性位置的范围而已。而且，运动径迹并不是一条数学意义上严格的曲线，它划出的前进方向也不是粒子的真正速度方向，仅仅只是粒子具有的一个速度的不确定性范围而已。

　　在经典力学中,对物体运动的测量时存在的误差是实验性的,总是可以通过改进实验仪器或方法加以降低或调整,而海森伯发现,即使采用最先进、最完善的实验设备也无法精确地测得一个微观粒子的运动轨迹,量子的不确定性是无论怎样改进实验仪器和方法都无法消除的,这不是实验问题,而是用经典理论测量粒子位置或运动的精确性受到了原则性的限制。

　　从经典角度看,任何测量都不可避免地存在观察者(或观察仪器)对被测量对象之间的相互作用,但是这样的相互作用很微小,不予考虑。把这个观点应用于微观粒子,这样的相互作用对微观粒子运动的干扰就显得特别明显。例如,当人们需要精确地确定电子的位置时,就必须使用像 γ 射线这种短波长的显微镜来设法"看到"电子,但是由于在测量的过程中,光子与电子的碰撞对电子运动产生了很大的"冲击",电子的动量就显示出不确定性。波长越短的光量子具有的动量也越大,碰撞造成的电子的动量不确定性也就越大。反之,当人们需要精确地测量电子的动量时,就必用长波长的光,波长较长的光量子具有的动量较小,电子与光子碰撞时受到的"冲击"也较小。但是,较长波长的光子碰撞电子时会发生衍射,从而造成电子的位置显示出不确定性。光量子的波长越长,具有的动量越小,碰撞造成的电子的位置的不确定性也就越大,于是,人们就无法精确测量出电子的位置了。对此,海森伯写道:"在位置被测定的一瞬间,即当光子正被电子偏转时,电子的动量发生一个不连续的变化,因此,在确知电子位置的瞬间,关于它的动量我们就只能知道相应于其不连续变化的大小的程度。于是,位置测得越准确,动量的测定就越不准确,反之亦然。"测量仪器与被测对象之间的这个相互作用对被测的宏观物体也存在,但是光子的动量对宏观物体的影响是微乎其微的,完全可以忽略不计。然而,必须注意的是,测量仪器"干扰"电子运动是一种用经典概念对实验结果的分析,它并不是对不确定关系产生的一种说明或描述。

　　从经典的角度看,原则上对任何物理量的测量可以达到任意的精确度,实际上用这样的经典动力学变量构成的理想的经典物理体系是根本不存在的,而实际系统只可能是对理想的经典物理体系的一种近似,因此,不确定关系不是由于相互作用的"干扰"而形成的,它说明了在实验测量中可以应用这种近似的限制或限度,一旦超过这个限制或限度,经典物理的概念就不再适用了。由此可以对经典测量的不确定性和微观粒子的不确定性作如下比较。

　　首先,经典测量的不确定性的误差是由仪器的精密程度反映出来的,是可能随着仪器精密程度的提高而减少的,而微观粒子的不确定性不是由于测量仪器不精确造成的后果,也不会随着提高测量仪器的精密度而相应减少,这是经典的不确定性与量子的不确定性的第一个区别。

　　其次,经典不确定性总是对测量某一个物理量而言的,对一个物理量测量结果的不确定性(如对位置)不会影响对另一个物理量测量结果的不确定性(如对动量),但是,量子不确定关系表明,对一个物理量(如对位置)测量得到结果的不确定性必定会影响对另一个物理量(如对动量)测量得到结果的不确定性;而且如果对一个物理量测量的不确定性减少,那么对另一个物理量测量结果的不确定性就会增加。如果完全精确测得电子在某时刻的动量(不确定性程度为零),那么对它的位置的测量就变得完全不确定(不确定性程度趋于无限大),也就是如果确切知道了电子的动量,那么对电子的位置就一定是一无所知的。这是量子的不确定性与经典的不确定性之间的第二个区别。

由不确定关系可以得出一个结论:微观世界中的粒子不可能保持静止。以电子为例,原子内一个电子的位置不确定性量总是被限制在原子的尺度上,这是一个很小的量,由不确定关系可以得出与此对应的电子的动量不确定量必然是一个大量,相应的速度也是一个很大的量。例如,如果在动量不确定量下粒子的速度不确定量是 1000km/s,那么粒子本身具有的速度平均值至少是 500km/s,这就表明,大量微观粒子仍然在作高速运动,而不会静止不动。

不确定关系使人们测量微观粒子运动得到的认识受到了某种限制,这个限制实际上就是对使用经典物理理论的最终的限制。一个真实的微观粒子是不可分割的单个客体,而其波动性和粒子性是它的内在属性在不同方面的表现。它既不是经典意义上的粒子(如力学中的质点),但可以在光电实验中显示其粒子性;也不是经典意义上的波(如水波、声波),但可以在电子从晶体表面的衍射实验中显示其波动性。于是,当人们还在使用经典物理测量的语言去描述微观粒子的特性时,不仅暴露出经典理论的局限性,还把对关于世界独立于观察者而存在这一长期的科学信仰的质疑提到了人们面前:为什么我们观察和测量电子的性质居然取决于我们如何进行观察和如何进行测量的主观感觉?电子的存在和它的性质是客观存在的,还是存在于我们的主观世界中的?

量子论不确定性原理揭示了人们只能运用量子理论来认识微观世界,但是微观世界内部的运动情况对人们目前的认识依然是一个"黑匣子"。从这个意义上看,这种限制是否意味着自然界对我们还隐瞒了什么?这是不确定关系引起的物理学上更深刻、更令人迷惑的一个问题。

11 量子论中的不确定性与力学和热学中的不确定性相比,具有哪些不同的特征?

问题阐述:

在经典力学中存在着不确定性,而微观粒子的波粒二象性体现了量子论中的不确定性,由此联想到,在力学和热学的描述中存在不确定性吗？量子论中不确定性与力学和热学中的不确定性相比,具有哪些不同的特征？

参考解答:

在经典力学的理论中,可以认为,作为宏观物体或粒子的理想模型——质点在任何时刻都有完全确定的位置、动量、能量等；还可以认为,只要能够写出质点的运动方程,由质点的初始状态(初始位置和初始速度)可以确定性地得出以后任意时刻质点的运动状态,这是经典运动方程体现确定性思想的一种表现。但是,实际上这样的表述仅仅只有理论上的意义,或者说,这样的表述指的仅仅只是理论上或概念上的确定性而已。例如,在定量地讨论问题或求解物理题目时,经常可以遇到这样的表述："一个质点初始时刻处于坐标系的什么位置或具有多大的速度和加速度,求在以后某个时刻质点的运动速度或加速度等",这就是概念上的确定性表述。但是,如果一旦需要通过实验对质点的初始位置或初始速度进行具体测量时,一个不可回避的问题是必须考虑每次测量是在多大的精确度范围内进行的。以测量速度为例,由于速度本来就是一个在极限意义上定义的物理量,任何实验测得的只可能是物体在一段时间(无论时间多么短)内的平均速度,而不是瞬时速度；退一步说,即使测量到的是物体的瞬时速度,那么由于任何测量仪器都具有一定的测量精确度,对物体运动速度进行测量得到的数据对于实际的运动速度一定也存在着一定的不确定性,如同无论以多么精密的仪器对地形细节测量得到的地图都对实际地形存在一定的不确定性那样,力学测量得到的数据都只能是对质点实际运动状态的一种近似描述,不同的仪器测量同一个物理量得到结果只是在近似程度不同而已。对此,美国物理学家费恩曼早就指出,在某种意义上经典物理也是不确定的。他还指出,因为确定性总是和作出预言联系在一起的,而对任何运动状态的测量都是有一定精确度的,但无论怎样的精确,我们都能找到足够长的时间以致在超过这个时间以后就无法作出对运动状态的有效的精确预言,只可能作出对于运动状态可能性的预言。费恩曼指的不确定性就是指测量仪器的有限精确度带来的不确定性,是一种由于仪器而造成人们对物体运动状态认识上的一种限制性。可以预料,随着测量仪器精密程度的不断提高,对于物体运动状态进行测量而出现的限制性也会逐渐缩小,但是,这种不确定性是不可能完全消除的。

在热学理论中,同样也存在不确定性。对于热力学的宏观理论而言,对宏观热力学量,如压强、温度等的测量同样存在测量上的不确定性。对于微观理论即气体动理论而言,由于热学研究的对象是由大量作无规则运动的分子和原子组成的热力学系统,其中每一个分子被假设为弹性小球,分子之间以及分子与容器器壁之间发生非常频繁的无规则碰撞从而使每一个分子的运动都是完全随机的、不确定的,这样的运动称为热运动。一切热力学系统的宏观性质都是组成这个系统的微观上大量分子作无规则热运动的结果。例如,温度就是标志系统内部大量分子运动激烈程度的一个物理量,它与大量分子的平均平动动能相对应(以后可以证明,温度还与分子的平均转动动能和平均振动动能相对应)。气体施加在器壁上的压强就是大量分子对器壁不断碰撞产生的结果,压强的大小与单位体积内的分子数和分子的平均平动动能有关。虽然压强和温度的表示式都与分子平均平动动能有关,但是,这样的表示式具有统计意义,不是力学公式。另外,热力学平衡态虽然在宏观上具有一定的处处均匀分布的温度和压强,但实际上从统计的意义上看,它只不过是与大量分子能量在一定条件下呈现的统计分布中的最概然分布相对应而已,这样的分布出现的概率远远大于其他分布出现的概率,与其他分布对应的宏观状态也是有一定概率出现的,只不过这样的概率很微小而已。因此,在微观上热力学平衡态也不是完全确定的状态,这样的不确定性也是不可消除的。

12 什么是"薛定谔猫"? 作为一个思想实验,"薛定谔猫"是怎样提出来的?

问题阐述:

在量子论发展进程中,围绕对量子论基本概念产生过很多迷惑,也曾引发过多次重大争论,学习和了解争论有助于我们更好地学习和理解量子论。在这些争论中,奥地利物理学家薛定谔在1935年提出的"薛定谔猫"的思想实验就是一个著名的例子。什么是"薛定谔猫"? 作为一个思想实验,"薛定谔猫"是怎样提出来的? 它与波函数和量子态有什么关系? 它与不确定性原理有什么关系?

参考解答:

"薛定谔猫"是奥地利物理学家薛定谔于1935年提出的有关一只关闭在盒子里的猫处于生死叠加状态的著名理想实验。实验大致是这样进行的:在一个盒子里关着一只猫,盒子中装有少量放射性物质。这个放射性物质有50%的概率将会衰变并释放出毒气杀死这只猫,同时有50%的概率不会衰变从而猫得以存活下来。如果根据经典物理学的分析,在打开盒子前,观测者没有看到猫,只能猜测在盒子里的猫以一定的概率发生着或者死或者活两个可能的结果,只有打开盒子观测者才能知道里面的唯一确定性的结果:究竟盒子里的猫是死还是活,两者必居其一。如果说,打开以后看到盒子里的猫既是死的又是活的,显然不符合宏观世界的逻辑。

薛定谔为什么要提出这样一个理想实验? 这个理想实验产生的物理背景是什么? 对量子力学的发展进程有什么意义?

薛定谔方程表明,微观粒子的状态可以用波函数来描述,求解方程以后得出的波函数既可能是某个能量本征态,又可能是一系列不同能量本征态的叠加。在对能量进行观测之前,微观粒子就以一定的概率处于不同的能量本征态。如果对粒子的能量进行观测,那么微观粒子的波函数会"坍缩"到能量所对应的一个本征波函数。例如,如果测量一维无限深方势阱中微观粒子的能量,则粒子的波函数会"坍缩"为

$$\Psi(x,t) = \sqrt{\frac{2}{a}} \sin\left(\frac{n\pi x}{\hbar}\right) e^{-iE_n t/\hbar} \qquad (8-1)$$

假设测量前粒子的波函数是最低的两个能量本征态 ψ_1 和 ψ_2 的叠加,即

$$\Psi(x,t) = A_1 \psi_1(x) e^{-iE_1 t/\hbar} + A_2 \psi_2(x) e^{-iE_2 t/\hbar} \qquad (8-2)$$

式中,A_1 和 A_2 是归一化系数。如果对这个粒子能量进行测量,测得的能量有两种可能性:可能为 E_1,也可能为 E_2,而相应的粒子的量子态的"塌缩"也有两种可能性:可能为 ψ_1 也可能为 ψ_2。在没有进行能量测量的时候,这个粒子的能量是多少呢?是 E_1 呢?还是 E_2 呢?或是 E_1 与 E_2 之间的某个值?都不是。在没有进行能量测量的时候,粒子的能量并没有一个确定值,同样,粒子的状态既不处于 ψ_1 也不处于 ψ_2,粒子所处的是两种能量本征态的混合态。

薛定谔提出这一思想实验,本意是在反对早期作为量子力学的主流思想的哥本哈根学派关于"微观粒子处于叠加态,观测行为影响粒子状态"的量子力学诠释,薛定谔尝试着用一个理想实验来检验量子理论隐含的不确定之处。

按照哥本哈根学派的概率诠释:打开盒子后只出现一个结果,这与我们观测到的结果相符合。但是它要求波函数突然坍缩,物理学中却没有一个公式能够描述这种坍缩。尽管如此,长期以来物理学家们出于或许实用主义的考虑,还是接受了哥本哈根的诠释。由此付出的代价就是违反了薛定谔方程,这就使薛定谔一直耿耿于怀了。薛定谔通过这个"又死又活"的猫(图8-1)对哥本哈根学派发动嘲讽技能,观测行为怎么可能改变猫的死活这一个基本性质呢?猫既死又活不是违背了正常的逻辑思维吗?从而使哥本哈根学派不得不承认"猫处在死与活混合的幽灵状态"。

爱因斯坦和少数非主流派物理学家拒绝接受由薛定谔及其同事创立的理论结

图 8-1 "薛定谔猫"

果。爱因斯坦认为,量子力学只不过是对原子及亚原子粒子行为的一个合理的描述,这是一种唯象理论,它本身不是终极真理。他说过一句名言:"上帝不会掷骰子。"他不承认"薛定谔猫"的非本征态之说,认为一定有一个内在的机制组成了事物的真实本性。他花了数年时间企图设计一个实验来检验这种内在真实性是否确在起作用,然而,他没有完成这种设计就去世了。

从物理上看,薛定谔提出的"薛定谔猫"巧妙地把微观放射源和宏观的猫联系起来,以此来表明,微观世界存在量子不确定性和量子叠加原理在宏观世界是不可能存在的。然而随着量子力学的发展,科学家已先后通过各种方案获得了宏观量子叠加态。此前,科学家最多使四个离子或五个光子达到"薛定谔猫"态。

美国国家标准和技术研究所的莱布弗里特等人在《自然》杂志上称,他们已实现拥有粒子较多而且持续时间最长的"薛定谔猫"态。实验中,研究人员将铍离子每隔若干微米固定在电磁场阱中,然后用激光使铍离子冷却到接近绝对零度,并分三步操纵这些离子的运动。为了让尽可能多的粒子在尽可能长的时间里实现"薛定谔猫"态,研究人员一方面提高激光的冷却效率,另一方面使电磁场阱尽可能多地吸收离子振动发出的热量。最终,他们使六个铍离子在 $50\mu s$ 内同时顺时针自旋和逆时针自旋,实现了两种相反量子态的等量叠加纠缠,也就是"薛定谔猫"态。

奥地利因斯布鲁克大学的研究人员也在同期《自然》杂志上报告说,他们在八个离子的系统中实现了"薛定谔猫"态,维持时间稍短。2012年,我国科学家带领团队,也实现了"八光子薛定谔猫态"[①],即对于八个光子的体系,消除外界干扰,从而获得叠加的量子态。

科学家认为,"薛定谔猫"态不仅具有理论研究意义,还有实际应用的潜力。例如,多粒子的"薛定谔猫"态系统可以作为未来高容错量子计算机的核心部件,也可以用来制造极其灵敏的传感器及原子钟、干涉仪等精密测量装备。

---

① http://news.ustc.edu.cn/xwbl/201202/t20120214_129031.html.

参 考 文 献

[1] 教育部高等学校物理学与天文学教学指导委员会,物理基础课程教学指导分委员会.理工科类大学物理实验课程教学基本要求(2010 年版)[M].北京:高等教育出版社,2011:2.

[2] CHALMERS A F.科学究竟是什么?[M].3 版.鲁旭东,译.北京:商务印书馆,2007:11.

[3] BRUNER J S.布鲁纳教育论著选[M].邵瑞珍,张渭城,等译.北京:人民教育出版社,1989:12.

[4] PHILLPS D C,SOLTIS J F.学习的视界[M].4 版.尤秀,译.北京:教育科技出版社,2006:8.

[5] MORIN A.复杂性理论与教育问题[M].陈一壮,译.北京:北京大学出版社,2004:9.

[6] DOL W E J R.后现代课程观[M].王红宇,译.北京:教育科学出版社,2000:9.

[7] HEMPEL K G.自然科学的哲学[M].张华夏,译.北京:中国人民大学出版社,2006:1.

[8] TSEITLIN M,GALILI I. Physics teaching in search for its self:from physics as a discipline to physics as a discipline-culture[J]. Science & education,2005,14(3):235-261.

[9] POINCARÉ A.科学的价值[M].李醒民,译.北京:商务印书馆,2007:5.

[10] NAGEL O.科学的结构:科学说明的逻辑问题[M].徐向东,译.上海:上海译文出版社,2002:4.

[11] HOLTON G.物理科学的概念和理论导论(上册)[M].张大卫,译.北京:人民教育出版社,1983:6.

[12] PEARSON K.科学的规范[M].李醒民,译.北京:华夏出版社,1999:1.

[13] CAJORI F.物理学史[M].戴念祖,译.北京:中国人民大学出版社,2010:4.

[14] COHEN I B.新物理学的诞生[M].张卜天,译.长沙:湖南科学技术出版社,2010:10.

[15] JONES R S.普通人的物理世界[M].明然,黄海元,译.南京:江苏人民出版社,1998:5.

[16] FEYNMAN R P,莱登 R B,桑兹 M.费曼物理学讲义:第一卷[M].本书翻译组,译.上海:上海科学技术出版社,1983.

[17] LONGAIR M.物理学中的理论概念[M].向守平,郑久仁,朱栋培,等译.合肥:中国科技大学出版社,2017:8.

[18] DUHEM P.物理学理论的目的与结构[M].李醒民,译.北京:商务印书馆,2011:1.

[19] DAMPIER W C.科学史[M].李珩,译.北京:中国人民大学出版社,2010:4.

[20] EINSTEIN A.爱因斯坦文集(增补本):第一卷[M].2 版.许良英,李宝恒,赵中立,等编译.北京:商务印书馆,2009:12.

[21] NEWTON I.自然哲学之数学原理[M].王克迪,译.武汉:武汉出版社,1992:5.

[22] HARRE R.科学哲学导论[M].邱仁宗,译.沈阳:辽宁教育出版社,1998:3.

[23] HARMAN P M.19 世纪物理学概念的发展:能量、力和物质[M].龚少明,译.上海:复旦大学出版社,2000:2.

[24] FENN J.热的简史[M].李乃信,译.北京:东方出版社,2009:8.

[25] HEWITT P G.概念物理[M].舒小林,译.北京:机械工业出版社,2015:1.

[26] MANDL F.曼彻斯特物理学丛书 统计物理学[M].范印哲,译.北京:人民教育出版社,

1981：12.

[27] ZEMANSKY M K，THERMODYMICS H. Heat and thermodynamics[M]. Taipei：Mei Ya Publications，1951：8.

[28] HEGEL G W F. 小逻辑[M]. 贺麟，译. 北京：商务印书馆，1982：6.

[29] EINSEIN A. 爱因斯坦文集：第二卷[M]. 许良英，李宝恒，赵中立，等编译. 北京：商务印书馆，1976：3.

[30] EINSTEIN A. 爱因斯坦晚年文集[M]. 方在庆，韩文博，何维国，译. 海口：海南出版社，2000：3.

[31] FEYNMAN R P. 费曼讲相对论[M]. 周国荣，译. 长沙：湖南科学技术出版社，2004：5.

[32] ОМЕЛЪЯНОВСКИЙ МЭ. 物理科学中的实验观察、理论和辩证法[M]//《现代物理学参考资料》编辑组（中国科学技术大学）. 现代物理学参考资料：第三集. 北京：科学出版社，1978：10.

[33] BORN M. 我这一代的物理学[M]. 侯德彭，蒋贻安，译. 北京：商务印书馆，2015：6.

[34] HOBSON A. 物理学：基本概念及其与方方面面的联系[M]. 秦克诚，刘培森，周国荣，译. 上海：上海科技出版社，2001：10.

[35] 北京大学哲学系外国哲学史教研室. 西方哲学原著选读：上卷[M]. 北京：商务印书馆，1983：7.

[36] PRIGOGINE I. 从存在到演化[M]. 曾庆宏，严士健，马本堃，等译. 上海：上海科学技术出版社，1986：6.

[37] NICORIS G，PRIGOGINE I. 探索复杂性[M]. 罗久里，陈奎宁，译. 成都：四川教育出版社，1986：4.

[38] DIRAC P A M. 相对论和量子力学[M]//《现代物理学参考资料》编辑组（中国科学技术大学）. 现代物理学参考资料：第三集. 北京：科学出版社，1978：10.

[39] HERRMANN A. 量子论初期史[M]. 周昌忠，译. 北京：商务印书馆，1980：10.

[40] SHULMAN L S. 实践智慧：论教学、学习与学会教学[M]. 王艳玲，王凯，毛齐明，等译. 上海：华东师范大学出版社，2014：12.

[41] 杨振宁. 杨振宁文集 传记 演讲 随笔[M]. 上海：华东师范大学出版社，1998：4.

[42] 朱鋐雄. 物理学方法概论[M]. 北京：清华大学出版社，2008：9.

[43] 朱鋐雄，王世涛，王向晖. 大学物理学习导引：导思，导读，导解[M]. 北京：清华大学出版社，2010，12.

[44] 朱鋐雄，物理学思想概论[M]. 北京：清华大学出版社，2009：9.

[45] 朱鋐雄，王世涛. 关于大学物理课程和物理教学改革的若干复杂性思考[C]//2006年全国高等学校物理基础课程教育学术研讨会论文集，2006：7.

[46] 朱鋐雄，王世涛，王向晖，等. 注重实现大学物理课程的思想方法论价值：对《非物理专业理工学科大学物理课程教学基本要求》的解读之二[J]. 物理与工程，2009，19(2)：2-5.

[47] 朱鋐雄，王向晖. 试论大学物理课程的"学科结构"体系及其方法论："物理学科文化"视角的探讨[C]//中国物理学会2012年秋季学术会议，2012：1-13.

[48] 林定夷. 科学哲学：以问题为导向的科学方法论导论[M]. 广州：中山大学出版社，2009：10.

[49] 朱荣华. 物理学基本概念的历史发展[M]. 北京：冶金工业出版社，1987：11.

[50] 杨仲耆，申先甲. 物理学思想史[M]. 长沙：湖南教育出版社，1993：11.

[51] 郭奕玲，沈慧君. 物理学史[M]. 2版. 北京：清华大学出版社，2005：8.

[52] 赵凯华,罗蔚茵.新概念物理教程：热学[M].北京：高等教育出版社,1999：2.

[53] 张三慧.大学物理：力学、热学[M].3版.北京：清华大学出版社,2008：9.

[54] 吴百诗.大学物理(修订本)：上[M].西安：西安交通大学出版社,2004：5.

[55] 陆果.基础物理学：上卷[M].北京：高等教育出版社,1997：2.

[56] 吴以义.科学从此成为科学：牛顿的生平与工作[M].上海：复旦大学出版社,2014：9.

[57] 胡化凯.物理学史二十讲[M].合肥：中国科技大学出版社,2009：1.

[58] 教育部师范教育司.20世纪物理学概观[M].上海：上海科技教育出版社,1999：9.

[59] 中国科学院《复杂性研究》编委会.复杂性研究[M].北京：科学出版社,1993：7.

[60] 周昌宗.西方科学方法论史[M].上海：上海人民出版社,1986：8.

[61] 刘佑昌.现代物理思想渊源[M].修订版.北京：清华大学出版社,2010：3.